Wolf Graf von Baudissin 1907–1993

Wolf Graf von Baudissin
1907–1993

Modernisierer zwischen totalitärer Herrschaft und freiheitlicher Ordnung

Herausgegeben im Auftrag des
Militärgeschichtlichen Forschungsamtes
von
Rudolf J. Schlaffer und Wolfgang Schmidt

R. Oldenbourg Verlag München 2007

Umschlagabbildung: Brigadegeneral Wolf Graf von Baudissin 1959,
Foto: M.A. Gräfin zu Dohna

Trotz sorgfältiger Nachforschungen konnten nicht alle Rechteinhaber ermittelt werden. Wir bitten gegebenenfalls um Mitteilung.

Bibliografische Information der Deutschen Nationalbibliothek

Die Deutsche Nationalbibliothek verzeichnet diese Publikation in der Deutschen Nationalbibliografie; detaillierte bibliografische Daten sind im Internet über http://dnb.d-nb.de abrufbar.

© 2007 Oldenbourg Wissenschaftsverlag GmbH, München
Rosenheimer Str. 145, D-81671 München
Internet: www.oldenbourg-verlag.de

Das Werk einschließlich aller Abbildungen ist urheberrechtlich geschützt. Jede Verwertung außerhalb der Grenzen des Urheberrechtsgesetzes ist ohne Zustimmung des Verlages unzulässig und strafbar. Das gilt insbesondere für Vervielfältigungen, Übersetzungen, Mikroverfilmungen und die Einspeicherung und Bearbeitung in elektronischen Systemen. Gedruckt auf säurefreiem, alterungsbeständigen Papier (chlorfrei gebleicht).

Satz: MGFA, Potsdam
Umschlaggestaltung: Maurice Woynoski, MGFA, Potsdam
Gesamtherstellung: R. Oldenbourg Graphische Betriebe
Druckerei GmbH, München

ISBN 978-3-486-58283-3

Inhalt

Grußwort des Bundesministers der Verteidigung   VII

Vorwort   IX

Rudolf J. Schlaffer und Wolfgang Schmidt
Einführung   1

Jürgen Förster
Wolf Graf von Baudissin in Akademia, Reichswehr und Wehrmacht   17

Klaus Naumann
Ein staatsbürgerlicher Aristokrat. Wolf Graf von Baudissin als Exponent der militärischen Elite   37

Angelika Dörfler-Dierken
Baudissins Konzeption Innere Führung und lutherische Ethik   55

Horst Scheffler
»Gott ist Geist; wo aber der Geist des Herrn ist, da ist Freiheit.« Baudissin und die evangelische Militärseelsorge   69

Eckart Hoffmann
Frieden in Freiheit. Philosophische Grundmotive im politischen Denken von Wolf Graf von Baudissin   81

Dieter Krüger und Kerstin Wiese
Zwischen Militärreform und Wehrpropaganda. Wolf Graf von Baudissin im Amt Blank   99

Kai Uwe Bormann
Die Erziehung des Soldaten: Herzstück der Inneren Führung   111

Helmut R. Hammerich
»Kerniger Kommiss« oder »Weiche Welle«? Baudissin und die kriegsnahe Ausbildung in der Bundeswehr   127

Rudolf J. Schlaffer
**Die Innere Führung. Wolf Graf von Baudissins
Anspruch und Wahrnehmung der Wirklichkeit** 139

Frank Nägler
**Zur Ambivalenz der Atomwaffe im Blick auf Baudissins
frühe Konzeption der Inneren Führung** 151

Wolfgang Schmidt
**Die bildhafte Vermittlung des Staatsbürgers in Uniform
in den Anfangsjahren der Bundeswehr** 165

Rüdiger Wenzke
Zur Sicht der NVA auf die »Innere Führung« der Bundeswehr 189

Claus Freiherr von Rosen
**Erfolg oder Scheitern der Inneren Führung aus Sicht
von Wolf Graf von Baudissin** 203

Anhang

Lebenslauf 235
Personenregister 261
Die Autoren 265

Grußwort des Bundesministers der Verteidigung

Am 8. Mai 2007 wäre Generalleutnant a.D. Professor Wolf Graf von Baudissin 100 Jahre alt geworden. Wie kaum ein anderer aus der Gründergeneration der Bundeswehr steht er für die Konzeption der Inneren Führung und das ihr zugrunde liegende Leitbild des Staatsbürgers in Uniform. Die Konzeption geht davon aus, dass die Funktionsbedingungen einsatzfähiger Streitkräfte mit den freiheitlichen Prinzipien eines demokratischen Rechtsstaats in Einklang zu bringen sind. Dieser in den 50er Jahren entwickelte Anspruch ist gelebte Wirklichkeit geworden. Die Innere Führung gilt heute zu Recht als das Markenzeichen der Bundeswehr und als leitendes Prinzip für unsere Streitkräfte.

Eingedenk der moralischen und politischen Katastrophe von 1945 war die Bundeswehr als Reformarmee angetreten. An ihrem Gründungstag, dem 12. November 1955, stellte der erste Bundesminister für Verteidigung, Theodor Blank, diesen Neuanfang unter das Motto: »Aus den Trümmern des Alten wirklich etwas Neues wachsen zu lassen, das unserer veränderten sozialen, politischen und geistigen Situation gerecht wird«. Diese Grundorientierung hatten ehemalige Angehörige der Wehrmacht vorgezeichnet, als sie im Auftrag von Bundeskanzler Konrad Adenauer im Oktober 1950 im Eifelkloster Himmerod eine Denkschrift über die Aufstellung eines deutschen Kontingents im Rahmen einer übernationalen Streitmacht zur Verteidigung Westeuropas erarbeiteten. Die militärischen Experten wussten um die Rolle der Armee in der deutschen Geschichte. Auch deshalb knüpfte namentlich Graf Baudissin über die unmittelbare Vergangenheit als konkreten Reformanlass hinaus ideell auch an die preußische Heeresreform im Zuge der Freiheitskriege am Beginn des 19. Jahrhunderts an. Die preußische Heeresreform war Teil eines umfassenden Reformwerks, dessen Wirkungen bis heute im Bildungssystem, in den Rechtsgrundlagen und im Staatsverständnis unseres Landes zu finden sind. Die Vorstellung der Reformer um Scharnhorst, jeder Bürger eines Staates müsse zugleich dessen geborener Verteidiger sein, unterstreicht auch die staatsbürgerliche Legitimation der Wehrpflicht. Diese tief in unserem Selbstverständnis eines Rechtsstaates verwurzelte Grundlage ist bis heute prägend und bildet das Fundament der Traditionspflege in der Bundeswehr. So kam es denn auch nicht zufällig am 12. November 1955, dem 200. Geburtstag von General Gerhard von Scharnhorst, zur Übergabe der Ernennungsurkunden an die ersten Soldaten der Bundeswehr.

Schon seit längerem hatten Bundespräsident Theodor Heuss und der ehemalige Major a.D. Graf Baudissin auf die Tradition stiftende Rolle dieses preußischen Heeresreformers hingewiesen. Damals wie zu Beginn der fünfziger Jahre ging es darum, einen neuen Soldatentyp zu schaffen, der militärische und staatsbürgerliche Rollen zu vereinen verstand. Für Baudissin stand es außer Frage, dass »Streitkräfte in einer Demokratie, Streitkräfte in einem freiheitlichen Rechts- und Verfassungsstaat wesenhaft anders aussehen müssen, als in obrigkeitsstaatlichen oder totalitären Systemen«, wie er im ersten Handbuch Innere Führung 1957 schreibt. Dem trug die innere Verfasstheit der Bundeswehr von Anbeginn an Rechnung.

Gesellschaftliche Integration, die Garantie der Grundrechte und die Gültigkeit rechtsstaatlicher Prinzipien für das militärische Handeln bestimmen ohne Abstriche an der Auftragserfüllung die Konzeption auch in Zukunft. Dieses Grundverständnis der Inneren Führung hat wesentlich dazu beigetragen, dass die Bundeswehr zu einem festen, selbstverständlichen Bestandteil der Gesellschaft und zu einem zuverlässigen Instrument einer umfassend angelegten, vorausschauenden Sicherheits- und Verteidigungspolitik unseres Landes geworden ist. Mit ihrer festen Bindung an die Werte des Grundgesetzes und der gleichzeitigen Möglichkeit zur Weiterentwicklung hat sich die Konzeption der Inneren Führung auch im Einsatz bewährt. Sie ist darüber hinaus der geeignete Rahmen, in dem sich der derzeitige Transformationsprozess vollziehen kann. Verantwortung, Motivation, Fürsorge, Auftragstaktik und Führen durch Vorbild bleiben auch zukünftig zentrale Begriffe des Führungsverständnisses der Bundeswehr.

Die Innere Führung steht für die Erkenntnis, dass sicherheitspolitische Handlungsfähigkeit ein erfolgreiches Zusammenwirken von Politik, Gesellschaft und Armee voraussetzt. Die Stärke der Bundeswehr beruht gerade auf dieser engen und bewährten Verankerung in der deutschen Gesellschaft. Wenn sich heute mehr als 20 Staaten an der Konzeption vom »Staatsbürger in Uniform« orientieren, so ist dies auch ein Beleg für die wegweisende Arbeit Graf Baudissins.

Ich danke dem Militärgeschichtlichen Forschungsamt für diese Publikation, die der Erinnerung an Wolf Graf von Baudissin gewidmet ist. Die wissenschaftliche Aufarbeitung unserer Vergangenheit und ihre Einordnung in einen geschichtlichen Zusammenhang sind gleichermaßen unabdingbare Voraussetzungen für die Entwicklung bundeswehreigener Traditionen. Dazu leisten die Autoren dieses Bandes einen Beitrag.

Dr. Franz Josef Jung
Bundesminister der Verteidigung

Vorwort

»Zum ersten Mal haben mich aktive Soldaten links überholt«. So kommentierte Wolf Graf von Baudissin ein Thesenpapier, das ihm junge Offiziere 1969 im Rahmen eines Seminars an der Heeresoffizierschule II (Hamburg) vorgelegt hatten.

Es war erarbeitet worden für eine Diskussion mit jenem Generalleutnant a.D., dessen Schriften eben in einem Band mit dem programmatischen Titel »Soldat für den Frieden« publiziert worden waren. Graf Baudissin stand wie kaum ein anderer aus der Gründergeneration der Bundeswehr für die Konzeption der Inneren Führung mit ihrem Leitbild vom Staatsbürger in Uniform – jenes Reformmodell einer demokratieverträglichen Verankerung der neuen Streitkräfte in das politische System und ihrer darauf hin zu gestaltenden Binnenstruktur. Angesichts der bis 1945 höchst umstrittenen Rolle des Militärs in Deutschland als Verfassungsproblem und Belastung des sozialen Lebens war das ein gewaltiger Schritt, den zu gehen in der Aufbauphase der Bundeswehr und auch später keineswegs alle Willens oder in der Lage waren. In der am Ende der 60er Jahre auch in der Öffentlichkeit geführten hitzigen Debatte um den Wert der Inneren Führung prallten die Argumente vehement aufeinander. Den Anlass dazu lieferten internationale Krisen und gesellschaftliche Entwicklungen: Vietnam-Krieg, Studentenproteste und Außerparlamentarische Opposition. Hinzu kam, dass sich in der Bundeswehr Probleme wie die Starfighter-Krise und der Umgang mit Gewerkschaften und militärischer Tradition zugespitzt hatten. Die im Schlagwort von der »68er Generation« umschriebenen gesellschaftlichen Veränderungen wirkten – wie könnte es bei einer Wehrpflichtarmee, die zudem für sich in Anspruch nahm, in die Gesellschaft integriert zu sein, anders sein – auch in die Streitkräfte hinein. Der damals allgemein in der Bundesrepublik mit Händen zu greifende Reformstau entlud sich angesichts der politisch-gesellschaftlichen Rahmenbedingungen innerhalb der Bundeswehr nun in einer heftigen Auseinandersetzung. Auf der einen Seite standen höchste militärische Vorgesetzte, die meinten, der Inneren Führung die Hauptschuld an der »inneren Not« der Streitkräfte geben zu müssen. Für manche »Traditionalisten« galt sie als »Maske«, die man zu Gunsten des entscheidenden Prinzips von Befehl und Gehorsam endlich abnehmen müsse. In der öffentlichen Wahrnehmung sahen dagegen nicht wenige die Gefahr einer Militarisierung der Gesellschaft am Horizont.

Vor diesem Hintergrund suchte eine Gruppe von jungen Offizieren, die man später als die »Leutnante 70« bezeichnete, das Gespräch mit dem

Grafen Baudissin. Auf Basis seiner Reformideen und in deutlichem Kontrast zu den »Traditionalisten« entwarfen sie in neun Thesen ein zeitgemäßes, fortschrittliches Berufsbild, das die politische Mitbestimmung hervorhob und traditionelle Rollenerwartungen an den Offizierberuf ablehnte. Sie forderten vor dem apokalyptischen Szenario des Kalten Krieges, der Offizier müsse einen Beitrag dazu leisten – wie es in einer These heißt –, den Frieden nicht nur zu erhalten, sondern auch mit zu gestalten. Baudissin bestärkte sie darin.

Wolf Graf Baudissin zählt neben General Johann Adolf Graf Kielmansegg und General Ulrich de Maizière zu den wichtigsten militärischen »Gründervätern« der Bundeswehr. Deshalb ist es für das Militärgeschichtliche Forschungsamt, das bereits vor wenigen Monaten eine Gedenkschrift über Graf Kielmansegg präsentiert hat, eine Verpflichtung, auch zum 100. Geburtstag von Wolf Graf Baudissin eine Publikation vorzulegen, die dem facettenreichen Wirken dieses bedeutenden deutschen Soldaten des 20. Jahrhunderts gewidmet ist. Dabei liegt dem Band ein wissenschaftliches Erkenntnisinteresse zugrunde. Über den biographischen Blick auf den ehemaligen General und späteren Friedensforscher soll, unter Berücksichtigung der strukturellen Bedingungen, ein dichteres Bild des Entstehungshintergrundes und der Wirkung der Inneren Führung gezeichnet werden. Als militärkultureller Modernisierungsprozess verstanden, können im Angesicht der Geschichte von Gewalt, Diktatur und Krieg im 20. Jahrhundert damit aber auch die bis heute aktuellen Fragen nach den Bedingungen, Möglichkeiten und Tragweiten demokratischer Einhegung militärischer Gewalt beantwortet werden. Mit Blick auf den derzeitigen Transformationsprozess der Bundeswehr verstehen sich die Erkenntnisse dieses Buches zudem als ein Angebot, darüber die geistigen Grundlagen und historischen Entwicklungen unserer Streitkräfte nachvollziehen zu können.

Auch im Namen der beiden Herausgeber danke ich ganz herzlich den Autoren dieses Sammelbandes für ihre aufschlussreichen und tiefgründigen Analysen. Es war eine äußerst angenehme Kooperation. Wie immer schulden wir der Schriftleitung des Militärgeschichtlichen Forschungsamtes viel Lob für die perfekte Umsetzung. Ein besonderer Dank gilt hier der Lektorin, Rebecca Schaarschmidt (Berlin), für ihre engagierte und kompetente Unterstützung.

Weil sich die in einem weit gespannten historischen Zusammenhang stehende Konzeption der Inneren Führung, die fortdauernde Führungsphilosophie unserer Streitkräfte, gerade in der Transformation befindet, bin ich dem Bundesminister der Verteidigung, Dr. Franz Josef Jung, für sein Grußwort außerordentlich dankbar.

Dr. Hans Ehlert
Oberst und Amtschef des Militärgeschichtlichen Forschungsamtes

Rudolf J. Schlaffer und Wolfgang Schmidt

Einführung

Am 30. Juni 1958 endete für Oberst Wolf Graf von Baudissin seine Zeit als Unterabteilungsleiter Innere Führung im Bonner Bundesministerium für Verteidigung. Bevor er den Dienst als Kommandeur einer Kampfgruppe in Göttingen antreten sollte, stand an jenem Tag noch eine »Abschiedstournee« an, wie er in seinem dienstlichen Tagebuch schrieb. Sie brachte ihn zu den wesentlichen Stationen bzw. zu einigen jener Menschen, mit denen seine Arbeit an der Konzeption der Inneren Führung als einer Führungsphilosophie für die zukünftigen Streitkräfte seit 1950 verbunden war. Die Tour begann beim katholischen Militärgeneralvikar Georg Werthmann und führte ihn dann zum evangelischen Militärbischof Hermann Kunst. Generalinspekteur Adolf Heusinger kam zum Frühstück. Bevor er den Inspekteur des Heeres aufsuchte, wurde er noch von Verteidigungsminister Franz Josef Strauß empfangen. Der Tag endete in einem stilvollen Abendessen im privaten Kreis mit den Angehörigen seiner Unterabteilung und weiteren Weggefährten im Bonner Hotel Königshof. In diesem Zusammenhang bemerkte Baudissin im Tagebuch, es sei »ein besserer Witz, dass unter uns die Pappritz verabschiedet wird mit einer Reihe von Uniformen, während hier oben wir in schlichtem Zivil stehen«. Gemeint war die zuweilen irrtümlich als Gräfin geführte Erica Pappritz, jene stellvertretende Protokollchefin im Auswärtigen Amt, die als Grande Dame der sich in den fünfziger Jahren entwickelnden bundesrepublikanischen Etikette galt. Sie ging an jenem Sommertag im Jahre 1958 in den Ruhestand. Die Frage nach der Bedeutung von Uniformen im öffentlichen wie privaten Leben der Bundesrepublik bezeichnete nun keineswegs etwas Marginales in jener Zeit. Vielmehr weist die damals auch öffentlich geführte Debatte um das vormalige »Ehrenkleid der Nation«, ehedem sichtbarer Ausdruck sozialer und rechtlicher Exklusivität ihrer Träger, auf Strukturen hin, die so gar nicht zu den demokratischen Bedingungen der jungen Republik zu passen schienen. Jedenfalls kann dieser auf den ersten Blick etwas kuriose Vermerk als kritische Beobachtung Baudissins zu den in der Gesellschaft auf vielen Gebieten damals miteinander ringenden restaurativen und fortschrittlichen Kräften gelesen werden.

Es war gewiss nicht der erste und letzte Abschied, den Wolf Graf von Baudissin während seiner Soldatenlaufbahn erlebte. Sie währte mit verschiedenen Zäsuren aus ganz unterschiedlichen Gründen von 1926 bis

1967. Dabei mögen andere Verabschiedungen durchaus glanzvoller gewesen sein, etwa bei seinen Verwendungen in höchsten Stäben der NATO in Frankreich. Oder gar anlässlich seines Ausscheidens aus dem aktiven Dienst, als ihm Verteidigungsminister Gerhard Schröder das vom Bundespräsidenten verliehene Große Verdienstkreuz mit Stern und Schulterband des Verdienstordens der Bundesrepublik Deutschland aushändigte. Auf den für Angehörige seines Dienstgrades üblichen großen Zapfenstreich verzichtete er als Gegner militärischer Zeremonielle im Übrigen! Er bevorzugte eine Verabschiedung an der Schule für Innere Führung in Koblenz. Doch schon die Worte, die Militärbischof Kunst dem Grafen am Morgen des 30. Juni 1958 mit auf den Weg gab, zeugen von dem enormen Gewicht, welches dem damaligen Unterabteilungsleiter im Bonner Verteidigungsministerium – einer unter 49 – bereits von den Zeitgenossen zugemessen worden ist. Der bekannte Journalist Walter Henkels hatte schon 1954 bemerkt, Baudissin sei zweifellos eine der interessantesten Figuren unter den Persönlichkeiten um Theodor Blank herum, die an einem Neuanfang westdeutscher Streitkräfte arbeiteten. Kunst zufolge habe Baudissin insoweit Erstaunliches geschaffen, als es an keiner anderen Stelle des öffentlichen Lebens gelungen sei, »das Geistige« so durchzusetzen bzw. so in den Mittelpunkt des öffentlichen Interesses zu rücken. Gemeint war damit das vielschichtige philosophische, politische und militärische Denken von Baudissin. Mithin wichtige Voraussetzungen, unter den Bedingungen einer freiheitlichen und rechtsstaatlichen Ordnung neue ethische und moralische Prinzipien für das innere Gefüge der westdeutschen Streitkräfte zu entwickeln.

Es war jener Abschiedsrunde am Abend des 30. Juni 1958 wohl durchaus bewusst, gemeinsam ein wesentliches Stück deutscher Militärgeschichte geschrieben zu haben. Nach »all dem Versagen der letzten Jahre« Entscheidendes für den Wiederaufbau der Bundeswehr getan zu haben, wie sich einer der Redner äußerte. Wenig verklausuliert war damit der absolute Tiefpunkt des deutschen Militärs gemeint, loyaler Erfüllungsgehilfe im rassenideologischen Krieg des Nationalsozialismus gewesen zu sein. Jedenfalls prognostizierte der erste Kommandeur der Schule für Innere Führung, Artur Weber, wenn einmal die Geschichte des Aufbaus der Bundeswehr etwa im Jahr 2000 verfasst würde, dann könnte man Baudissin nicht übergehen. Wie die zahllosen Artikel, Aufsätze und Bücher belegen, die Wolf Graf von Baudissin und die von ihm bestimmte Philosophie der Inneren Führung in den Blick nehmen, geschah solches weder vorher noch später nicht – sei es aus kritischer, bisweilen ablehnender Distanz, sei es aus zustimmender Nähe. Ob der Politikwissenschaftler und Historiker Wilfried von Bredow jene Prophezeihung von 1958 ebenfalls kannte, wissen wir nicht. Tatsächlich aber verortete dieser kritische, gleichwohl wichtige publizistisch-wissenschaftliche Begleiter der Bundeswehr im Allgemeinen und der demokratischen Kontrolle von Streitkräften im Besonderen die Innere Führung genau im Jahr 2000 in jenem zentralen politischen Prozess, der die Entwicklung der Bundes-

Einführung

republik Deutschland seit 1949 bestimmt hat. Unter den Bedingungen des sich zum Kalten Krieg ausweitenden Ost-West-Konflikts war die freiheitliche Grundordnung dem westdeutschen Teilstaat partiell von außen übergestülpt worden, ohne die Leistungen der ersten demokratischen Politikergeneration in den Kommunen, Ländern und bei der Gründung politischer Parteien gering zu veranschlagen. Nun galt es, die demokratischen Werte, Normen und Institutionen innerlich zu akzeptieren. Gleichzeitig aber stand die politisch wie ökonomisch noch ungefestigte Republik vor der Aufgabe, dass die Allianzpartner einen militärischen Beitrag zur Verstärkung der westlichen Verteidigung einforderten; und dies gerade vor dem Hintergrund der historischen Belastungen und fürchterlichen Folgen des Zweiten Weltkrieges, mit denen die deutschen Streitkräfte behaftet waren. Die Bändigung der bewaffneten Macht durch ein demokratisches Regelwerk war der eine Teil der Antwort des Staates darauf, Streitkräfte zukünftig nicht mehr zu einer Last oder gar Gefährdung der politischen wie sozialen Ordnung werden zu lassen, die sich nach 1945 immer rascher entfernte von militaristischer Formierung hin zu ökonomischer Prosperität und pluralistischer Vielfalt.

Dem entsprach das in die neue Armee hinein gerichtete Konzept der Inneren Führung mit dem Staatsbürger in Uniform als seinem Leitbild. Dessen geistiger Vater Baudissin und seine inner- wie außermilitärischen Mitstreiter verstanden darunter ein Integrationsmodell mit einer zweifachen, komplementär sich verstärkenden Wirkung. Indem der Staatsbürger in Uniform ein freier Mensch, vollwertiger Staatsbürger und guter Soldat sein sollte, zielten sie ab auf die Kriegstüchtigkeit jedes einzelnen Soldaten und der Armee insgesamt sowie auf die weitere Demokratisierung der Gesellschaft. Voraussetzung dafür aber war, die demokratische Lebensform und rechtsstaatliche Ordnung soweit es nur ging mit der militärischen Organisation und ihren spezifischen Aufgaben zu verschmelzen. In der Rückschau auch über das Jahr 2000 hinaus und im Wissen um die längst bewiesene praktische Relevanz der im Konzept der Inneren Führung abgefassten Grundsätze der Menschenführung und Normen für den internen Alltagsbetrieb – trotz der immer wieder angehäuften Stolpersteine – zählt dieses geistige Fundament der Bundeswehr zu den kreativsten und innovativsten politischen Neuerungen, die während der fünfziger Jahre in der Bundesrepublik geschaffen worden sind. Trotzdem gab es Bögen zur Vergangenheit, die abhängig waren von den personalen Kontinuitäten zur und den politisch-ideologischen Aufladungen in der nationalsozialistischen Wehrmacht. Andererseits braucht dieser demokratiekompatible zivil-militärische Ausgleich als diametraler Unterschied zur Zeit vor 1945 keineswegs den Vergleich mit der Sozialen Marktwirtschaft zu scheuen. Jenes andere richtungweisende Konzept in der Entwicklungsgeschichte Westdeutschlands, dessen gedankliche Spuren ebenfalls weiter zurück reichen, welches ungeachtet dessen aber höchst erfolgreich das bundesrepublikanische »Wirtschaftswunder« in Gang brachte und zugleich die bislang in der deutschen Geschichte bestehenden ökonomischen Interessengegensätze zwischen Arbeitern und Unternehmern ausglich und somit ganz entscheidend zum sozialen Frieden beitrug.

Man möchte nun meinen, dass ein solches Urteil eine hinreichende Begründung sei, sich des 1993 verstorbenen Wolf Graf von Baudissin und seiner Verdienste um die Innere Führung als einem leitenden Prinzip der Bundeswehr (Weißbuch zur Sicherheitspolitik Deutschlands und zur Zukunft der Bundeswehr 2006) im Jahr seines 100. Geburtstages zu erinnern. Zumal sich die Streitkräfte der Bundesrepublik im fünfzigsten Jahr ihres Bestehens im erklärtermaßen tiefsten Umwälzungsprozess seit ihrer Aufstellung befinden. Wie die öffentlichen Verlautbarungen von politischer Leitung und militärischer Führung der Bundeswehr seit geraumer Zeit aufzeigen, scheint es im Lichte weltweiter Herausforderungen im 21. Jahrhundert keine Alternativen zu einer einsatzorientierten Neuausrichtung der Bundeswehr zu geben und aus diesem Grund wird über die Innere Führung und ihre geistigen Grundlagen heute wieder verstärkt diskutiert. Ob die unter den aktuellen sicherheitspolitischen Gegebenheiten aufmerksam betrachteten Grundlagen und Normen des soldatischen Handelns freilich einer Aktualisierung bedürfen, kann hier nicht entschieden werden. Fest steht allerdings, dass diese Konzeption bei ihrer Begründung vor über einem halben Jahrhundert unter den Rahmenbedingungen einer demokratischen Ordnung auf eine pluralistische Gesellschaft mit ihren tendenziellen Wandlungspotentialen hin ausgerichtet wurde.

Im Begriff des Wandels stecken aber genau jene Aspekte, die aus historischer Perspektive eine Auseinandersetzung mit der Biographie von Wolf Graf von Baudissin begründen. Innerhalb seiner Lebensspanne haben sich die politischen, wirtschaftlichen, sozialen und kulturellen Bedingungen extrem und nachhaltig verändert; darin eingebettet auch die militärischen Verhältnisse wenigstens in der Bundesrepublik. Die politische Ordnung war am Anfang des 20. Jahrhunderts nicht nur in Deutschland sondern in weiten Teilen Europas bestimmt von einem monarchischen System, dessen Prägekraft Jahrhunderte zurück reichte. Freilich passte die sich darauf beziehende, auf feudaler Grundlage ruhende soziale Ordnung kaum mehr zu den tatsächlichen Verhältnissen der Zeit. Mit der Industrialisierung im 19. Jahrhundert hatten sich ökonomisch bestimmte gesellschaftliche Klassen gebildet, die nach politischer Partizipation drängten. Mehrere Modelle standen in partieller Konkurrenz aber auch Kongruenz zueinander. Zwei besonders extreme seien genannt, weil sie als wesentliche Strömungsgrößen den Verlauf des 20. Jahrhunderts mitbestimmten. Zum einen das liberal-kapitalistische Wirtschafts- und Gesellschaftsmodell, wie es in den Vereinigten Staaten von Amerika existierte. Zum anderen eine dirigistische Staatswirtschaft unter den Bedingungen sozialistisch-kommunistischer Sozialutopien, in der Sowjetunion seit den 1920er Jahren exekutiert innerhalb einer totalitären Staatsorganisation. Einen für die

Einführung

Einordnung der Eckwerte von Biographie und Wirksamkeit Baudissins dritten wichtigen Problemkomplex stellt der Nationalismus dar. Jene politische Strömung, die in ihrer übersteigerten Form des völkischen Nationalismus, gepaart mit wirtschaftlichem Expansionsdrang, militaristischen Formen und Feindbildprojektionen im ausgehenden 19. Jahrhundert ein Klima in Europa entstehen ließ, in dem der Friede zunehmend als Einschränkung empfunden wurde. Aus dem ob solcher Gegensätze seit 1914 geführten Ersten Weltkrieg und seinen revolutionären Erschütterungen ging Deutschland 1918 zwar als eine parlamentarische Demokratie hervor. Die kaum als Friedensordnung tragenden Beschränkungen im Vertrag von Versailles, wirtschaftliche Krisen und gegensätzliche, radikale Vorstellungen von der politischen Gestaltung Deutschlands im Inneren bedrohten jedoch die demokratische Ordnung der Weimarer Republik. Dabei erlebte das Land in avantgardistischen Formen eine Blütezeit in Kunst und Kultur, die bildhaft einer neuen, modernen und international orientierten Gesellschaft Ausdruck zu verleihen schien. Tatsächlich aber bestimmten spätestens seit den dreißiger Jahren zwei Zivilisationsmodelle, wie sie gegensätzlicher kaum sein konnten, die Geschicke Europas und der Welt. Westliche Demokratievorstellungen mit ihrem bürgerlichen, auf die Freiheit des Individuums weisenden Bezugspunkt hatten sich totalitärer Sozialutopien zu erwehren, die überdies in ihrer faschistisch-nationalsozialistischen bzw. kommunistischen Ausprägung in Todfeindschaft zueinander standen. Beiden totalitären Phänomenen gemeinsam war bei aller Spezifik der hohe Grad ideologischer Mobilisierung ihrer Gefolgschaft und die hohe Gewaltbereitschaft unter Aufbietung enormer militärischer Mittel, mit der sie versuchten, ihre Ziele nach innen wie nach außen durchzusetzen. Beide Regime trachteten nach Unterwerfung sämtlicher Bereiche menschlicher Werte und aller Güter unter die Staatsziele, um sich die Staatsbürger als »(Volks)genossen« unterzuordnen oder für ihre Ziele einzuspannen. Zudem beanspruchte jede Diktatur für sich, der eigentliche Exponent einer sozialen, politischen, ökonomischen und kulturellen Moderne zu sein und damit eine abschließende Antwort auf Fragen nach heilsbringenden Forschrittsprojektionen zu liefern. Zwar brach das imperiale Geltungsbestreben des nationalsozialistischen Deutschland am Ende des Zweiten Weltkrieges 1945 zusammen. Allein, die dann nach einem kurzen Intermezzo interessengeleiteter Zusammenarbeit erneut ausgebrochene unversöhnliche Gegnerschaft des demokratisch-westlichen mit dem totalitär-kommunistischen System mündete in einen jahrzehntelangen globalen Konflikt, gefasst in den Begriff vom Kalten Krieg. Zugespitzt auf Mitteleuropa lief dessen Trennlinie geradewegs durch Deutschland, das seit 1949 in zwei Teilstaaten gespalten war. Deren Bezugspunkte und Transmissionsriemen waren überwiegend in Moskau bzw. in Washington fixiert. Das galt auch für die jeweiligen Gesellschaften, die sich mit zunehmender Dauer des Ost-West-Konflikts immer deutlicher auseinander bewegten.

Zweifellos markierten das Ende des Zweiten Weltkrieges und der beginnende Kalte Krieg einen Epocheneinschnitt. Zugleich lieferte dieser vielen Zeitgenossen auch eine Trennfolie für das eigene Leben und Handeln. Damit war aber keineswegs ausgeschlossen, dass Kontinuität und Neubeginn nicht zwei Seiten einer Medaille darstellen konnten. Für die Bundesrepublik jedenfalls hat die historische Forschung in der Formulierung von der »Modernisierung im Wiederaufbau« eine auf Neuanfang und Wiederherstellung bezogene Parallelität ihrer Verlaufsgeschichte herausgearbeitet. Beschränkt man die Perspektive zunächst auf die politische Ordnung, so konnte man nach 1945 in Deutschland nur auf die kurze, gebrochene Demokratieerfahrung der Weimarer Republik zurückgreifen; dem stand eine lange Phase obrigkeitsstaatlicher Tradition gegenüber. Und auch die von den westlichen Siegermächten bewirkte Pfropfung des parlamentarisch-demokratischen Systems konnte nicht darüber hinwegtäuschen, dass zwar ein neuer Staat, aber noch keineswegs durchgängig ein neues Volk entstanden war. Belastet etwa durch den hohen Mobilisierungs- und Verstrickungsgrad der Bevölkerung im Nationalsozialismus, vormals stark auf das Kollektive ausgerichtete Lebensformen und eine teilweise Kontinuität der Eliten, konnte sich eine demokratische Kultur in der Bundesrepublik nur schrittweise entwickeln. Formen demokratischer Partizipation und Konfliktlösungen anzunehmen und zu praktizieren sowie individuelle Lebensentwürfe mit ihren Freiräumen zu akzeptieren und zu tolerieren, war ein großes Verlangen von den Menschen bei der inneren Demokratisierung. In dem Maße, wie sich die in Eliten und Teilgesellschaften vorhandenen Wahrnehmungsmuster und handlungsleitenden Dispositionsstrukturen in den ersten drei Jahrzehnten bundesrepublikanischer Geschichte in Richtung auf Partizipation und Pluralismus hin orientierten, wurden Vorstellungen einer autoritären, hierarchischen und nationalen Staatszentriertheit sukzessive abgebaut. In dieser Deutungsperspektive wird politische und gesellschaftliche Pluralität zum Maßstab eines modernen Gemeinwesens, dessen Wandel sich durch technische Modernisierungen zudem immer schneller vollzog, so dass ein bislang nicht gekannter hoher Lebensstandard das Verhalten der Menschen vielfältig veränderte. Nicht vergessen werden darf bei diesem gemeinhin mit »Verwestlichung« umschriebenen Prozess jedoch die Überwölbung durch jene Faktoren, welche den Kalten Krieg mitbestimmten. Allen voran die Nuklearisierung von Militärstrategie und Streitkräften, die im Falle des Scheiterns sicherheitspolitischer Mechanismen das Gespenst totaler Vernichtung heraufbeschwor. Obwohl diese Bedingungen eine jahrzehntelange Phase scheinbar friedlicher Entwicklung ermöglichten, jedenfalls in weiten Teilen Europas, und das Gefährdungspotenzial zeitweise aus dem gesellschaftlichen Blickfeld geraten ließen, konnte die Blockkonfrontation erst nach den friedlichen Umwälzungen in Ost- und Mitteleuropa ab 1989/90 überwunden werden.

Wenn es denn aus geschichtswissenschaftlicher Perspektive einer Begründung bedürfte, sich Wolf Graf von Baudissin anzunähern, so erlaubt

Einführung

gerade die moderne biographische Methode mit ihren Ansätzen aus der Politik-, Institutionen-, Sozial-, Mentalitäts- und Kulturgeschichte und ihrer Verbindung des Individuellen mit dem Allgemeinen einen Erkenntnismehrwert. Dieser liegt im vorliegenden Fall zunächst einmal darin, das historische Bedingungsgefüge und das Ausmaß der Modernität jener mit dem Namen Baudissin untrennbar verbundenen Führungsphilosophie der Inneren Führung der Bundeswehr breiter auszuleuchten, als bislang geschehen und den Einfluss Baudissins auf diese Konzeption zu untersuchen. Das kann aber nur gelingen, wenn die Möglichkeiten und Grenzen selbstverantwortlichen individuellen Handelns im historisch-strukturellen Kontext und der Grad ihrer wechselseitigen Beeinflussung vermessen werden. Somit sollen hier weniger die Strukturgeschichte und die Personengeschichten gegenübergesetzt werden. Es sollen vielmehr über die Frage nach der Intensität wechselseitiger Beeinflussung Antworten auf eben jenen militärkulturellen Modernisierungsprozess gesucht werden, welcher mit Innerer Führung in einen prononcierten Begriff gegossen worden ist. Darüber hinaus aber liefert ein solcher Untersuchungsansatz im Angesicht der Bedeutung von Gewalt, Diktaturen und Krieg in der Geschichte des 20. Jahrhunderts im Allgemeinen und der deutschen Geschichte im Besonderen einen Lackmustest für sehr viel grundsätzlichere Fragen nach Bedingungen, Möglichkeiten und Tragweiten demokratischer Einhegung militärischer Gewalt. Mithin ein Gradmesser auch für die innere Beschaffenheit einer Gesellschaft. Dabei keineswegs nur verstanden als eine historische Reminiszenz, betreffen solche Akzente etwa unter dem Stichwort vom Kampf gegen den internationalen Terrorismus doch auch gegenwärtige Phänomene im 21. Jahrhundert.

Jürgen Förster bietet den ersten, notwendigen Rückgriff auf Baudissins Herkunft, Erziehung, Karriere und Mentalität sowie das soziale, politische und militärische Umfeld vor 1945. Der im Blick auf die spröde Quellenlage auch gruppenbiographisch angelegte Zugang erweist sich deshalb als besonders wertvoll, weil Baudissin als Exponent einer Offiziergeneration skizziert wird, deren Weltbild einerseits noch sehr von traditionellen, nationalkonservativen politischen wie militärischen Wertvorstellungen geprägt war. Andererseits kommt deutlich zum Ausdruck, welche Bedeutung die »weltanschauliche Erziehung« auf dem Weg zu einer »nationalsozialistischen Volksarmee« im Denken jener jungen Generalstabsoffiziere der späten 30er und frühen 40er Jahre einnahm. Zusammen mit Baudissin traten später einige von ihnen in der Bundeswehr als Motoren der Inneren Führung in Erscheinung. Dazwischen lag freilich das Ende des NS-Staates, womit zahlreiche Lebensverläufe im Allgemeinen und die des Offiziers im Speziellen zunächst endeten. Jedenfalls zwang die Situation fast jeden zu einer grundsätzlichen Änderung der eigenen Planungen und nötigte zu Arrangements mit den neuen Perspektiven. Das mochte wie im Falle Baudissins und anderer die auch schriftliche, kritische Reflektion des Vergangenen sein. Oder die Hinwendung zu künstlerisch-schöpferischer Tätigkeit: Baudissin erlernte das Töpferhandwerk von seiner Frau, eine den Vertretern der gemäßigten klassischen Moderne zuzurechnende Bildhauerin.

Im Wissen um eine generelle Elitenkontinuität über das Jahr 1945 hinaus sind die Sondierungen von *Klaus Naumann* von besonderem Reiz. Ihm erscheint Baudissin nicht, wie so mancher aus dessen Vorgängergeneration, als ein Vertreter jener dahingegangenen Militärelite, die sich in rückwärts orientierten Zirkeln beständig ihrer einstigen Bedeutung versicherte und mit ihren apologetischen Memoiren an der Legendenbildung einer »sauberen« Wehrmacht strickte. Vielmehr zeichnet sich ihm aus den spärlichen biographischen Selbstzeugnissen das Bild eines preußisch-protestantischen Aristokraten, der die überkommenen Adelsvorrechte nicht als private Privilegien, sondern unter den Bedingungen der neuen Zeitläufte als Verpflichtung zu öffentlicher Tätigkeit begriff. Das war der Boden, auf dem sich bei ihm ein demokratieverträglicher Konservatismus entwickeln konnte, der ihn die mit den Modernisierungsprozessen einhergehenden Veränderungen der gesellschaftlichen Lebensbedingungen positiv bewerten ließ. Individualität, Konsum, Mobilität und soziale Nivellierung galten nun keineswegs mehr als Verfallserscheinungen der abendländischen Kultur, sondern als Faktoren von neuen Lebenschancen, Selbstbestimmung und Freiheitsgewinn. Kategorien, die sich als konstitutiv auch für die Innere Führung der Streitkräfte erweisen sollten.

Den »konservativen Revolutionär«, als der er späterhin gerne bezeichnet wurde, bestimmten in seinem Denken und Handeln nun aber keineswegs nur die sozialen Transformationen der Zeit. Selbst wenn er neben anderen Generalen in den 60er Jahren durch seinen Eintritt in die Gewerkschaft ÖTV (1966) und dann in die SPD (1968) nach Herkommen und Berufsgruppenzugehörigkeit ein bemerkenswertes Zeichen setzte. Baudissin war ein Christ lutherischer Prägung. In seinen späten Jahren gab er als Beweggrund für sein Handeln an, immer nur versucht zu haben, ein guter Christ zu sein. Das war gewiss nicht frömmlerisch gemeint. Es bezog sich vielmehr auf christlich-abendländische Werte, wie sie sich in den Begriffen von Frieden, Freiheit und Menschenwürde auch im Grundgesetz als dem säkularen Ordnungsgerüst des Staates spiegeln. Indem *Angelika Dörfler-Dierken* diese bislang weitgehend unbeachtete ethisch-theologische Dimension in den Blick nimmt, schärft sie zum einen die Perspektive, die innere Verfasstheit der Bundeswehr nicht ausschließlich innerhalb säkularer verfassungsrechtlicher Bezugspunkte zu verorten. Darüber hinaus verweist die lutherische Dimension auf eine in den 50er Jahren in zweifacher Richtung höchst lebhaft geführte politische Diskussion. Das Bemühen Baudissins auch um eine religiöse Fundierung des Streitkräfteaufbaus stand nämlich durchaus konträr zu den Vorstellungen zahlreicher evangelischer Christen, welche eine als »Remilitarisierung« bezeichnete Bewaffnung auch als einen Akt für notwendig erachteter Verteidigung kategorisch ablehnten. Zum anderen kann über die Teilhabe eines lutherischen Christen wie Baudissin am Konzept demo-

Einführung

kratiekompatibler Verankerung der Streitkräfte jene These etwas revidiert werden, wonach der durch widerstreitende Interessen bei der Wiederbewaffnung innerlich gelähmte Protestantismus keinen gestaltenden Anteil am Wehraufbau der Bundesrepublik gehabt hätte.

Ganz konkret spricht *Horst Scheffler* dazu die Rolle Baudissins bei der Ausgestaltung des Militärseelsorge an. Die darüber seit 1950 geführten Verhandlungen mündeten 1957 in einen mit der Evangelischen Kirche in Deutschland geschlossenen Militärseelsorgevertrag. Dessen Bedingung einer der Bundeswehr angepassten Form kirchlicher Gruppenseelsorge leitete sich ab aus dem Grundrecht auf Glaubens- und Bekenntnisfreiheit. Baudissin galt in der Verhandlungsphase im Amt Blank nicht nur als der »treffliche Verbindungsmann« des evangelischen Verhandlungsbeauftragten, Prälat Hermann Kunst. Deutlich erkennbar ist auch seine Federführung bei der Abfassung der Zentralen Dienstvorschrift »Lebenskundlicher Unterricht«. Nicht die soldatischen Tugenden gerieten zu den Zielsetzungen des von den Kirchen verantworteten und von den Militärpfarrern erteilten Lebenskundlichen Unterrichts. Vielmehr sollte die Unterrichtung über das vom Christentum geprägte Menschenbild im Grundgesetz und den davon abgeleiteten zivilen, demokratischen Werten mit dazu beitragen, einen Rückfall in überholte militärische Traditionen zu verhindern.

Der christliche Glaube bildete aber nur die eine Seite von Baudissins ethischem Fundament. *Eckart Hoffmann* weist darauf hin, dass die philosophische Dimension des staatsbürgerlichen Humanismus im Koordinatensystem eines Immanuel Kant mindestens ebenso bedeutsam für Baudissins Handlungsorientierung und Haltung gewesen ist. Darüber hinaus kann er belegen, wann und wie jener sich mit den in diesem Kontext stehenden Kategorien von Krieg, Frieden und Freiheit auseinandergesetzt hat. Es war dies die Zeit der Kriegsgefangenschaft in Australien, von ihm selbst als »Gewächshausdasein« bezeichnet. Dort las er Werke politischer Philosophen wie Machiavelli und Clausewitz und hat auch über den Zugang zu ihm bislang verschlossener angelsächsischer Literatur augenscheinlich wesentliche Impulse für sein späteres politisches wie militärisches Denken erhalten. Noch während der Gefangenschaft zog Baudissin in einem Memorandum den Schluss einer zukünftigen Bindung Deutschlands an das westliche, demokratische Modell. Vom Prozess her nicht unähnlich jenem anderen, eine Generation älteren Generalstabsoffizier, Adolf Heusinger, der ebenfalls in der Kriegsgefangenschaft die unmittelbare politische wie militärische Vergangenheit bilanzierte. Weniger visionär denn pragmatisch orientiert, wurde dieser als ehemaliger Chef der Operationsabteilung im Generalstab des Heeres über mehrere Jahre hinweg in unmittelbarer Nähe Hitlers arbeitende Offizier später der erste Generalinspekteur der Bundeswehr. Hier sollte er kritischer Mentor von, aber ebenso partieller Gegenpol zu Baudissin sein.

Auch auf diesen Beziehungskosmos lenken *Dieter Krüger* und *Kerstin Wiese* den Blick, wenn sie die Überlegungen zur Ausgestaltung eines westdeutschen Militärbeitrags in den Jahren 1950 bis 1955 skizzieren. Und zwar innerhalb der »Dienststelle des Beauftragten des Bundeskanzler für die mit der Vermehrung der alliierten Streitkräfte zusammenhängenden Fragen«, so die offizielle (Tarn)bezeichnung der nach ihrem Leiter Theodor Blank kurz »Amt Blank« genannten Aufbauorganisation der neuen Streitkräfte. Dieser organisationsgeschichtliche Zugang ist wichtig, weil sich nur über die Zusammenschau der personellen Sympathien und Antipathien mit den administrativen Gegebenheiten die Intensität und der Grad des Für und Wider bei der Streitkräftereform ermitteln lassen. Hier wird deutlich, wie individuelles Handeln an die Grenzen struktureller Machbarkeit stieß. Der in innerbetriebliche Mechanismen verpackte Kampf von Traditionalisten versus Militärreformern erbrachte Baudissin als Vertreter letzterer Gruppe das Verdikt seiner Antipoden, ein »Traumtänzer und Vortragsjodler« zu sein. Wenn man darunter verstehen will, dass zur Verdeutlichung des Neuen und zur Gewinnung von Partnern innerhalb einer sich gerade von kollektiven zu pluralistischen Formen transformierenden, wenigstens militärkritischen Gesellschaft auch das öffentliche Werben dazu gehört, dann mag »Vortragsjodler« eher humoristisch Baudissins Engagement auf diesem Feld umreißen. Zumal der Vortrag als eine Form der Kommunikation eine wichtige pädagogische Bedeutung hat.

Genau das, die Erziehung des Soldaten unter den Voraussetzungen freiheitlicher Normen bezeichnet *Kai Uwe Bormann* dann auch als das »Herzstück der Inneren Führung«. Konsequenterweise basierte Baudissins pädagogisches Modell dabei nicht mehr auf einer absoluten Über- und Unterordnung, sondern folgte einem Integrationsgedanken um des gemeinsam von allen Soldaten zu erreichenden Zieles willen. Trotz Rückbindung an den pädagogisch-wissenschaftlichen Diskurs der Zeit entsprachen die Realitäten auch in der damaligen Gesellschaft aber noch keineswegs überall einem solchen Ideal. War Baudissin mithin tatsächlich ein Traumtänzer? Wenn als Gradmesser die von den Reformkritikern beständig vorgebrachte Behauptung herangezogen werden soll, die Integration in die Gesellschaft werde höher veranschlagt als der Kampfwert des Soldaten, dann kann *Helmut R. Hammerich* dieses Vorurteil nachdrücklich zurückweisen. Einmal, indem er das organisatorische Vermögen und taktische Geschick Baudissins als Kommandeur einer Brigade aufzeigt. Gerade er verlangte stets eine wirklichkeitsnahe, harte Ausbildung, weil der kriegstüchtige Soldat immer im Zentrum seiner Überlegungen stand. Seine Kritiker, die ihm eine »weiche Welle« unterstellten, strafte er insoweit Lügen, als er diese Härte auch in seiner persönlichen Dienstauffassung vorlebte. Wozu im Übrigen keineswegs alle seiner »ostkriegserfahrenen« Kompaniechefs und Bataillonskommandeure bereit waren! Sein Ziel war aber nicht die Härte um der Härte willen, sondern eine kriegsnahe Ausbildung aus Einsicht in die für notwendig erachteten militärischen Aufgaben. Im Ergebnis steigerte er so den militärischen Wert seiner Brigade erheblich. Zum anderen gab Baudissin mit seinem

Einführung

Beispiel und in Rückbindung an das der Inneren Führung hinterlegte Integrationsmodell dem Prinzip von Befehl und Gehorsam einen tiefen Sinn. Wer zwischen Innerer Führung und Einsatzbereitschaft einen Widerspruch zu sehen glaubte, gehe an der Realität vorbei. Das gelte, so das Fazit vom Autor, unvermindert auch in heutigen »Einsatzszenarien«.

Wie stand es aber um die Innere Führung in der Truppe? Waren damals alle bereit und in der Lage, den modernen Ansatz überhaupt anzunehmen und ihren Dienst danach auszurichten? Wenigstens für die bis zum Ende der 60er Jahre reichende Aufbauphase der Bundeswehr zeichnet *Rudolf J. Schlaffer* dazu ein äußerst durchwachsenes Bild. Indem er auf die zuweilen dogmatischen Züge Baudissins und dessen missionarischen Eifer bei der Umsetzung dieser Führungsphilosophie verweist, verdeutlicht er zunächst, welche Relevanz individuelle Persönlichkeitsmerkmale für den Verlauf historischer Prozesse haben können. Das gilt aber auch für diejenigen militärischen Vorgesetzten, welche den vorgelegten empirischen Befunden zufolge oft große Probleme mit der Inneren Führung hatten. Tragische Unglücksfälle wie etwa an der Iller, als 15 junge Soldaten 1957 ihr Leben verloren, stellten zwar eine Ausnahme dar. Gleichwohl herrschte in der Menschenführung der Bundeswehr oft eine Wirklichkeit, die sich kaum am Neuen sondern vielmehr am Vergangenen orientierte. Das lag zum einen an den vor 1945 liegenden Prägungen der militärischen Führer. Nicht jedem war es gegeben, ein »militärischer Visionär und Avantgardist« zu sein. Zum anderen aber sind die Verwerfungen auch den strukturellen Rahmenbedingungen zuzuschreiben, wie unzureichend gebildeten Offizieren, unzulänglicher Ausrüstung und ungenügenden Ausbildungsmöglichkeiten. Die Wirksamkeit von Baudissins Impulsen trat flächendeckender erst ein, nachdem er aus dem aktiven Dienst ausgeschieden war. Offenbar bedurfte es äußerer Anstöße, das Binnengefüge der Armee nachhaltiger zu modernisieren. Gesellschaftliche Umwälzungen und ein politischer Machtwechsel erzwangen um 1970 eine zweite Reform der Bundeswehr.

Verschiedentlich ist darauf hingewiesen worden, dass die Innere Führung auf die Kriegstüchtigkeit jedes einzelnen Soldaten und der Streitkräfte insgesamt abzielte. Doch welche Vorstellungen von einem Krieg verbargen sich dahinter eigentlich? Im Angesicht des militärtechnologischen Fortschritts, wie er im Abwurf zweier Atombomben 1945 auf japanische Städte dramatischer und grausamer nicht hätte inszeniert werden können, bestimmte zur Entstehungszeit der Inneren Führung dann auch weniger der konventionelle Kampf, sondern vielmehr die Atomwaffe das Kriegsbild. In dem Maße, wie die westdeutsche Sicherheitspolitik insgesamt einen Lernprozess hin zur Bündnisintegration unter den Bedingungen nuklearer Vernichtungskapazität durchschritt, zeichnete sich auch bei Baudissin ein Entwicklungsprozess ab. *Frank Nägler* erörtert diesen gewichtigen Faktor im Bogen zweier wenige Jahre auseinanderliegender Texte. So behandelte Baudissin 1954 in seinen Überlegungen zum künftigen deutschen Soldaten dessen Kriegstüchtigkeit und die Schlagkraft der westdeutschen Armee im Zeichen eines noch führbaren, überwiegend konventionell ausgelegten Krieges. Freilich ausgehend von dessen Grenzenlosigkeit als einem alle Lebensbereiche erfassenden ideologischen Ringen zweier gegensätzlicher Weltanschauungen im »permanenten Bürgerkrieg«. Vor dessen Austrag in einem »heißen« Krieg sollten Atomwaffen abschrecken. Die personelle Zurüstung darauf stand in Abhängigkeit von der freiheitlichen Binnenverfassung der Bundeswehr. Soweit die Atomwaffe über ihre Abschreckungsfunktion hinaus sich argumentativ gegen störende herkömmliche Begründungen des Soldaten wenden ließ, zeigte sich Baudissin auch nicht abgeneigt, das Potential der Atomwaffen für seine Vorstellung vom Staatsbürger in Uniform zu nutzen. Die nuklearen Bedingungen schienen seiner Forderung nach einem selbstständig agierenden Soldaten auf einem unübersichtlichen Gefechtsfeld entgegenzukommen. Als er jedoch die möglichen Folgen eines Atomkrieges realisierte, begann er umzudenken.

Zweifellos beherrschte die Angst vor einem zukünftigen Nuklearkrieg auch die Stimmung in der Bevölkerung erheblich. Die Erinnerung an einen Krieg, dessen Folgen nach über einem Jahrzehnt trotz des Wohlstandes kaum überwunden waren, wogen schwer. Im Slogan vom »Kampf dem Atomtod«, den sich die politischen Gegner der atomaren Rüstung auf die Fahnen geschrieben hatten, kam diese Furcht vor den tödlichen Folgen in der zweiten Hälfte der 50er Jahre öffentlich wirksam zum Ausdruck. Noch unmittelbarer als diese Revolutionierung der Kriegführung mochte viele Bundesbürger zu Beginn der Wiederbewaffnung aber vielleicht die Frage beschäftigen, was man denn eigentlich unter einem Staatsbürger in Uniform zu verstehen habe. Weil die westdeutsche Aufrüstung und die Organisation des militärischen Binnenverhältnisses eine öffentliche Angelegenheit ersten Ranges war, weist *Wolfgang Schmidt* darauf hin, dass im Angesicht einer zunehmenden Vergesellschaftung von Politik den Massenmedien als Mittler dieses Prozesses entscheidende Bedeutung zukam. Wie die Innere Führung insgesamt, bewegte sich das Bild des Staatsbürgers in Uniform sowohl in der Außen- als auch Binnenperspektive grundsätzlich vor der Folie der deutschen militärischen Vergangenheit. Deshalb suchte die Bundeswehr als handelndes Subjekt innerhalb der westdeutschen Mediendemokratie gerade den Reformaspekt im modernen Medium Film und Fernsehen zeitgemäß zu kommunizieren. Ein Beispiel hierfür ist die Nutzung eines von Baudissin angeregten Animationsfilms für die streitkräfteinterne Vermittlung von Innerer Führung. Der avantgardistische, in expressiven Formen gestaltete Film passte im Übrigen auch zum persönlichen Lebensstil Baudissins. Über seine Frau war er in den 30er Jahren mit der zeitgenössischen bildenden Kunst in Berührung gekommen. Von ihrem künstlerischen Mentor, Gerhard Marcks, einem der wichtigsten deutschen Bildhauer des 20. Jahrhunderts, besaß er einen 1944 als künstlerische Jahresgabe gefertigten Linolschnitt. Seit Beginn der Tätigkeit im Amt Blank hing dieser hinter seinem Schreibtisch. Das Blatt stellte vordergründig zwei miteinander ringende

Einführung

Männer dar. Bei näherem Hinsehen erkannte man, dass die verschlungenen Körper Hakenkreuz und Hammer und Sichel zugleich ausbildeten. Mithin eine symbolische Mahnung an die totalitären Gewalten der Zeit, derer sich die Demokratie zu erwehren hatte.

Dass die DDR und ihre Nationale Volksarmee in der Bundeswehr unter den Bedingungen der Blockkonfrontation und ihrer politisch-ideologischen Fundierung kaum Gutes zu erkennen vermochten, erscheint wenig aufregend. Weil die westdeutschen Streitkräfte in den Augen der ostdeutschen Herrschaftselite als aggressionsfähiger und -bereiter Teil des imperialistischen Systems der NATO gegen den real existierenden Sozialismus gerichtet waren, ging von ihnen eine beständige Gefahr für den Frieden in Europa aus. Freilich diente diese Perzeption als wichtige Grundlage dafür, die eigene Macht und die eigenen militärischen Anstrengungen legitimieren zu können. Insoweit wurden alle Entwicklungen in der Bundeswehr penibel analysiert. So auch die Innere Führung, über deren intensive Beachtung *Rüdiger Wenzke* ein facettenreiches Bild zeichnet. Während man Baudissin in den 50er und 60er Jahren auch ob seiner Vergangenheit noch als einen »würdigen Apologeten des deutschen Militarismus« bezeichnete, galt er später gegenüber den »Bonner Ultras« als einer der »klügeren«, moderneren Fachleute. Das hing v.a. damit zusammen, dass die NVA kurzzeitig überlegte, den lange als Phrase betitelten Begriff des Staatsbürgers in Uniform selbst zu benutzen und ihn mit den von der DDR-Volksarmee in Anspruch genommenen fortschrittlichen Traditionen aus der deutschen Militärgeschichte zu verbinden. Trotz dieses Intermezzos bewertete man die Innere Führung grundsätzlich als ein komplexes Manipulationssystem. Dass dieses Ideal freilich die bessere Alternative anbot, zeigte sich 1989/90, als die NVA im Gefolge des gesellschaftlichen Umbruchs versuchte, die inneren Verhältnisse der Armee zu demokratisieren und zeitgemäße Formen moderner Menschenführung zu etablieren. Ihre Wirksamkeit zeigte sich nun gerade im offenen, fairen und kameradschaftlichen Umgang, den die Bundeswehrangehörigen bei der Auflösung der NVA an den Tag legten. Mehr noch entsprach es den Grundvoraussetzungen einer Armee in der Demokratie, auch zahlreichen ehemaligen Soldaten aus dem Lager des ehemals potentiellen Gegners den Eintritt in die Bundeswehr zu ermöglichen und somit zum sozialen Frieden beizutragen.

Wer diese spezifische, ereignisgeschichtliche Wirkung bilanzieren will, der kann den Anteil der Inneren Führung an der »Armee der Einheit« vermutlich nicht hoch genug einschätzen. Die entscheidende Bestimmungsgröße unterhalb der übergeordneten sicherheitspolitischen Zusammenhänge war tatsächlich die freiheitlich-demokratische Grundordnung mit ihrem ethisch begründeten Menschen- und Gesellschaftsbild als Grundlage des inneren Gefüges der Streitkräfte. Darauf richtet sich auch der Blick von *Claus von Rosen*, der sehr grundsätzlich die Frage nach Erfolg oder Scheitern der Inneren Führung stellt. Er wählt dazu einen ungewöhnlichen, weil unhistorischen Zugang über Schriften und Äußerungen Baudissins. Diese stammen überwiegend aus dessen Zeit nach dem Ausscheiden aus dem aktiven Dienst. Jene knapp zwei Jahrzehnte währende Periode, in der sich Baudissin mit Fragen einer sich wechselseitig bedingenden Friedenswahrung und Sicherheitsvorsorge vornehmlich innerhalb des akademisch-universitären Bereichs befasste. Zunächst Lehrbeauftragter an der Universität Hamburg, gründete er dort 1971 das Institut für Friedensforschung und Sicherheitspolitik. Dabei hielt er immer auch Rückschau auf die Innere Führung der Bundeswehr. So warnte er etwa beständig vor Gefahren einer falschen Traditionsübernahme ohne Bezug zu den Werten der Freiheit, des Rechtsstaates und der Menschenwürde. Dabei bot er weniger Rezepte, sondern eher grundsätzliche, offene Lösungsmöglichkeiten an. Es ging ihm um die politische Auseinandersetzung innerhalb des freiheitlichen Normengerüsts, mithin um eine staatsbürgerliche Kultur beständiger Reflexion als einer Voraussetzung für in die Zukunft gerichtete Veränderungen.

Die Herausgeber sind sich bewusst, mit diesem Sammelband nur ausschnitthaft dem Wunsch nach einer integrierten, kritischen und zeitgeschichtlich komplexen Sicht auf Leben und Schaffen von Wolf Graf von Baudissin entsprechen zu können. Trotz vielfältiger Betrachtungen Baudissins als Christ, Kämpfer für den Frieden und demokratischem Soldaten bleibt nach wie vor die Forderung nach einer erschöpfenden Gesamtbiographie. Nur diese könnte ein vertieftes, facettenreiches Gesamtbild eines Soldaten zeichnen, der unter den Einflussgrößen seiner Epoche wie kaum ein anderer so konsequent und radikal das Militär in Deutschland modernisiert hat. Hierfür entscheidende weitere Aspekte wären etwa aus seinem Wirken als deutscher General bei der NATO in Fontainebleau, Paris und Casteau zu gewinnen. Aus Selbstzeugnissen jener Zeit geht zwar hervor, dass er sich mit diesen Verwendungen doch etwas ins Abseits geschoben sah. Ein Einwirken auf die Bundeswehr und dabei besonders auf die weitere Entwicklung der Inneren Führung wurde schwieriger. Immerhin aber nahmen diese Jahre die Hälfte seiner Dienstzeit in der Bundeswehr ein. Und sie spielten sich in einer für das Bündnis schweren Phase politischen wie strategischen Umbruchs ab. Dabei bedarf sein Einfluss auf das Anheben der nuklearen Schwelle im Zuge des Heranführens der Vorneverteidigung an die innerdeutsche Grenze ebenso der weiteren Erforschung wie seine militärdiplomatischen Fähigkeiten als Kommandeur des NATO-Defence College. Möglicherweise liegt hierin ein weiterer Schlüssel, um das friedenspolitische Engagement des späten Baudissin im Rahmen der wissenschaftlichen Lehre in den 70er und 80er Jahren besser einordnen zu können. Dieses fiel in eine Zeit tiefgreifender sicherheitspolitischer Umwälzungen und damit verbundener gesellschaftlicher Verwerfungen. Ein Beziehungsgefüge, das hier leider ebensowenig berücksichtigt werden konnte, wie der Blick auf den privaten Baudissin.

Diese Einführung begann mit einem Abschied. So soll sie auch schließen. Generalinspekteur Ulrich de Maizière, langjähriger Partner bei der Durchsetzung der Inneren Führung, wusste, welcher Rang Baudissin

Einführung

unter den Soldaten zukam. In seiner Rede zu dessen Verabschiedung aus dem aktiven Dienst am 19. Dezember 1967 in Koblenz ging er darauf ein: »Sie haben beweisen dürfen, dass Sie nicht nur ein Fachmann, ein ›Experte‹ der Inneren Führung sind, sondern auch eine operative Begabung, die bei uns so selten ist. Ein breit angelegter Soldat also, der auf allen Führungsgebieten Impulse zu geben und neue Ideen zu entwickeln in der Lage ist. Sie repräsentieren gerade auch in Ihrer integrierten Verwendung das Bild des modernen Offiziers«.
Streitkräfte und Demokratie sind seit über fünfzig Jahren in Deutschland kein Gegensatzpaar mehr. Das ist auch und gerade Wolf Graf von Baudissin zu verdanken. Angesichts seiner Rolle bei der Entwicklung des geistigen, ethischen und moralischen Fundaments der Inneren Führung zählt er zu den bedeutendsten deutschen Soldaten des 20. Jahrhunderts.

Jürgen Förster

Wolf Graf von Baudissin in Akademia, Reichswehr und Wehrmacht

Der Tag, an dem Graf Baudissin zum ersten Mal die Schwelle zu historischer Bedeutung überschritt, liegt zwar erst im Herbst 1950. Aber der ehemalige Major i.G. wäre nie in den Kreis jener fünfzehn Offiziere der Wehrmacht berufen worden, die sich am Abend des 5. Oktober im Auftrag des Bundeskanzlers heimlich im Eifelkloster Himmerod trafen, wäre er nicht mit anerkannten, noch lebenden Hitlergegnern wie Carl-Hans Graf von Hardenberg-Neuhardenberg und Axel Freiherr von dem Bussche-Streithorst befreundet gewesen[1]. Auch sie hatten, wie Baudissin selbst, im Potsdamer Infanterieregiment 9 gedient.

Da Baudissin sich nur ein einziges Mal öffentlich daran erinnerte, wie er wurde, was er war[2], bleibt dem Historiker nichts anderes übrig, als dem dünnen überlieferten Gerüst persönlicher Daten durch den Vergleich mit Lebensläufen anderer Reichswehroffiziere etwas mehr Stabilität zu verleihen. Auch ein Blick auf den militärgeschichtlichen Kontext der Weimarer Republik und des Führerstaates Adolf Hitlers kann helfen, die bestimmenden Faktoren von Baudissins Lebenswelt vor und nach 1933 zu definieren. Zu dieser Lebenswelt gehört nämlich neben adligem Habitus und Mentalität, sorgfältiger Erziehung im Elternhaus und humanistischer Schulbildung auch eine jahrelange elitäre militärische Sozialisation durch Regiment, Kriegsakademie und Generalstab. Die lange Dienstzeit hat Baudissins »angeborene, selbstverständliche Pflicht [...] geweckt, gefordert und mit Erfahrungen unterbaut«[3]. Weitere prägende Einflüsse waren Auslandsaufenthalte, akademische Studien, seine fast gleichaltrige, weltläufige, künstlerisch begabte Freundin und spätere Frau, Dagmar Burggräfin zu Dohna-Schlodien, sowie die lange Kriegsgefangenschaft in Australien.

Da persönliche Erinnerungen an die Zeit von 1907 bis 1947 kaum mehr vorhanden sind – 2006 starben z.B. mit Johann-Adolf Graf von Kielmansegg und Ulrich de Maizière zwei langjährige Weggefährten von Baudissin – und Geschichtsbewusstsein mehr und mehr durch aktuelle Fernsehserien und Jahrestagfeiern erzeugt wird, ist die öffentliche Meinung auf dem besten Wege, auch in Baudissin »mehr zu sehen, als er in Wirklichkeit war, wenn auch sicherlich nicht mehr, als er verdient«[4]. Deshalb huldigt dieser historische Beitrag nicht dem Grundsatz, über tote

Generale so viel Gutes auszusagen, »daß die gewiß auch fehlerhaften Züge eines Verstorbenen im Lichtstrahl der ihm nachgerühmten Tugenden völlig verschwinden«[5].

Wolf Stefan Traugott Graf von Baudissin wurde am 8. Mai 1907 als einziges Kind eines Verwaltungsjuristen aus altpreußischer Familie und der Tochter eines pommerschen Großgrundbesitzers in Trier geboren. Kindheit und Jugend verbrachte Baudissin allerdings nicht am westlichen Rand der Rheinprovinz, sondern in Westpreußen, »im tiefsten Ostelbien«, wie er einmal sagte. Baudissins evangelischer Vater war zunächst Landrat im katholisch geprägten Neustadt (am nordwestlichen Rand des Regierungsbezirks Danzig), dann von 1920 bis 1924 Regierungspräsident im evangelischen Marienwerder. Während der Landrat als staatlicher Beamter vom preußischen König ernannt wurde, war der Regierungspräsident Chef einer weitgehend monokratisch organisierten Behörde. Ferien auf dem Gut des Großvaters (mütterlicherseits) von Borcke genoss Baudissin besonders, denn dort unterwies »der Kutscher Julius den Jungen im Reiten, Fahren und in der Pferdepflege und lehrte ihn, mit der Flinte umzugehen«[6]. Das Ende der vom preußischen Beamtenethos bestimmten Erziehung im elterlichen Hause fiel im Ersten Weltkrieg mit dem Steckenbleiben der deutschen Offensive im Westen zusammen. Ab Herbst 1914 besuchte Baudissin nämlich die Vorschule des humanistischen Gymnasiums in Neustadt, bevor er Ostern 1916 echter Gymnasiast wurde. In seiner Abschiedsvorlesung an der Universität der Bundeswehr 1986 in Hamburg erinnerte sich der General und Professor an die »kaum mehr begreifliche Begeisterung der ersten August-Wochen 1914«. Sie sei allerdings »bald tiefer Betroffenheit und Trauer [gewichen], als Meldungen von gefallenen Verwandten und Freunden eintrafen«[7]. Nach einer Stippvisite im pommerschen Kolberg wechselte Baudissin Ostern 1921 an das humanistische Gymnasium in Marienwerder, wo er 1925 auch Abitur machte. Zu jener Zeit war Baudissins Vater wegen politischer Differenzen mit seinen Vorgesetzten Ernst Siehr in Königsberg und Carl Severing in Berlin bereits seines Amtes enthoben. Anfang November 1925 immatrikulierte sich der Sohn an der Juristischen Fakultät der Berliner Friedrich-Wilhelms-Universität[8]. Damit hatte Baudissin den Weg eingeschlagen, den bereits sein Vater gegangen war. 1925/26 war Berlin eine pulsierende Großstadt mit über 4 Millionen Einwohnern. Politisch war Berlin eine Hochburg republikanischer Gesinnung, in der die Arbeitslosigkeit trotz der allgemeinen wirtschaftlichen Erholung auf einem hohen Niveau blieb. Die Universität konnte mit einer Vielzahl angesehener Professoren aufwarten. Als Anfänger wird Baudissin wahrscheinlich im Wintersemester 1925/26 die Veranstaltungen der Herren Kahl (Einführung in die Rechtswissenschaft) und Nussbaum (Grundlinien des bürgerlichen Rechts, für Juristen und Nationalökonomen) besucht haben. Vielleicht schaute er mal bei Prof. Hugo Preuß (Die Leitgedanken der Reichsverfassung von Weimar) oder bei seinem Verwandten, dem Theologieprofessor und ehemaligen Rektor Wolf Wilhelm Graf von Baudissin (Erklärung ausgewählter

Psalmen) vorbei. Nach eigenen Angaben studierte Baudissin zudem auch Nationalökonomie und Geschichte. Dann hätte er im gleichen Semester bei Prof. Eduard Spranger (Philosophie der Geschichte), bei Prof. Sering (Praktische Nationalökonomie: Agrarpolitik auf internationaler Grundlage) sowie bei Prof. Hugo Hartung (Allgemeine Geschichte der neuesten Zeit 1878-1914) hören können. Berlin wollte aber nicht nur eine »Metropole der geistigen Macht« (Gustav Stresemann) sein, sondern auch die fortschrittlichste Stadt Europas werden. Die Eröffnung des Tempelhofer Flughafens als Drehkreuz der Deutschen Lufthansa und des Funkturms zur Verbreitung des Rundfunks wird Baudissin wohl nur aus der Ferne beobachtet haben. Im Frühjahr 1926 wechselte der angehende Jurist die Richtung und trat als Offizieranwärter in das 9. Infanterieregiment (IR) in Potsdam ein. Auswahl und Annahme der Offizieranwärter war – wie die Erziehung des gesamten Offizierkorps – das Privileg des Regimentskommandeurs, im IR 9 Oberst Kay Meyn. An der Erziehung der Offizieranwärter hatten sich jedoch laut Vorschrift alle Offiziere des Regiments zu beteiligen, und zwar vom ersten Tage an. In der Berliner Universitätsmatrikel wird Baudissin noch bis zum 10. Dezember geführt. Aber zu diesem Zeitpunkt war der junge Soldat längst jenseits der Havel auf die Reichsverfassung vereidigt worden. Ihr hatte Baudissin Treue geschworen, sicherlich ohne den »inneren Vorbehalt«, den der Leutnant und spätere Generalinspekteur der Bundeswehr Adolf Heusinger am 1. Mai 1920 gehabt hatte[9].

Kurz nach bestandener Fahnenjunkerprüfung macht Baudissins Lebenslauf allerdings einen weiteren Knick. Am 30. September 1927 sagte der frisch beförderte Gefreite (1. September 1927) dem Militär bereits wieder Adieu. Womit hatte der junge Berufssoldat den erfolgreichen Antrag auf vorzeitige Lösung seiner zwölfjährigen Dienstverpflichtung »besonders begründen« können[10]? Ein Onkel mütterlicherseits wollte Baudissin adoptieren und ihm das Gut in Holstein vererben. Deshalb absolvierte letzterer eine landwirtschaftliche Lehre in Deutschland und Schweden, machte Praktika auf Gütern, Motorenschulen und Banken, bestand das Examen zum staatlich geprüften Landwirt und begann Anfang Mai 1930 ein landwirtschaftliches Studium in München. So lernte Baudissin eine weitere, nicht nur kulturell »bewegte« Großstadt kennen. Ende 1929, also kurz nach dem New Yorker Bankenkrach, hatten nämlich in München Kommunalwahlen stattgefunden. Dabei hatte die kleine NSDAP die bayerische Hauptstadt mit einer hasserfüllten Kampagne überzogen, ihr Parteiführer Adolf Hitler war von Versammlung zu Versammlung gehetzt und 2000 SA-Angehörige waren am Tag der Wahl fünf Stunden durch fast alle Stadtteile marschiert. Für ihren skrupellosen Einsatz waren die Nationalsozialisten mit 51 226 Stimmen (15,4 %) belohnt worden. Sie waren nun – hinter SPD und Bayerischer Volkspartei (BVP) – drittstärkste Kraft im Stadtrat. Im Sommersemester 1930 belegte Baudissin an der Technischen Hochschule nachweislich folgende Vorlesungen und Übungen: Experimentalphysik II (Prof. Jonathan Zenneck), Allgemeine Organische Chemie (Prof. Hans Fischer), Spezielle und Systematische Botanik (Prof. Boas), Vergleichende Anatomie der Haustiere II. Embryologie der Haustiere (Dr. Stoß) sowie Deutsches Staats- und Verwaltungsrecht (Dr. van Calker)[11]. Ob Baudissin bei der Reichstagswahl am 14. September 1930 an die Urne gegangen ist, wissen wir nicht. Auf jeden Fall konnte die NSDAP dabei einen sie selbst überwältigenden Erfolg im Reich erzielen. Selbst »im zu rund 80 % katholischen München erreichte die NSDAP 21,8 %, also einige [Prozentpunkte] mehr als im nationalen Durchschnitt« (18,3 %)[12]. Fest steht, dass Baudissin bereits am 1. Oktober 1930 in Potsdam wieder Soldat wurde, obwohl er den Antrag auf Exmatrikulation erst am 11. November stellte. Zu jener Zeit hatte der Vater wieder eine Anstellung gefunden, diesmal nicht im Staatsdienst, sondern als Direktor der Preußischen Hauptlandwirtschaftskammer in Berlin (1927–1933). Warum sagte der junge Baudissin der akademischen Welt zum zweiten Mal Adieu? Er hatte aus der Zeitung erfahren müssen, dass der Onkel das erhoffte Gut verkauft hatte. Was lag näher, als zum IR 9 zurückzukehren, das nun zu seiner »militärischen Heimat« (Baudissin) wurde. Kommandeur war im Herbst 1930 Oberst Hans Feige, Adjutant des I. Bataillons (Btl.) Oberleutnant Henning von Tresckow. Unteroffizier Baudissin wurde der 5. Kompanie zugeteilt (II. Btl., Kommandeur Oberstleutnant Viktor von Schwedler), vom Heerespersonalamt in den Fahnenjunkerjahrgang 1929 eingereiht und zwei Tage später zur Infanterieschule in Dresden kommandiert. Vornehmste Aufgabe dieser Ausbildungseinrichtung, einer »Pflanzstätte vaterländischen Geistes«, war es, die Grundlagen für ein einheitliches Offizierkorps zu legen. Nach den Bestimmungen vom April 1920 sollten die jungen Offizieranwärter an den Waffenschulen mit »Begeisterung für die Berufsideale [und] mit Verständnis für das Gemeinwohl erfüllt und zu festen Männern« erzogen werden, damit sie später ihre Soldaten »zur eigenen hohen Pflicht- und Ehrauffassung emporzuheben« vermochten[13]. Als Lehrgangsteilnehmer in Dresden verpasste Baudissin *das* militärische Großereignis im Potsdamer Lustgarten: die Parade aller Truppen zum 60. Jahrestag der Reichsgründung am 18. Januar 1931.

An der Spitze der Schule in Dresden stand Generalmajor Wilhelm List. Als Taktik- und Infanterielehrer fungierten u.a. zwei junge, im Ersten Weltkrieg hoch dekorierte Hauptleute: Ferdinand Schörner und Erwin Rommel. Der erste (allgemeine) Lehrgang war, wie sich Ulrich de Maizière erinnerte, ein scharfer Ausleseprozess, dauerte zehn Monate und endete für die verbliebenen Teilnehmer mit der Fähnrichs-Prüfung. Am 15. August 1931 wurde Baudissin zu diesem Dienstgrad befördert. Noch im selben Jahr, am 2. Oktober, begann für ihn in Dresden der zweite, der so genannte Fähnrichs-Lehrgang. Während Baudissin in der Kaserne eifrig lernte, spitzte sich in Deutschland die politische Lage krisenhaft zu: Der amtierende Reichspräsident Paul von Hindenburg brauchte im Frühjahr 1932 zwei Wahlgänge, um wiedergewählt zu werden; in Preußen regierte die Koalition unter Ministerpräsident Otto Braun (SPD) nach der verlorenen Landtagswahl am 24. April nur noch kommissarisch, bevor sie am 20. Juli 1932 durch »Reichsexekution« ihres Amtes enthoben und die »widerspenstigen Befehlshaber der preußischen Polizei« im Präsidium am Alexanderplatz durch die 10. Kompanie des III. (Spandauer) Bataillon des IR 9 unter Hauptmann Arthur Hauffe verhaftet wurden[14]. Am Ende desselben Monats fand auch jene Reichstagswahl statt, bei der die NSDAP ihre Erfolge von 1930 noch übertraf und stärkste Fraktion wurde. Nicht direkt berührt von den bürgerkriegsähnlichen, blutigen politischen Auseinandersetzungen nahm der Unterricht an der Waffenschule der Infanterie in Dresden seinen gewohnten Gang. Der Katalog der vierzehn Fächer glich dem des ersten Lehrgangs. Taktik, formale wie angewandte, nun allerdings auf der Ebene eines verstärkten Infanterieregiments, blieb das zentrale Fach im Unterrichtskanon. Wiederum hatte Baudissin eine mehrtägige Prüfung zu überstehen. Die dabei erzielte Punktzahl und der Persönlichkeitswert bildeten *gleichermaßen* die Grundlage für die Reihenfolge der Beförderungen zum Leutnant und des Rangdienstalters. Kurz nach Kurt von Schleichers Amtsantritt als Reichswehrminister kehrte Baudissin am 7. August 1932 als frisch beförderter Oberfähnrich ins Regiment zurück. Er tat zwar jetzt Offizierdienst und war den Herren des Offizierkorps kameradschaftlich etwas näher gerückt, hatte aber den Kompaniefeldwebel weiter über sich. Der Oberfähnrich war eben noch kein Offizier, obwohl jeder wusste, dass diese Übergangszeit bald enden würde. Erst nach der geheimen Offizierwahl, bei der alle beim Regiment anwesenden Offiziere, damals insgesamt über 70, von den Leutnants angefangen, den Oberfähnrich für offizierwürdig erachten mussten, konnte dieser dem Heerespersonalamt zur Beförderung vorgeschlagen werden. War die Wahl nicht einstimmig ausgefallen, lag die Entscheidung nach Vorlage der ablehnenden Voten beim Reichswehrminister. Baudissin selbst wurde am 15. Oktober 1932 zum Leutnant, wenn auch haushaltsbedingt nur zum »überzähligen« ernannt. Weil die Angehörigen der Reichswehr nicht über das Wahlrecht verfügten, nahm der junge Offizier natürlich am für Preußen fünften Urnengang des Jahres 1932, der Reichstagswahl am 6. November 1932, nicht teil. In Potsdam erhielten die NSDAP und die DNVP deutlich mehr Stimmen (13 264 bzw. 14 693) als SPD und KPD (9920 bzw. 3826). Im benachbarten, industriellen Nowawes, dem später eingemeindeten Babelsberg, sah das Verhältnis anders aus. Dort erhielten SPD und KPD 5431 bzw. 4850 Stimmen, während die NSDAP mit 4321 und die DNVP mit 2088 Stimmen abfielen. Die Genugtuung der Sozialdemokratie über die reichsweiten Stimmenverluste der NSDAP war allerdings verfrüht. Objektiveren Beobachtern entging nämlich nicht, dass die Zugewinne der KPD eher eine Chance für Hitler als für dessen ideologischen Antagonisten Ernst Thälmann boten. Denn die rechtsradikalen Nationalsozialisten erschienen nun als einzige Alternative zur »proletarischen Revolution Deutschlands«[15].

Auch in Baudissins privatem Leben gab es im Herbst 1932 ein wichtiges Ereignis. Bei einem Fest in drei Hinterhausateliers am Lützowufer in

Berlin lernte er die Frau kennen, die ihn ein Leben lang faszinieren sollte: Dagmar Gräfin zu Dohna-Schlodien. Bei ihr war es anscheinend keine Liebe auf den ersten Blick. Wann ihr zweiter, entscheidender Blick auf Baudissin fiel, wissen wir nicht. Aber in australischer Gefangenschaft erinnerte sich dieser lebhaft an Dagmars wohl ersten Besuch in Potsdam, wie sie »kurz nach Mittag in strahlender Frühlingssonne unter einem großen Hut vor dem Theater [stand] und für den abendlichen Luftschiffhafen viel zu dünn bekleidet«[16] war. Die andere Person, an die Baudissin in Australien dachte, war Reichspräsident Paul von Hindenburg. Denn der war – zusammen mit den Spitzen der Reichswehr – an eben jenem 21. März 1933 die Ehrenformation des IR 9 abgeschritten, in der Baudissin gestanden hatte. Nach Verlassen der Garnisonskirche fand an diesem »Tag von Potsdam« der erste gemeinsame Vorbeimarsch von Einheiten der Reichswehr, des Stahlhelms, der SA und der SS vor dem Reichspräsidenten in Feldmarschallsuniform statt, eine weiteres Symbol der offiziellen Vereinigung von preußisch-deutscher Tradition und nationalsozialistischer Herrschaft. Der Historiker denkt beim Frühling 1933 aber auch an die Verabschiedung des »Ermächtigungsgesetzes« durch den dezimierten Reichstag am 24. März, mit dem praktisch die Weimarer Reichsverfassung ausgeschaltet wurde. Wenige Tage später hatte es der fast sechsundzwanzigjährige Soldat endlich geschafft. Am 1. April 1933 wurde er zum »richtigen« Leutnant (72. in der Rangliste) befördert. Zufällig fand dieses, für Baudissin wichtige Ereignis am gleichen Tag statt, an dem radikale Nationalsozialisten einen reichsweiten Boykott jüdischer Geschäfte, Arzt- und Anwaltspraxen inszenierten. Laut Rangliste des Regiments gehörte er nun der 2. Kompanie des I. Bataillons (Kommandeur Oberstleutnant Walter Graf von Brockdorff-Ahlefeldt, Adjutant von Tresckow) an. »Freunde aus dieser Zeit haben [Baudissin] als typischen Eliteoffizier geschildert, etwas hochgestochen und eitel, aber sehr intelligent[17].«

Die lange Ausbildung zum Offizier hatte Baudissin eine breite, solide und professionelle Basis für seine weitere militärische Laufbahn gegeben. Nach Meinung des späteren Generalinspekteurs der Bundeswehr de Maizière »enthielt [die Ausbildung allerdings] nichts von dem, was man heute ›politische Bildung‹ nennt«[18]. Laut Reichsverfassung von 1919 und Wehrgesetz von 1921 durften sich die Soldaten politisch nicht betätigen, ihr aktives und passives Wahlrecht ruhte. Das Militär diente dem Staat, nicht den Parteien. Der Soldat sollte sich dennoch »mit den Fragen beschäftigen, die seine Zeit bewegen, er soll politische und wirtschaftliche Zusammenhänge kennen und verstehen lernen [...] Er muß sich in Erinnerung an den einst von ihm geschworenen Fahneneid überall und stets als Vertreter der gesetzmäßigen Staatsgewalt fühlen und nach den Richtlinien handeln, die ihm die 10 Artikel der [am 9. Mai 1930 erlassenen] ›Berufspflichten des deutschen Soldaten‹ vorschreiben«[19]. Letztere definierten die Ehre als höchstes Gut des Soldaten. Sicher diskutierten die Fahnenjunker an der Infanterieschule in Dresden Ereignisse wie den

Leipziger Prozess gegen die Ulmer Reichswehroffiziere, obwohl die relevanten Verfügungen und Unterrichtungen des Reichswehrministers Wilhelm Groener vom 6. bzw. 20. Oktober 1930 lediglich »allen Offizieren im Wortlaut bekanntzugeben« waren[20]. Noch der ab 1931 im Reichsheer gültige »Leitfaden für Erziehung und Unterricht« ließ deutlich erkennen, dass eine innere Bindung des Soldaten an Verfassung und Republik nicht wirklich erwünscht war. Dagegen wurden die Staatsidee, die Liebe zu Volk und Vaterland betont. Für wichtig wurde auch der zweite Teil des Eides gehalten, in dem der Soldat gelobt hatte, dem Reichspräsidenten und seinen Vorgesetzten zu gehorchen. Die offiziöse, populäre Literatur der Zeit definierte den neuen Offiziertyp etwas deutlicher und programmatischer: »Nicht angekränkelt von dem Pessimismus der Massen, sondern wagemutig den Kampf mit dem Leben aufnehmend, mit gesunden Sinnen, mit gestrafftem Leib« sollte er bereit sein, seinen Leuten vorzuleben, vorzuleiden und wissen, »daß das Vorsterben wohl einmal ein Teil davon ist«. Die Leutnante sollten nicht Helden des Wortes und der Feder sein, sondern »ganze Kerle, die das Herz auf dem rechten Fleck haben, die die Wehrmacht einst emporführen werden zur alten Größe«[21]. Es sollten nur sieben Jahre vergehen, bevor ein ehemaliger Regimentskamerad von Baudissin jubeln konnte, mitgeholfen zu haben, den »Willen des Führers« zu vollstrecken: das Sudetenland zu befreien sowie Böhmen und Mähren »blitzschnell« zu besetzen[22].

Hatte der neue Reichswehrminister Werner von Blomberg in seinem ersten Tagesbefehl an die Soldaten am 31. Januar 1933 noch den festen Willen bekundet, die Reichswehr als traditionell »überparteiliches Machtmittel« zu erhalten, so läutete er wenige Monate später das Ende des Unpolitischseins von Heer und Marine ein. Einerseits gelte es, so Blomberg nun, der »nationalen Bewegung«, eine Umschreibung für die NSDAP, mit aller Hingabe zu dienen, andererseits die Wehrmacht mit nationalsozialistischem Gedankengut zu durchdringen[23]. Wie der junge Leutnant Baudissin diesen Umschwung empfunden hat, wissen wir nicht. Allerdings zeigte sich der nur ein Jahr ältere Oberleutnant Hans Meier-Welcker (IR 14) im Juli 1933 überzeugt, dass jeder in den Nationalsozialismus »hinein« gehöre. Je umfassender dieser in Deutschland werde, umso besser werde es für alle sein[24]. Im Sommer 1933 begann auch das IR 9 mit Gliederungen der NSDAP militärisch zusammenzuarbeiten. Bekam es zuerst 1200 SA-Leute (davon ein Viertel ehemalige Stahlhelmer) zur dreimonatigen Ausbildung zum Feldsoldaten zugeteilt, war es ein Jahr später die SS-Leibstandarte »Adolf Hitler« unter Sepp Dietrich, die dort ihre Ausbildung erhielt. Bereits im April 1934, nicht erst 1935, gab das Regiment die ersten Kader für Neuaufstellungen ab. Das I. Bataillon hatte damals das IR 29 in Cossen, das III. Bataillon das IR 67 in Spandau zu formieren. Und das II. Bataillon bildete den Stamm für das neue IR 9 der Wehrmacht. Zusammen mit der Verkürzung der Dienstpflicht bedeutete die Heeresvermehrung für den ehemaligen Adjutanten des III. Bataillon, Siegfried von Boehn, »das Ende unseres festgefügten und so hervorragenden Berufsheeres«[25]. Dabei war doch das spätere Aufgehen des professionellen Führer- und Kaderheeres in einem größeren Volksheer, und zwar unter der Leitung ehemaliger Generalstabsoffiziere, von Anfang an das Fernziel von Hans von Seeckt, 1919 bis 1926 Chef der Heeresleitung, gewesen. Hatte das IR 9 1932 noch 76 Offiziere gehabt, darunter drei Grafen und neun Freiherrn, so taten im Oktober 1935 nur noch 36 Offiziere im Regiment Dienst, davon drei Grafen und ein Freiherr. Elf weitere Offiziere wurden nun von ehemaligen Angehörigen der Landespolizei gestellt.

Ab Frühjahr 1934 erschienen als dienstliche Unterlagen für den Offizier-»Unterricht über politische Tagesfragen« nun ein bis zweimal im Monat so genannte Richtlinien. Mit deren Hilfe sollten die Soldaten u.a. über die »geschichtliche Bedeutung des 30. Juni 1934« und über weltanschauliche Dinge wie »Rassenpolitik« und »Judenfrage« aufgeklärt werden. Auch die »Berufspflichten« waren neu definiert worden. Nun war die Wehrmacht der Waffenträger des im Nationalsozialismus geeinten deutschen Volkes, der dessen Lebensraum schützte, und die Ehre des Soldaten lag im bedingungslosen Einsatz seiner Person für Volk und Vaterland. Als höchste Soldatentugend galt der kämpferische Mut. »Größten Lohn und höchstes Glück« sollte der Soldat im Bewusstsein freudig erfüllter Pflicht finden, natürlich bis zur Opferung seines Lebens. Diesen Pflichtenkanon hatte der Reichspräsident Paul von Hindenburg am 25. Mai 1934 erlassen[26]. Als der Oberbefehlshaber der Wehrmacht wenige Monate später starb, wurden die Soldaten der Reichswehr Anfang August neu vereidigt, und zwar auf den »Führer des Deutsches Reiches und Volkes Adolf Hitler«. Ihm hatten sie als Oberbefehlshaber der Wehrmacht nun »unbedingten Gehorsam« zu leisten[27]. Wohl erst 1934, und nicht schon 1933, wurde Baudissin eine Zeit lang als militärischer Ausbilder zu einem der Wehrertüchtigungslager des Justizministeriums in Jüterbog kommandiert. Dort sollten die zukünftigen Richter und Staatsanwälte »in körperlicher Ertüchtigung und einfachsten soldatischen Verhältnissen außerhalb der Städte« leben und so »in die nationalsozialistische Staatsauffassung« hineinwachsen[28]. Ob der junge, unverheiratete Leutnant damals wirklich das christliche Familienleben als Keimzelle eines Staatsgefüges pries und den Nationalsozialismus offen und aus innerer Überzeugung »auf das schärfste ablehnte«, wie es in einem wohlmeinenden Referenzschreiben nach dem Krieg für Baudissins »Entnazifizierung« als Generalstäbler heißt, darf wohl bezweifelt werden[29].

Zwei Monate, nachdem Baudissin von Tresckow als Adjutant des I. Bataillons (Kdr. Major Dr. Friedrich Altrichter, bekannter Buchautor und Vortragender) abgelöst hatte, wurde er am 1. Dezember 1934 zum Oberleutnant befördert. Dabei war Baudissin auf den 4. Platz vorgerückt. Während Kielmansegg am 1. Juni 1933 den Spitzenplatz verloren hatte (34.), konnte de Maizière ein dreiviertel Jahr später seinen behaupten (1.10.1935/1.). Ende 1934 definierte Blomberg neue Pflichten für den jungen Offizier, die diesem aus dem Neuaufbau der Wehrmacht erwüchsen.

Die Erziehung des jungen Offiziers »zum wirklichen Führer seiner Mannschaft in und außer Dienst«, so erklärte der Reichswehrminister am 18. Dezember, sei eine wichtigere Aufgabe als dessen taktische und wissenschaftliche Schulung. »Ich bitte, allen für die Erziehung unseres Offiziernachwuchses Verantwortlichen diese Aufgabe mit größtem Ernst ans Herz zu legen[30].« Ein halbes Jahr später forderte Blomberg die Offiziere auf, »die Idee der Blut- und Schicksalsgemeinschaft aller deutschen Menschen« zur Grundlage ihrer erzieherischen Arbeit der Mannschaften der neuen Wehrmacht zu machen. Dieser Forderung folgte am 30. Januar 1936, dem dritten Jahrestag der nationalsozialistischen »Machtergreifung« ein Erlass des jetzigen Reichskriegsministers über die »einheitliche politische Erziehung und Unterrichtung« des Wehrmachtoffizierkorps. Er forderte, »die nationalsozialistische Weltanschauung in geistiger Geschlossenheit als persönliches Eigentum und innere Überzeugung [zu] besitze[en]«. Einen Monat später verfügte Blomberg, dass die Offiziere auch »Rassenkunde« und »Erbgesundheitslehre« im Dienstunterricht zu behandeln hätten[31]. Passend dazu verlangte ein Tagesbefehl der 23. Infanteriedivision (Potsdam), das IR 9 möge bis zum 1. April 1936 »die Unterlagen zum Nachweis der arischen Abstammung der Rgts.-Kommandeure und der Offiziere des Stabes der 23. Division (auch für Ehefrauen)« vorlegen[32]. Damit, sowie durch verschiedene erzieherische Erlasse, war Baudissin als Adjutant direkt dienstlich betroffen. Schließlich war er seit 15. Oktober 1935 der zuständige Gehilfe des Regimentskommandeurs Oberstleutnant/Oberst Werner Frhr. von und zu Gilsa, nachdem er ein Jahr lang dem Kommandeur des I. Bataillons als Adjutant in allen Fragen der Führung, Organisation, Ausbildung, Erziehung, Disziplin und in Personalangelegenheiten gedient hatte. Die Adjutantur war eine wichtige Vertrauensstellung. Neben Verschwiegenheit und Takt erforderte sie auch unermüdlichen Arbeitseinsatz.

1935/1936 nahm Oberleutnant Baudissin bestimmt an vier Großereignissen des Regiments teil: Mitte August 1935 an der »Führer- und Nachrichten-Rahmenübung« des Gruppenkommandos 1 unter General der Infanterie von Rundstedt in Niederschlesien, die die Abwehr eines tschechisch-slowakischen Angriffes zwischen Elbe und Iser-Gebirge simulierte[33], an der Vereidigung der ersten wehrpflichtigen Rekruten am 7. November 1935 im Lustgarten, der Parade der 23. Division am »Führergeburtstag« 1936 sowie am Vorbeimarsch der Truppen des Standortes Potsdam zum 150. Todestag Friedrichs des Großen, die Feldmarschall von Blomberg am 15. August 1936 abnahm. Während des Wehrmachtmanövers 1937 waren die Soldaten, darunter auch die der 23. Division, von Hitlers (und Mussolinis) Anwesenheit so begeistert, dass viele von ihnen den »Führer« – verbotenerweise – fotografierten und dazu hinter ihm herliefen. Wenig später übernahm der Regimentsstab des IR 9 – auf Befehl des Oberbefehlshabers des Heeres, Generaloberst Werner von Fritsch – feierlich die Tradition des Kgl. Preuß. Ersten Garde-Regiments zu Fuß. Bei seiner Abschiedsvorlesung 1986 berichtete Baudissin, dass die »zielbewusste Diffamierung« von Fritsch 1938 zu einer »gewissen Ratlosigkeit und Entfremdung, ja Empörung« im Regiment geführt habe. Er und Tresckow seien beim Kommandierenden General des III. Armeekorps, General der Infanterie Erwin von Witzleben, vorstellig geworden, hätten ihre Bedenken geäußert und den Rat bekommen, Soldat zu bleiben[34]. Verifizieren lässt sich dies allerdings nicht mehr. Fest steht dagegen, dass Baudissin wenig später die Prüfung für die Aufnahme in die Generalstabsausbildung bestand und am 19. Mai 1938 zur Kriegsakademie nach Berlin versetzt wurde. Diese war am 15. Oktober 1935 in Anwesenheit von Hitler, Ministern, Rektoren, Feldmarschällen und Generalen, aktiven wie inaktiven, in der Lehrter Straße offiziell eröffnet und abends im Hotel »Kaiserhof« festlich gefeiert worden[35]. Kommandeur der Kriegsakademie, der »höchsten Bildungsstätte des Heeres«, war General der Infanterie Curt Liebmann. Aufgabe der Akademie war es, die »nach Charakter, Begabung, Wissen und Kennen besonders« hervorgetretenen Offiziere zu Gehilfen der höheren Führung heranzubilden und ihnen gleichzeitig die Grundlagen für ihre Weiterbildung zum höheren Truppenführer zu vermitteln. Natürlich stand die Ausbildung in den militärischen Fächern, insbesondere die Taktik bis zur Korpsebene, im Vordergrund. Allerdings sollten die allgemeinwissenschaftlichen Fächer »die Kenntnisse derjenigen Kräfte des deutschen Volkes [vertiefen], die die Grundlagen des nationalsozialistischen Staates und seiner Wehrmacht bilden«[36]. Für die Erörterung solcher »nationalpolitischen Fragen« waren in den ersten beiden Jahren rund 30 Stunden vorgesehen. Die planmäßige Ausbildung zum Generalstabsoffizier dauerte drei Jahre. Baudissin gehörte dem Hörsaal Ic an, der von Major i.G. Ernst-Anton von Krosigk geleitet wurde. Von den insgesamt 142 Offizieren der sechs Hörsäle des Jahrgangs 1938/39 brachten es fünf (einschließlich Baudissin) später in der Bundeswehr bis zum General. Auch einige Hauptleute des vorherigen Jahrgangs kamen in der Bundeswehr zu Ehren: Bogislaw von Bonin, Bernd von Freytag-Loringhoven, Leo Hepp, Johann Adolf Graf von Kielmansegg, Wilhelm Meier-Detring, Hans Meier-Welcker und Fritz Poleck. Unter den Lehrgangsteilnehmern 1937/38 waren auch die späteren Widerstandskämpfer Eberhard Finckh, Albrecht Ritter Mertz von Quirnheim und Claus Schenk Graf von Stauffenberg gewesen[37]. Vier Wochen nach Baudissins Wechsel zur Kriegsakademie erschütterte die so genannte »Reichskristallnacht« das »Großdeutsche Reich«. Sicherlich haben die angehenden Generalstabsoffiziere diesen Ausbruch nationalsozialistischer Gewalt gegen die seit 1933 diskriminierte jüdische Bevölkerung in der deutschen Hauptstadt diskutiert. Das SA-Pogrom und die finanzielle »Sühneleistung« von 1 Milliarde RM wurden wenig später offiziell als gerechtfertigte Maßnahmen im »Abwehrkampf der Deutschen gegen den jahrhundertealten Vernichtungswillen des Judentums« ausgegeben[38]. Ob Baudissin mit seinem Vater über die zerstörte Synagoge in der Fasanenstraße sprach, wissen wir nicht. Auf jeden Fall hatte die Familie Anfang der dreißiger Jahre nur ein paar Häuser weiter in der gleichen Straße gewohnt[39]. Am

18. Dezember 1938 bezeichnete der Oberbefehlshaber des Heeres, Generaloberst Walter von Brauchitsch, Hitler als »genialen Führer« und forderte »willens- und glaubensstarke Offiziere«, die sich von niemandem »in der Reinheit und Echtheit nationalsozialistischer Weltanschauung« übertreffen ließen[40]. In die gleiche Kerbe wie Brauchitsch hieb auch der von diesem gepriesene Oberste Befehlshaber der Wehrmacht. Er führte ab Januar 1939 einen regelrechten geistigen Feldzug um das höhere und niedere Offizierkorps. Dabei erläuterte Hitler u.a. am 11. März 1939 seine »nationalsozialistischen Grundgedanken« den Absolventen der Kriegsakademien höchstpersönlich. Ob der am Jahreswechsel 1938/39 zum Hauptmann (4.) beförderte Graf Baudissin bei dieser Veranstaltung dabei war, wissen wir nicht. Vor dem Hintergrund der von der Führung und den Kommandeuren tatsächlich gemachten Anstrengungen, ein »linientreues« Offizierkorps zu formen, trifft es zumindest nicht zu, dass in Reichswehr und Wehrmacht keine »politische Bildung« betrieben worden sei, wie de Maizière in seinen Memoiren behauptet.

Baudissins Generalstabsausbildung wurde durch Hitlers offensive Pläne gegenüber Polen vorzeitig beendet. Am 26. August 1939 wurde er Dritter Generalstabsoffizier (Ic, heute G 2) bei der neu aufgestellten 58. Infanteriedivision. Kommandeur war Generalmajor Iwan Heunert, Erster Generalstabsoffizier (Ia, heute G 3) zuerst Major i.G. Eberhard Kaulbach, ab 2. März 1940 Oberstleutnant i.G. Alexander von Pfuhlstein. Beide Offiziere hatten dem IR 9 in den zwanziger Jahren angehört, Kaulbach war möglicherweise 1926 Baudissins Rekrutenoffizier gewesen. Die 58. Division marschierte nicht in Polen ein, sondern lag 1939/40 am Westwall. Immer wieder vertrat der Ic auch die anderen beiden Generalstabsoffiziere, also den Ia und den für den Nachschub zuständigen Ib (heute G 4). Es haben sich Divisionsbefehle mit Baudissins Unterschrift erhalten, in denen er Feldgerichtsurteile bekannt gab bzw. auf die Verteilung der OKW-»Mitteilungen für die Truppe« aufmerksam machte. Damals bekam Baudissin auch Besuch von seinem Regimentskameraden von Tresckow, der etwas über die Stimmung der bereitstehenden Truppe erfahren wollte. Ihren ersten »schweren, erfolgreichen Kampftag« erlebte die Division am 27. Mai 1940. Sie durchbrach kurzzeitig die Hauptkampflinie der 6. (frz.) nordafrikanischen Division. Von dem zwei Tage später verteilten Merkblatt zur »Behandlung jüdischer Mischlinge in der Wehrmacht« war Baudissin weder direkt noch indirekt betroffen[41]. Aus diesem ging hervor, dass Hitler am 8. April 1940 verfügt hatte, »50 % jüdische Mischlinge oder Männer, die mit 50 % jüdischen Mischlingen oder Jüdinnen verheiratet« waren, nicht mehr zu verwenden. Für seinen kämpferischen Einsatz bei der Einnahme von Toul Mitte Juni 1940 wurde Baudissin mit dem Eisernen Kreuz I. Klasse ausgezeichnet, nachdem er sich erst vierzehn Tage zuvor das Eiserne Kreuz II. Klasse verdient hatte. Am 26. Juli 1940 hatte Baudissin schließlich als Vertreter des Ia die »Ehre«, Hitlers Befehl vom 7. des Monats der Truppe bekannt zu geben. Darin forderte der Oberste Befehlshaber seine Soldaten auf, ihre Besatzungsaufgaben im »gleichen untadeligen Geiste« zu erfüllen, wie sie im Feldzug gefochten hatten und den »hohen Stand deutscher Manneszucht zu bewahren«[42].

Wie der Dienst der Besatzungstruppen in Westeuropa aussehen sollte, regelte der Oberbefehlshaber des Heeres in entsprechenden Richtlinien, die am 17. Juli 1940 bei der 58. Infanteriedivision eingingen[43]. Neben der Erhaltung und Vertiefung der inneren wie äußeren Disziplin der Soldaten sollte deren »Erziehung zum Angriffsgeist« im Vordergrund stehen. Von seinem Aufgabengebiet her war Baudissin von der Anlage 5 dieser Verfügung, betreffend »Geistige Betreuung, Abwehr«, direkt betroffen, während die Anhänge zu Ausbildung und Disziplin (einschließlich Erziehung) Sache des Ia bzw. IIa (dem Adjutanten, heute G 1) waren. Zwar sollten geistige Betreuung und Freizeitgestaltung der Truppe »planmäßig erfolgen«. Aber diese musste sich dabei »weitgehend mit eigenen Mitteln helfen«, z.B. mit Sport-, Musik-, Gesangs- und Zeichenwettbewerben. Von oben gingen der Division Feld- und Heimatzeitungen, die OKW- »Mitteilungen für die Truppe« sowie andere offizielle Schriften zu. Als weitere Mittel zum Erhalt der Stimmung in der Truppe galten Rundfunk, Film und Theater, aber auch Feldgottesdienste. Schließlich sollte dem Allmächtigen in Demut für den »unvorstellbaren Siegeszug« in Frankreich gedankt werden, wie Baudissin am 21. Juli 1940 in Anlehnung an Hitlers Aufruf verfügte[44]. Zu dieser Zeit residierte der Stab der Division im belgischen Spa und Umgebung, und zwar in Hotels, einem Schloss sowie einem »Hill Cottage«. Unter dem Stichwort »Truppenbetreuung« sind im Tätigkeitsbericht des Ic für den Monat September 1940 »44 Theater- und Varieté- und 71 Kinovorstellungen (Lüttich ausschließlich)« angegeben. Doch die Heeresführung war über die »Erziehung und Haltung der Truppe im besetzten Gebiet« unzufrieden. Besonders die mangelnde Zurückhaltung gegenüber »dem weiblichen Teil« der Zivilbevölkerung wurde kritisiert, aber auch Orgien in Hotels, eine allgemeine »Kaufwut« und Wareneinkäufe in jüdischen Geschäften. Alle diese ›Vergehen‹ hätten das Ansehen der Wehrmacht geschädigt[45]. Allerdings vernachlässigte Baudissin als Ic damals nicht seine eigentliche Aufgabe: die Beobachtung des anvisierten Gegners jenseits des Kanals. Laut Tätigkeitsbericht studierte er die »engl[ische] Wehrmacht und [die] politischen und wirtschaftlichen Begebenheiten Großbritanniens und des Empires« und hielt entsprechende Vorträge auf einer Kommandeurbesprechung sowie vor den Offizierkorps verschiedener unterstellter Abteilungen. Außerdem notierte Baudissin, dass die Stimmung der belgischen Bevölkerung nach wie vor ablehnend sei, es im Divisionsbereich aber keine Sabotageakte oder offenen Widersetzlichkeiten gegeben habe.

Die Richtlinien des Oberbefehlshabers des Heeres »für den Dienst der Truppe im Winter 1940/41« vom 7. Oktober 1940 markieren einen neuen Abschnitt in der Geschichte der geistigen Kriegführung im größten Wehrmachtteil. Im Vorfeld des Krieges gegen die Sowjetunion wurde nämlich die »weltanschauliche Erziehung« der Waffenausbildung wie der traditionellen »geistigen Betreuung« gleichgestellt. Feldmarschall von Brauchitsch legte allen Vorgesetzten ans Herz, neben der Ausbildung ihrer Soldaten »zu entschlossenen und angriffsfreudigen Kämpfer[n]« auf deren *einheitliche* nationalsozialistische Erziehung zu achten[46]. Als Themen für Vorträge wurden benannt: das deutsche Volk, das deutsche Reich, der deutsche Lebensraum, der Nationalsozialismus als Fundament sowie Deutschland vor dem Westfälischen Frieden. Dabei war der Heeresführung klar, dass das »persönlich zur Truppe gesprochene Wort eines geistig regen und frischen Offiziers immer das beste Mittel zur weltanschaulichen Erziehung der Soldaten« sei[47]. Die Umsetzung dieser Richtlinien erlebte Baudissin nicht mehr bei der 58. Division, sondern beim II. Armeekorps, in dessen Stab er ab 25. Oktober 1940 als Ic versetzt worden war. Kommandierender General war zu jener Zeit Walter Graf Brockdorff-Ahlefeldt, sein alter Bataillonskommandeur im IR 9. Da der Aktenbestand des Korps dünn ist, kann Baudissins Anteil an der weltanschaulichen Erziehung durch diese Kommandobehörde nicht beschrieben werden. Ein anderer, erfahrener Generalstabsoffizier nahm allerdings seine Rolle als »ausschlaggebender Volkserzieher in vorderster Linie« ernst. Hauptmann i.G. Graf Kielmansegg, Ia der 6. Panzerdivision, interpretierte die Volksgemeinschaft als Kernstück des Nationalsozialismus und als Kennzeichen wahren Soldatentums. Getreu den Richtlinien des Oberbefehlshabers des Heeres schärfte er den Adjutanten ein, die ihnen anvertraute Jugend nicht nur fachlich zum Waffenträger *auszubilden*, »sondern zum nationalsozialistischen Soldaten als *dem* Typus des Deutschen von heute« zu *erziehen*. Seinen Vortrag im Herbst 1940 schloss Kielmansegg mit den Worten: »Alles, was wir Offiziere tun, ob wir kämpfen, ausbilden oder erziehen, alles geht um ein Ziel. Das Ziel heißt Deutschland. Sein Führer ist Adolf Hitler. Wer ihm treu ist, lebt und stirbt für Deutschland[48].« Anfang des Jahres 1941 kam für Hauptmann Baudissin eine mit Spannung erwartete Nachricht: er wurde – unter Verbleiben in der bisherigen Verwendung – in den Generalstab versetzt und durfte ab dem 30. Januar die karmesinroten Streifen an der Uniformhose tragen. Einen knappen Monat später erhielt er – wie so viele andere Generalstabsoffiziere – seine Regelbeurteilung. Darin kam Baudissin glänzend weg, sowohl in seinem »Persönlichkeitswert« als auch in den »dienstlichen Leistungen«. Auf dem Gebiet der geistigen Betreuung bescheinigte ihm der Chef des Stabes, Oberst i.G. Viktor Koch, ein gutes Einfühlungsvermögen in die Wünsche der verschiedenen unterstellten Einheiten. Der Ic versprach nicht nur – wie Hepp, de Maizière und Meier-Welcker – ein guter Divisions-Ia zu werden, sondern ihm wurde darüber hinaus – ebenso wie Meier-Welcker – die Eignung zum Militärattaché zugesprochen.

Mit der Umsetzung von Brauchitschs Ausbildungsbefehl vom 21. Februar 1941 war Baudissin wohl nicht mehr befasst, denn Anfang März verabschiedete er sich vom II. Korps, traf Dagmar in Berlin, flog nach Libyen und meldete sich beim dortigen Befehlshaber des Deutschen Afrikakorps, Generalleutnant Rommel, als dessen neuer Ic. Ob Baudissin dazu von seinem Dresdener Infanterielehrer angefordert worden war, muss wegen der dünnen Quellengrundlage offen bleiben. Eine erste Beurteilung der Feindlage, an der Baudissin aller Wahrscheinlichkeit nach mitgearbeitet hatte, ging am 20. März 1941 abends an das Oberkommando des Heeres: »Nach Meldungen letzter Tage nicht ausgeschlossen, daß Feind gänzlich auf Verteidigung eingestellt und Masse seiner Kräfte in die Cyrenaica nördlich und ostwärts Bengasi zurückverlegt hat[49].« Eine weitere Feindlagemeldung vom 26. März, dass Agedabia auf jeden Fall gehalten werden solle, stellte sich schon bald als falsch heraus, denn dieser Ort wurde wenig später nach nur kurzem Gefecht von der Vorausabteilung der 5. leichten Division eingenommen. Ob Baudissin an der kontroversen Besprechung zwischen Rommel und dem neu ernannten Generalgouverneur von Libyen und Oberbefehlshaber der italienischen Streitkräfte, Armeegeneral Italo Gariboldi, am Abend des 3. April 1941 teilgenommen hat, wissen wir nicht. Fest steht, dass der deutsche Befehlshaber das Beharren seines Vorgesetzten auf der operativen Führung ablehnte und »vollkommene Handlungsfreiheit« für sich und sein Afrikakorps forderte. Diese sicherte ihm das Oberkommando der Wehrmacht noch in derselben Nacht zu, worauf Rommel sich entschied, die ganze Cyrenaica zu nehmen. Jedenfalls unternahm Baudissin am nächsten Morgen mit einem Flugzeug der Kurierstaffel Afrika einen taktischen Erkundungsflug. Nach eigenen Angaben sollte er die zur Aufklärung nach El Mechili beorderte und anscheinend in der Wüste verirrte italienische Aufklärungsabteilung »Santa Maria« finden. Von diesem Flug kehrten der Ic des Afrikakorps und die fünfköpfige Besatzung nicht mehr zurück. Sie waren noch am selben Tag in britische Gefangenschaft geraten. So blieb Baudissin sowohl Rommels verfehlter, verlustreicher Angriff auf Tobruk, eine mögliche Versetzung an die Ostfront als auch die spätere ideologische Fanatisierung der Wehrmacht zu einer »nationalsozialistischen Volksarmee« erspart, aber nicht eine Verwundung am linken Oberarm in einem Kriegsgefangenenlager bei Latrun/Palästina am 3. Juli 1941, offensichtlich durch Bordwaffenbeschuss eines deutschen Fernaufklärers[50].

Um diese Gefangennahme am 4. April 1941 rankt sich eine Legende, die Baudissin später im Lager zu schaffen machen sollte. Während in den Unterlagen der »Deutschen Dienststelle« in Berlin als Ursache »Absturz« angegeben ist[51], erzählten der Beobachter und Kommandant der He 111, Leutnant d.R. Werner Junghanß, und der Pilot, Unteroffizier Ludwig Gernoth, eine andere Geschichte. Baudissin habe eine Fahrzeugkolonne entdeckt und beschlossen, daneben zu landen. Beide hätten zwar widersprochen, aber der Hauptmann i.G. habe auf seinem Befehl bestanden. So seien sie schließlich neben einem überraschten britischen (australischen?) Konvoi gelandet und hätten nicht mehr starten können[52]. Es ist anzunehmen, dass Baudissin keinerlei Interesse daran hatte, in Gefangenschaft zu geraten, schließlich war er ein pflichtbewusster, »preußischer« Offizier. Noch Ende November 1941 hatte der ehemalige Ic die »absolute Zuversicht« in einen für Deutschland günstigen Ausgang des Krieges und hoffte, »daß dieser Zustand des Außerhalb-Stehens und der Untätigkeit bald ein Ende haben möge«[53]. Diese Hoffnung trog. Auch wenn Baudissin später das »Gefühl der Nutzlosigkeit und des Beiseitestehens« noch immer »peinigte«, so wurde es für ihn immer schwieriger, »einen Endtermin verstandesmäßig zu bestimmen«[54]. Erst im Sommer 1947 durfte er nach Westdeutschland zurückkehren und – nach einem als demütigend empfundenen Entnazifizierungsverfahren als belasteter Generalstabsoffizier – seine geliebte Dagmar heiraten. Bis dahin gehörte Baudissin zu der verhältnismäßig kleinen Gruppe deutscher Kriegsgefangener auf dem australischen Kontinent. Deren Höchstzahl betrug nie mehr als knapp 1700 Mann, darunter rund 70 Offiziere. Das größte Mannschaftslager, Murchison, lag am Waranga-Reservoir im Norden des Bundesstaates Victoria[55]. Dort war auch Baudissin eine Zeit lang untergebracht, ebenso wie im Offizierlager Dhurringile und ab Ende Juli 1945 im nahe gelegenen Tatura. Anfang Juni 1943 erreichte ihn die Nachricht, dass er – routinemäßig – mit Wirkung vom 1. April 1942 zum Major i.G. befördert worden war[56]. Zum selben Termin war auch der jüngere de Maizière, Referent in der Organisationsabteilung des Generalstabes des Heeres, Stabsoffizier geworden. Die Bedingungen in den australischen Lagern waren »während der ganzen Zeit prinzipiell gut bis hervorragend«[57]. Das Lagerleben verlief – bis auf Ausnahmen wie Fluchtversuche – diszipliniert, und zwar im deutschen, militärischen Rahmen. Paraden, Ehrenmal, Kranzniederlegungen am »Heldengedenktag« und »Deutscher Gruß« gehörten dazu. Im März 1943 hielt Baudissin die zu diesem Feiertag fällige Rede und blieb »nach langem Nachdenken doch unter anderem bei der wundervollen Perikles-Rede aus Thukydides«[58]. Neben Arbeitseinsatz unter australischer Aufsicht (für Mannschaften) organisierten die deutschen Lagerleitungen als geistige Beschäftigungen Abitur- und Hochschulkurse sowie berufliche Weiterbildungen. »Als Älterer mit gewisser Vorbildung und Erfahrung Jüngeren gegenüber«[59] gehörte Baudissin natürlich zu den Lehrenden. Er unterrichtete vornehmlich Taktik, gab aber auch Einführungen in die Kunstgeschichte und hielt Vorträge über Friedrich den Großen und Clausewitz. Wie sehr die Masse der zwischen April und Dezember 1941 gefangenen deutschen Soldaten noch am fernen Großdeutschland hing, lässt sich an den Lehrgängen des »Nationalsozialistischen Fortbildungs- und Schulungswerks« in Murchison ablesen. Zu den insgesamt elf Fächern in der Abiturvorbereitung II gehörten im Dezember 1943 noch immer »Reichskunde« und »Rassenkunde«[60]. Nach internen Protesten wurde der Name im Februar 1944 in »Berufsförderung der Wehrmacht« geändert.

Innerhalb der deutschen Lagergemeinschaft galt Baudissin anscheinend als »Linker«. Mit seiner Ansicht »that rank could command obedience but only character could command respect«[61], also einer Unterscheidung zwischen äußerer und innerer Autorität, stand er im Abseits. Noch schwieriger wurde es für Baudissin nach dem Bekanntwerden des

Attentats auf Hitler am 20. Juli 1944. Wenn er für die Widerständler, seine »Freunde«, die diese »letzte wirklich preußische Tat« gewagt hatten, im Lager eintrat, die viele Mitgefangene als Verräter und »blaublütige Schweine« beschimpften, versuchte Baudissin nach eigenen Angaben stets, die Mitte zu halten »zwischen Loyalität zur Obrigkeit und voller Anerkennung der Gegnermotive«[62]. Da die Gefangenen in Australien nicht abgehört wurden, ist es nicht möglich, anders als bei Generalen in England, genau zu bestimmen, welche Argumentationslinien zwischen welchen Gruppen zu welchen Zeiten und Ereignissen des Krieges verliefen[63]. Baudissin war selbstkritisch genug, um sich seine »Misserfolge als Führer einer Gemeinschaft und Anlehnungsmöglichkeit für Einzelne« einzugestehen. Als geradezu »lähmend« empfand er den Gedanken, dass er bei seiner vorhandenen »Qualität nicht doch auch die ganzen Jahre hindurch bis heute ein anderes Verhältnis« hatte schaffen können[64].

Nach dem Ende des Krieges in Europa machte die australische Gewahrsamsmacht zwar ernst mit der beschlossenen »Entnazifizierung« und verbot alle Nazi-Symbole, aber eine regelrechte »Reeducation« blieb aus, wenn man von dem befohlenen Besuch des US-Films über das Konzentrationslager Bergen-Belsen absieht. Das Nachdenken »über die [persönlichen wie allgemeinen] Härten einer so genannten Nachkriegszeit für den im totalen Krieg Besiegten« hatte bei Baudissin bereits vor dem 8. Mai 1945 eingesetzt. Dabei rang er mit sich und anderen – brieflich hauptsächlich mit Dagmar, aber auch mit Graf Hardenberg – um Klärung und Orientierung. Baudissin wusste um die von Hitler und Stalin entfachten Leidenschaften, um »blinde« Friedenssehnsüchte, »an denen selbst die aufbauwillte Vernunft in die Zukunft blickender Staatsleute scheitert«, sprach von einer »Zeiten=Wertewende«, von einem »Wiederaufstieg nur über das Individuum« und ließ sich seinen »Europa-Glauben« auch von Hardenberg nicht ausreden[65]. Ab wann der heimgekehrte Graf Baudissin nicht mehr allgemein über den Wiederaufbau »Deutschlands zwischen West und Ost«, sondern gezielt über das »innere Gefüge« neuer deutscher Streitkräfte und deren »soldatische Erziehung« nachdachte, die Beantwortung dieser wichtigen Frage kann nicht mehr Gegenstand des vorliegenden Beitrags sein.

Anmerkungen

[1] Vgl. die beiden Kurzbiographien bei Ines Reich, Potsdam und der 20. Juli 1944, Freiburg 1994, S. 68–70 und 76 f.

[2] Abschiedsvorlesung in der Universität der Bundeswehr in Hamburg vom 18.6.1986. Gekürzt abgedruckt in Wolf Graf von Baudissin und Dagmar Gräfin zu Dohna, »... als wären wir nie getrennt gewesen«. Briefe 1941–1947. Hrsg. und mit einer Einf. von Elfriede Knoke, Bonn 2001, S. 258–280, hier S. 258–266.

3 Brief an Dagmar Gräfin zu Dohna vom 11.4.1943. Ebd., S. 29.
4 Cecil Scott Forester, Ein General, Berlin 1937, S. 6. Der Held des Buches ist General Curzon.
5 Anton Müller, Auf dem Alten Friedhof. In: Kleine Bettlektüre für liebenswerte Freiburger. Hrsg. von Katharina Steiner, Bern 1982, S. 145–156, hier S. 150.
6 Baudissin/Dohna, »... als wären wir nie getrennt gewesen« (wie Anm. 2), S. 13. Baudissins Biogramm bei Dieter E. Kilian, Elite im Halbschatten. Generale und Admirale der Bundeswehr, Bielefeld 2005, S. 360–365, ist leider mit Fehlern behaftet.
7 Ebd., S. 258.
8 Schriftliche Auskunft des Archivs der Humboldt-Universität vom September 2006 und Kopien der Vorlesungsverzeichnisse. Für die freundliche Unterstützung danke ich Rolf-Dieter Müller und Elke Wagenitz, Potsdam.
9 Georg Meyer, Adolf Heusinger. Dienst eines deutschen Soldaten, Hamburg 2001, S. 89.
10 § 21 des Wehrgesetzes vom 23.3.1921. Abgedruckt bei Rudolf Absolon, Die Wehrmacht im Dritten Reich, Bd 2: 30. Januar 1933 bis 2. August 1934 (Fortsetzung): mit einem Rückblick auf das Militärwesen in Preußen, im Kaiserreich und in der Weimarer Republik, Boppard 1971 (= Schriften des Bundesarchivs, 16,2), S. 512–558, hier S. 521.
11 Schriftliche Auskunft des Archivs der TU München vom 4.10.2006 sowie Kopien des Vorlesungsverzeichnisses. Für die freundliche Unterstützung danke ich Markus Pöhlmann, München.
12 David Clay Large, Hitlers München, München 1998, S. 283.
13 Verfügung Nr. 123/4.20.T6.Ib des Reichswehrministeriums vom 24.4.1920. Zit. nach Hans Meier-Welcker, Der Weg zum Offizier im Reichsheer der Weimarer Republik. In: MGM, 1 (1976), S. 147–180, hier S. 147.
14 Vgl. Wolfgang Paul, Das Potsdamer Infanterie-Regiment 9, 1918–1945. Textband, Osnabrück 1983, S. 79 f. und Gerhard Thomée, Der Wiederaufstieg des deutschen Heeres 1918–1938, Berlin 1939, S. 110 f.
15 Vgl. Heinrich August Winkler, Der lange Weg nach Westen, Bd 1: Deutsche Geschichte 1806–1933, Bonn 2002, S. 526 ff.
16 Baudissin/Dohna, »... als wären wir nie getrennt gewesen« (wie Anm. 2), S. 21.
17 Ebd., S. 107.
18 Ulrich de Maizière, In der Pflicht. Lebensbericht eines deutschen Soldaten, Herford 1989, S. 32.
19 Vgl. Albert Benary, Unsere Reichswehr. Das Buch von Heer und Flotte, Berlin 1932, S. 34 ff. und Rudolf Absolon, Die Wehrmacht im Dritten Reich, Bd 1: 30. Januar 1933 bis 2. August 1934: mit einem Rückblick auf das Militärwesen in Preußen, im Kaiserreich und in der Weimarer Republik, Boppard 1969 (= Schriften des Bundesarchivs, 16,1), S. 172 f.
20 BA-MA, N 46/151.
21 Benary, Unsere Reichswehr (wie Anm. 19), S. 53.
22 Vgl. Hermann Teske, Wir marschierten für Großdeutschland: Erlebtes und Erlauschtes aus dem großen Jahre 1938, 2. Aufl., Berlin 1939, S. 9.
23 Vgl. Das Deutsche Reich und der Zweite Weltkrieg, Bd 9/1: Politisierung, Vernichtung, Überleben. Im Auftr. des MGFA hrsg. von Jörg Echternkamp, Stuttgart 2004, S. 486 f. (Beitrag Förster).
24 Brief vom 2.7.1933. Abgedruckt in Klaus-Jürgen Müller unter Mitarb. von Ernst Willi Hansen, Armee und Drittes Reich 1933–1939. Darstellung und Dokumentation, 2. Aufl., Paderborn 1989 (= Sammlung Schöningh zur Geschichte und Gegenwart), S. 150. Dieser, später kritischere Offizier war der erste Amtschef des Militärgeschichtlichen Forschungsamtes in Freiburg.

25 Zit. nach Paul, Textband (wie Anm. 14), S. 90 f.
26 Vgl. Absolon, Wehrmacht, Bd 1 (wie Anm. 10), S. 173 f.
27 Ebd., S. 168.
28 Vgl. Im Namen des Deutschen Volkes. Justiz und Nationalsozialismus. Katalog zur Ausstellung des Bundesministers der Justiz, Köln 1989, S. 171 ff.
29 Der Verfasser war Dr. Wolfgang Dix. Abgedruckt in: Baudissin/Dohna, »... als wären wir nie getrennt gewesen« (wie Anm. 2), S. 242 ff. (15.3.1947). Knoke nennt allerdings Herbst 1934 als Zeitpunkt für den Lehrgang in Jüterbog. Ebd., S. 284. Der Entwurf für einen solchen »Persilschein« in einem anderen Verfahren hat sich im Nachlass Münchhausen (BA-MA, N 813) erhalten.
30 Vgl. Das Deutsche Reich und der Zweite Weltkrieg, Bd 9/1 (wie Anm. 23), S. 489 (Beitrag Förster).
31 Ebd., S. 490 f.
32 Facsimile in Wolfgang Paul, Das Potsdamer Infanterie-Regiment 9 1918–1945. Dokumentenband, Osnabrück 1984, S. 49.
33 BA-MA, RH 64/5.
34 Vgl. Baudissin/Dohna, »... als wären wir nie getrennt gewesen« (wie Anm. 2), S. 262.
35 Die Vorträge und Grußworte sind erhalten in BA-MA, RH 16/v. 27.
36 Kriegsakademievorschrift vom 14.5.1938. In: Ebd., RHD 4/52, S. 5. Vgl. Klaus-Jürgen Müller, Das Heer und Hitler. Armee und nationalsozialistisches Regime 1933 bis 1940, Stuttgart 1969, S. 296.
37 Listen der Teilnehmer in BA-MA, RH 16/v. 7.
38 In den betreffenden Richtlinien für den Unterricht über politische Tagesfragen. Vgl. Das Deutsche Reich und der Zweite Weltkrieg, Bd 9/1 (wie Anm. 23), S. 499 f. (Beitrag Förster).
39 Zur Zeit des Pogroms wohnte der Vater schon in der Dianastraße 15 in Schlachtensee, bevor er 1940 in die dortige Betazeile 15 zog (schriftliche Auskunft der Zentral- und Landesbibliothek Berlin). Für die freundliche Unterstützung danke ich Herrn Paul S. Ulrich. Letztere Adresse nannte Baudissin auch bei seiner Gefangennahme im Frühjahr 1941.
40 Abgedruckt bei Müller, Armee (wie Anm. 24), S. 180 ff.
41 BA-MA, RH 26-58/6.
42 BA-MA, RH 26-58/84 bzw. 8. Zu jener Zeit hatte die 58. Division eine Gefechtsstärke von 246 Offizieren, 26 Beamten, 1573 Unteroffizieren und 10 184 Mannschaften.
43 BA-MA, RH 26-58/8.
44 Ebd.
45 BA-MA, RH 53-7/v. 2186, 31.8.1940.
46 BA-MA, RH 26-58/84.
47 BA-MA, RH 19 III/152.
48 Vgl. Das Deutsche Reich und der Zweite Weltkrieg, Bd 9/1 (wie Anm. 23), S. 513.
49 BA-MA, RH 24-200/1. Zur taktischen Situation vgl. Das Deutsche Reich und der Zweite Weltkrieg, Bd 3: Gerhard Schreiber, Bernd Stegemann und Detlef Vogel, Der Mittelmeerraum und Südosteuropa. Von der »non belligeranza« Italiens bis zum Kriegseintritt der Vereinigten Staaten, Stuttgart 1984, S. 615 ff. (Beitrag Stegemann).
50 Vgl. Lagebericht ObL, Führungsstab Ic Nr. 664 vom 4. Juli 1941, BA-MA, RM 7/378 und Baudissin/Dohna, »... als wären wir nie getrennt gewesen« (wie Anm. 2), S. 49 (9.8.1941).
51 Für diese Quelle danke ich Ulf Balke/Freiburg.
52 Vgl. Barbara Winter, Stalag Australia. German Prisoners of War in Australia, North Ryde (NSW) 1986, S. 4.

53 Vgl. Baudissin/Dohna, »... als wären wir nie getrennt gewesen« (wie Anm. 2), S. 28 (24.11.1941).
54 Ebd., S. 29 (11.4.1943).
55 Vgl. Karten bei Winter, Stalag (wie Anm. 52), S. 17 und 65 sowie Helmut Wolff, Die deutschen Kriegsgefangenen in britischer Hand. Ein Überblick, München 1974, S. 623 (= Maschke-Kommission, Bd XI/1).
56 Australian Military Forces, Prisoner of War, Service and Casualty Form, ID No 41984. Für diese Quelle danke ich Peter Monteath/Adelaide.
57 Wolff, Die deutschen Kriegsgefangenen (wie Anm. 55), S. 94.
58 Vgl. Baudissin/Dohna, »... als wären wir nie getrennt gewesen« (wie Anm. 2), S. 61.
59 Ebd., S. 30.
60 Facsimile bei Winter, Stalag (wie Anm. 52), S. 213.
61 Ebd., S. 211.
62 Baudissin/Dohna, »... als wären wir nie getrennt gewesen« (wie Anm. 2), S. 104 (17.3.1946).
63 Vgl. Sönke Neitzel, Abgehört. Deutsche Generale in britischer Kriegsgefangenschaft 1942–1945, Berlin 2005.
64 Baudissin/Dohna, »... als wären wir nie getrennt gewesen« (wie Anm. 2), S. 31.
65 Ebd., S. 99, 86, 126 und S. 214 f.

Ausgewählte Literatur

Finker, Kurt, Das Potsdamer Infanterieregiment 9 und der konservative militärische Widerstand. In: Potsdam. Staat, Armee, Residenz, S. 451–464

Förster, Jürgen, Die Wehrmacht im NS-Staat. Eine strukturgeschichtliche Analyse, München 2007

Large, David Clay, Berlin. Biographie einer Stadt, München 2002

Maizière, Ulrich de, In der Pflicht. Lebensbericht eines deutschen Soldaten, Herford 1989

Meier-Welcker, Hans, Der Weg zum Offizier im Reichsheer der Weimarer Republik. In: MGM, 1 (1976), S. 147–180

Meisel, Harry, Die Aufnahme in das Reichsheer, Jur. Diss. Leipzig 1932

Müller, Klaus-Jürgen, Der Tag von Potsdam und das Verhältnis der preußisch-deutschen Militär-Elite zum Nationalsozialismus. In: Potsdam. Staat, Armee, Residenz, S. 435–449

Paul, Wolfgang, Das Potsdamer Infanterie-Regiment 9 1918–1945. Dokumentenband, Osnabrück 1984

Petter, Wolfgang, Militärische Massengesellschaft und Entprofessionalisierung des Offiziers. In: Die Wehrmacht. Mythos und Realität. Im Auftr. des MGFA hrsg. von Rolf-Dieter Müller und Hans-Erich Volkmann, München 1999, S. 359–370

Potsdam. Staat, Armee, Residenz in der preußisch-deutschen Militärgeschichte. Im Auftr. des MGFA hrsg. von Bernhard R. Kroener unter Mitarb. von Heiger Ostertag, Frankfurt a.M. 1993

Weiss, Johann Peter, It wasn't really necessary. Internment in Australia with Emphasis on the Second World War, Adelaide 2003

Klaus Naumann

Ein staatsbürgerlicher Aristokrat.
Wolf Graf von Baudissin als Exponent
der militärischen Elite

Die Position des Militärreformers Graf Baudissin im Rahmen der bundesdeutschen Militärelite bestimmen zu wollen, könnte dazu führen, die schon bekannten Konstellationen im Amt Blank, im Verteidigungsministerium und später dann im Beziehungsgeflecht der Bundeswehrgeneralität erneut ins Gedächtnis zu rufen. Interessanter scheint mir jedoch ein Zugang, der den Elitebegriff und die damit verbundene systematische wie zeitgeschichtliche Problematik mit Baudissins Vorstellungswelt in Verbindung bringt.

Zunächst einmal ist daran zu erinnern, dass die militärische Elite in den 1950er und 60er Jahren selbst erst (wieder) im Entstehen war. Mit der Wehrmachtelite war nicht mehr viel Staat zu machen, wie der deutschamerikanische Sozialwissenschaftler Hans Speier in den fünfziger Jahren festgestellt hatte[1]. Diese Alt-Elite schwankte zwischen trotziger Selbstbehauptung und defensiver Anpassung. Was dann mit Gründung der Bundeswehr ins Rampenlicht der interessierten Öffentlichkeit trat, hat der Publizist Johannes Gross später in einer ironischen Einlassung als »Spätheimkehrer der bundesdeutschen Staatlichkeit« bezeichnet. Bis in die siebziger Jahre war in den politikwissenschaftlichen Befunden – etwa eines Klaus von Beyme – umstritten, ob die Militärelite überhaupt der »politischen Klasse« der Republik zuzurechnen war. Solche Äußerungen zeugten von einer ausgesprochen marginalen gesellschaftlichen wie politischen Positionierung der Führungsmilitärs. Man geht wohl nicht fehl in der Annahme, dass sich darin auch ein ungefestigtes, zumindest aber verunsichertes Selbstverständnis der Militärelite spiegelte, das im Übrigen von der Gestimmtheit anderer gesellschaftlicher Eliten, die sich nach den Beobachtungen des Soziologen Ralf Dahrendorf zu einem »Kartell der Angst« zusammengeschlossen hatten, gar nicht so weit entfernt war.

Kurzum, was in Gesellschaft, Politik und Militär »Elite« bedeuten sollte, war weithin unklar; ja, dem Begriff selbst haftete etwas Anrüchiges an. Die öffentlichen Diskussionen seit Anfang der fünfziger Jahre boten jedenfalls einen seltsamen Zwiespalt. So sehr man sich der Problematik gesellschaftlicher Leistungs- und Funktionseliten bewusst war, und so sehr es viele Diskutanten nach wertelitärer Orientierung verlangte, der Begriff und seine öffentliche Verwendung konnten sich nicht von den vergangenheitspolitischen Bedeutungen freimachen, die mit den Erfahrungen des autoritären Obrigkeitsstaates wie dem völkischen Elitenpathos des Nationalsozialismus verbunden waren. Grundsätzlich kam dies im staatspolitischen Diskurs zum Ausdruck. Sprachen die einen von notwendiger Integration, die sozial und politisch repräsentiert und also erst einmal – von wem wohl? – »geleistet« werden müsse, witterten andere bereits im Integrationsparadigma einen Rückfall in totalitätstrunkene elitäre Gesellschafts- und Politikvorstellungen, denen, sollten sie sich durchsetzen, der Einzelne sich kaum würde entziehen können. Der Philosoph Theodor W. Adorno brachte diesen Zwiespalt Ende der fünfziger Jahre in dem Satz zum Ausdruck, Elite möge man in Gottes Namen sein, aber niemals dürfe man als solche sich fühlen. Damit war eine eigentümliche Zwischenposition bezeichnet, mit der sich sowohl ein funktions- und leistungselitäres Konzept verbinden wie dessen mögliche »elitäre« Weiterungen zurückweisen ließen. Baudissin mag mit solchen Auffassungen sympathisiert haben. Eine übereinstimmende Denkhaltung signalisierte seine Äußerung, »die Augenblicke, in denen er [der Soldat] etwas ganz Besonderes ist, darf der Soldat sicher nie aus den Augen verlieren. Er wird sie jedoch nicht bestehen, wenn er sich als etwas Besonderes fühlt«[2]. Blühte der Elitediskurs bei Baudissin also im Verborgenen? Umso interessanter wäre es, diese Denkspur zu rekonstruieren.

Auffällig ist zunächst, dass Baudissin den Elitebegriff mied. In seinen Reden und Schriften hinterlässt dieser Terminus keine Spuren. Eine Neubestimmung und Umwertung, die er bei vielen Begriffen vorgenommen hat, ist in diesem Fall nicht auszumachen. Und doch sind weder sein persönliches Wirken noch sein Reformansatz ohne ein implizites Eliteverständnis zu begreifen. Dieses Selbstverständnis speiste sich u.a. aus seiner eigenen, gelegentlich als »neu-konservativ« bezeichneten Herkunfts- und Vorstellungswelt[3]. Diesem biografischen Strang zu folgen, würde interessante Aufschlüsse über die Transformation einer protestantisch-nationalkonservativen in eine die Demokratie bejahende Denkhaltung gewähren. Darüber hinaus lassen sich auch in seinen konzeptionellen Äußerungen die Spuren einer vom Aristokratischen ins Staatsbürgerliche gewendeten Eliteauffassung entdecken, die für die Ausformulierung eines demokratischen Elitebildes noch heute interessant sind. Und schließlich enthält auch Baudissins Wirken innerhalb der Bundeswehrführung einiges an Anschauungsmaterial, wie er sich das Selbstverständnis einer demokratischen Militärelite vorstellte.

Staatsbürger als Elite

Folgt man den – spärlichen – biografischen Selbstzeugnissen Baudissins, entsteht das Bild eines preußisch-protestantischen Aristokraten, der die überkommenen Vorrechte des Adels nicht als private Privilegien begriff, sondern als Verpflichtung zu öffentlicher Tätigkeit, jedenfalls als Verantwortung für andere. Darin mag ein patriarchalischer Gestus mitgeschwungen haben, der das eigene Wirken als stellvertretendes Handeln für jene wahrnahm, denen gleiche Möglichkeiten nicht gegeben zu sein schienen. Auf jeden Fall sprach daraus auch das Selbstbewusstsein eines an der kulturkritischen Literatur der Zeit geschulten »Kulturträgers«, der dort für »die Sache« einstand, wo andere sich versagten oder nicht als zuständig gelten konnten. Bei Baudissin wurzelte diese Haltung obendrein in einer geradezu altpreußischen Loyalitäts- und Staatsauffassung, die es ihm als Reichswehroffizier verbot, gegen den Dienstherren Stellung zu beziehen, obwohl er selbst damals von Vorbehalten gegen die Republik nicht frei war. Und doch war seine Staatsloyalität nicht bedingungslos, wie seine spätere Reaktion auf die handstreichartige Vereidigung auf den »Führer und Reichskanzler« oder auf die Fritsch-Krise 1938 zeigte.

Mochte Baudissin in solchen Äußerungen auch eine Außenseiterposition einnehmen, völlig singulär war seine Lebenshaltung durchaus nicht. Die in einer solchen Haltung beispielhaft zum Ausdruck kommende Auffassung von der »Unbedingtheit der Grundsätze«, die Baudissin immer wieder hervorgehoben hat[4], verband ihn mit den nach der Jahrhundertwende geborenen Altersgenossen aus der »Generation des Unbedingten« (Michael Wildt). Aber anders als die weltanschauungselitären Anwandlungen des späteren NS-Führerkorps wurzelte die Entschiedenheit seines Bekenntnisses im persönlichen Glauben – was ihn von vornherein in einen Gegensatz zur kollektivistischen Vorstellungswelt der Gleichaltrigen aus der Kriegsjugendgeneration setzte. Wie der gleichaltrige Graf Stauffenberg zeigte Baudissin eine teils aristokratisch geprägte, teils jungkonservativ inspirierte aktivistische Lebensauffassung, die es ihm nicht allein gebot, Verantwortung zu übernehmen, sondern ganz gezielt und bewusst dort »ein[zu]greifen, wo man interessiert ist«[5]. In dieser Hinsicht attestierte er sich selbst einen »Machtwillen«, der sich an die »Elite« der »tragenden Individualisten« anzuschließen suchte[6]. Bezeichnend dafür ist auch die rückblickende Darlegung seines Entschlusses, dem Amt Blank beizutreten. Dieser sei aus dem Gefühl heraus entstanden, dabei »mitverantwortlich« zu werden, »was ein anderer womöglich falsch machen werde«[7]. Hinter dieser selbstbewussten Äußerung verbarg sich nicht weniger als die Auffassung, mit diesem Entschluss an einer grundlegenden »Reformation«[8] teilzuhaben und bei deren Verwirklichung mitzuhelfen, über deren säkulare Bedeutung er niemals Zweifel aufkommen ließ. Diese anspruchsvolle Bezeichnung kann als Ausfluss eines konservativen Denkens aus der Geschichte heraus gedeutet werden. Aber mehr noch kommt darin die Überzeugung und die Entschlossenheit zum Ausdruck, persönliches Vermögen und historische Konstellation im verantwortlichen Handeln zur Übereinstimmung zu bringen. Das darin aufscheinende Selbst- und Sendungsbewusstsein stellt Baudissin, unter wesentlich verwandelten Bedingungen und anders gelagerten persönlichen Überzeugungen, noch einmal in die Reihen einer Generation, deren Lebenshaltung ebenso von kalter Sachlichkeit wie vehementem Aufbruchs- und Erneuerungspathos geprägt war. Dazu gehörte ein entwickeltes Krisen- und Zäsurbewusstsein, das sich einerseits über die Gefährdungen der abendländischen Kultur (Oswald Spengler) im Klaren war, und sich andererseits im Besitz jener exzeptionellen Fähigkeiten und Überzeugungen wähnte, die notwendig waren, die Zeiten zum Guten zu wenden. Diese Stimmungslage, die schon in den 1920er Jahren entstanden war, um im Nationalsozialismus zunächst die vermeintliche Erfüllung zu finden, reichte indessen – gerade durch die Enttäuschungserfahrung der »deutschen Katastrophe« (Friedrich Meinecke) – über 1945 hinaus in die Gründungsjahre der Bundesrepublik. Auch wenn Baudissin die radikalen und totalitären Implikationen dieses generationstypischen Weltbildes nicht geteilt hatte, kann sein Denkstil auch aus diesem zeitgenössischen Horizont verstanden werden.

Das spezifisch Elitäre dieser Haltung zeigte sich bei Baudissin freilich in einer originellen Verkleidung. Obwohl er in vielen Äußerungen Anklänge an den jungkonservativen Zeitgeist erkennen ließ, wich er in entscheidenden Punkten davon ab oder verstand es, die Impulse dieses Denkens zu transformieren. Schon sein frühes, bereits in der Kriegsgefangenschaft abgelegtes, wenn auch noch zögerndes Bekenntnis, man trete nunmehr in ein »Zeitalter der Demokratie« ein, »ob es dem einzelnen gefällt oder nicht«, war milieuuntypisch. Diese Aufgeschlossenheit gegenüber den Zeitläuften unterschied ihn von jenen ehemaligen Stabsoffizieren, die noch in den ersten Jahren der Bundesrepublik einvernehmlich ihr Bekenntnis zur konstitutionellen Monarchie zu Protokoll gaben und denen die Westorientierung des neuen Staates damals nichts anderes war als eine machtpolitische Option. Im Zuge seiner frühen Kriegs- und Nachkriegslektüren wandte sich Baudissins Staats- und Gesellschaftsbild einer demokratisch-pluralistischen Auffassung zu, die frühere ständestaatliche Orientierungen hinter sich ließ. In seinen Schriften aus den fünfziger Jahren – das »Handbuch für Innere Führung«, Abschnitt »Situation und Leitbild« bietet dazu anschauliche Belege[9] – lässt sich beobachten, wie die ursprünglich konservativ und kulturkritisch aufgeladenen Begrifflichkeiten des »Massenzeitalters« (Entwurzelung und Entfremdung, Bindungs- und Haltlosigkeit) neue gesellschaftsanalytisch fundierte Konturen gewannen. Parallel zur Genese eines modernen, demokratieverträglichen Konservatismus entwickelte sich bei Baudissin in jenen Jahren allmählich eine positive Bewertung der mit den Modernisierungsprozessen sich vollziehenden Veränderungen der gesellschaftlichen Lebensbedingungen.

Ein staatsbürgerlicher Aristokrat 41

Massenkonsum, Individualisierung, Mobilität oder soziale Nivellierung galten bald nicht mehr (nur) als besorgniserregende Verfallserscheinungen abendländischer Kultur, sondern (auch) als positive Möglichkeiten zu mehr individuellem Freiheitsgewinn, neuen Lebenschancen und freier Selbstbestimmung. Dabei erkennt man noch in der etwas angestrengt »nüchtern-vorurteilslos-konsequenten« Stilisierung[10], der forcierten Sachlichkeit, der nachdrücklich betonten »Zwangsläufigkeit« der technisch-industriellen Entwicklungen und der geradezu emotional vorgetragenen (»beglückenden«) Einsicht in die Funktionalität industriegesellschaftlicher Abläufe und »Sachzwänge« einen Nachhall jener Beunruhigungen und Zweifel, die zu überwinden gewesen waren, bevor ein rückhaltloses Bekenntnis zur Moderne abgelegt werden konnte. Anders als in den suggestiven Visionen eines Ernst Jünger, der »Arbeiter« und »Soldat« im »totalen Staat« konvergieren sah, eröffnete sich dieser Perspektive die faszinierende und für die deutsche Weltanschauung so völlig unerwartete, ja unwahrscheinliche Einsicht, dass diese Modernität selbst in ihren militärischen Ausdrucksformen durchaus mit einem demokratischen Ordnungsentwurf »konvergent« sein konnte.

Gleichwohl hatte diese neu gewonnene Überzeugung eine nur zögernd artikulierte Pointe und einen unvorhersehbaren Nachhall. Wer immer aus den Reihen einer inzwischen bereits liberal-konservativ eingefärbten Kulturkritik von Massengesellschaft und ähnlichem redete, dachte zugleich den Gegenbegriff mit, ob er das nun aussprach oder nicht – und der lautete »Elite.« Die Weiterung hatte der Hamburger evangelische Theologe Heinz Zahrnt Mitte der fünfziger Jahre auf die Formel gebracht, »wenn wir von Massen reden, denken wir gewöhnlich an die anderen, wenn wir von Elite sprechen, an uns selbst.« Dass diese Selbstbeschreibung so verhalten blieb, lag nicht allein an der Verdächtigkeit des Elitebegriffs, sondern auch an der Annahme, die selbstorganisatorischen Potenzen der Moderne (Teams, Kooperation, Partnerschaft usw.) würden qua Rationalität, Funktionslogik und Kompetenzverteilung das traditionelle Eliteproblem soweit auflösen, dass nur noch »Funktionseliten« (Otto Stammer) übrig blieben. Diese Auffassung dürfte dem Denken Baudissins – er sprach beispielsweise von der »funktionalen Rollenerfüllung« des Offiziers[11] – entsprochen haben, auch wenn er sich nicht ausdrücklich dazu bekannt hat. Die Synthese aus Preußentum und demokratischen Werten schien hier endlich geglückt, wo sich die Haltung des Mehr-sein-als-Scheinens verbünden konnte mit dem progressiven Versprechen kooperativer Partnerschaftlichkeit.

Und doch ging sein Denkansatz darin nicht auf. Denn so optimistisch die liberal-konservative Wahrnehmung der modernen Industriegesellschaft auch geworden war, das Konstitutionsproblem von Staat und Gesellschaft blieb offen. Weder die »Massen« noch der »moderne Mensch«, weder die privatisierenden und konsumierenden »Bürger« noch die berufstätigen »Arbeitnehmer« hatten einen Begriff vom Ganzen, eine selbstverständliche Bereitschaft zur Verantwortungsübernahme oder waren ohne weiteres dazu in der Lage, eine verhaltensstabilisierende Ordnung zu entwickeln, zu verteidigen und zu bewahren. Dazu mussten sie in »Staatsbürger« verwandelt werden, also in das, was sie – paradox formuliert – im Vollbesitz ihrer Grundrechte eigentlich immer schon waren. Mit der Zentralität dieses Begriffs gab Baudissin dem Eliteproblem eine originelle, heute würde man sagen zivilgesellschaftliche Wendung, von der die Begrifflichkeit selbst freilich verschluckt wurde. Denn Elite, das waren nun in erster Linie diese Staatsbürger selbst – wenn man sie als »Aktivbürger« verstand, die sich der Wahrnehmung öffentlicher Aufgaben annahmen, die politische Ordnung mitgestalteten, die sittlichen Werte vorlebten und, nicht zuletzt, die demokratische Lebensform verteidigten. Aber war das Eliteproblem, ganz gleich, wie man es benennen wollte, damit bereits gelöst?

Nivellieren oder Differenzieren?

Ein Blick auf die Problematik des »Staatsbürgers in Uniform« führt zu weitergehenden Schlüssen. In der zeitgenössischen Begründung dieser Konzeption verbanden sich, elitentheoretisch gesehen, zwei Denkrichtungen, eine nivellierende und eine differenzierende. Ohne Zweifel wurden beide zusammengehalten durch den stringenten Entwurf Baudissins, doch die Gewichte waren unterschiedlich verteilt und spiegelten darin noch einmal Zeitgeist und Herkommen des Autors. Im Vordergrund stand das Bemühen, Haltungs- und Bildungsmodelle, die bislang nur in elitärer Engführung praktiziert worden waren, für alle Soldaten verbindlich zu machen. Ob »Ritterlichkeit« oder »Auftragstaktik«, »Verantwortung« oder »Gewissen« – normative und Verhaltenserwartungen, die bislang vornehmlich auf Vorgesetzte und militärische Führer projiziert worden waren, sollten nun verallgemeinert werden. Dieser Prozess hatte sich bereits in den zurückliegenden Jahrzehnten angekündigt, und insofern konnte festgestellt werden, die Innere Führung sei keine »Erfindung« der Bundeswehr gewesen[12]; doch das eigentlich Revolutionäre der Neuerungen bestand darin, dass diese Maximen und Praktiken nun erstmals konsequent zurückgebunden wurden an die unaufkündbare Staatsbürgerexistenz des Soldaten und damit jegliche »Unbedingtheit« verloren – außer jener einzigen, die in der verantwortlichen individuellen Bindung an Menschenwürde und Rechtsstaatlichkeit lag. Damit das aber möglich und nicht nur in Ausnahmefällen und von Ausnahmepersönlichkeiten praktiziert werden konnte, musste eine Strukturierung, Formung und Institutionalisierung des öffentlichen und militärischen Raums erfolgen, die dem Einzelnen angesichts solcher anspruchsvollen Verhaltensvorgaben Ordnung und Halt bot und ihn somit überhaupt erst in den Stand setzte, die entsprechenden Werte zu erleben, sich Kenntnisse anzueignen

Ein staatsbürgerlicher Aristokrat 43

und Fähigkeiten zu erwerben. In diesen Gedankengängen fanden sich Einsichten, die aus dem anthropologischen Horizont eines konservativen Institutionentheoretikers wie Arnold Gehlen in die moderne Sprache der Nachkriegszeit »übersetzt« worden waren. Es war daher nur konsequent, wenn Baudissin die militärische Organisationswelt nachdrücklich als einen eigenen, wenn auch nicht isolierten Erfahrungsraum beschrieben hat, der den einzelnen Soldaten prägen, halten und stützen sollte.

Ja, mehr noch, Baudissin versprach sich vom soldatischen Dienen sogar einen bürgerethischen Mehrwert. Ihm war klar, dass nur ein geringer Teil der in die Bundeswehr Eintretenden bereits jenen Leitvorstellungen genügte, die sich in der Forderung nach einem »guten Staatsbürger« ausdrückten. Aufgabe der militärischen Bildung und Erziehung war jedoch nicht, hier in einem vordergründigen Sinne »Nachhilfe« zu leisten, wo andere »versagt« hatten. Und es ging ihm auch nicht darum, einen illusionären »Bürgersoldaten« zu kreieren. Der konzeptionelle Widerspruch lag vielmehr in der Annahme, dass erst der mündige Staatsbürger angesichts der extremen Herausforderungen moderner Bedrohungen und Risikolagen überhaupt in der Lage sein würde, in einem effektiven Sinne »vollwertiger Soldat« zu sein. Ob sie nun wollte oder nicht, die Bundeswehr musste dieser Staatsbürgerlichkeit mit ihren eigenen Ausbildungs-, Bildungs- und Führungsmitteln die nötige Nachhaltigkeit verleihen, um ihrem eigenen Auftrag zu genügen. Und hier schieden sich innerhalb des militärischen Nachkriegskonservatismus die Geister. Während zeitgenössische Kritiker wie Werner Picht auf einer soldatischen Sonderexistenz beharrten, um auf diesem Wege ein genuines Wertebewusstsein wiederherzustellen oder interne Opponenten wie Heinz Karst in den industriegesellschaftlichen Entwicklungen nur eine Gegenströmung zum militärisch Gebotenen wahrzunehmen vermochten, wurde das Konzept Baudissins von der fortschrittsoptimistischen Prämisse funktionaler Korrespondenzen und Kongruenzen zwischen Industriegesellschaft, Demokratie und Militär getragen.

Gleichwohl ließ sich bei ihm ein gleichsam stillschweigendes und funktional gebändigtes Sonderbewusstsein konstatieren. Wenn er sich auch gegen eine soldatische »Sonderstellung« und unbegründetes Prestigedenken verwahrte, nirgendwo in den staatlichen wie gesellschaftlichen Einrichtungen der jungen Bundesrepublik war so vehement vom »Staatsbürger« als Alltagsnorm die Rede wie im Militär. Das war kein Zufall. Denn die Meisterung der brisanten Krisenlage, in der die neuen Streitkräfte konzipiert worden waren, glich einer Gratwanderung. Einerseits wollte man eingedenk jüngster Erfahrungen mit aller Macht einen – auch nur unfreiwilligen – Militarismus vermeiden. Andererseits sah man sich mit der »allgemeinen Friedlosigkeit« eines »permanenten Bürgerkriegs« konfrontiert, in dem es keine Grenzen mehr gab und das »kalte Gefecht« ebenso folgenreich sein konnte wie das »heiße«. Davon war auch der Soldat betroffen und gefordert, denn er war »in ganz besonderem Maße Ziel, Mittel und Träger dieser Auseinandersetzung«[13]. Diese Feststellung war bemerkenswert, denn sie wurde gegen zweierlei Nivellierungstendenzen aufrechterhalten. Zum einen war Baudissin klar, dass »die militärische Verteidigung nur noch *eine* Form des Schutzes nach außen und nicht einmal die aussichtsreichste« darstellte. Damit hatte das Militär bereits an Bedeutung eingebüßt. Hinzu kam, dass der Einsatz moderner Massenvernichtungsmittel den Krieg längst auf die Zivilbevölkerung ausgedehnt hatte und die einstmals exklusiven Gefahrenlagen, mit denen man ein besonderes militärisches Prestige hatte begründen können, vergesellschaftet worden waren. Trotz dieser Einschränkungen, so hielt er im »Handbuch Innere Führung« fest, bildete der Soldat »Ziel, Mittel und Träger« des »kalten« wie »heißen Gefechts.« Hier war eine Spezifik angedeutet, die, weil sie auf keinen Fall neu-alte Ansprüche oder Privilegien begründen sollte, nur sehr umwunden formuliert werden konnte. Es entsprach dieser selbst auferlegten konzeptionellen Zurückhaltung, wenn Baudissin auch später von Tod, Töten, Sterben oder Verwundung selten direkt sprach, sondern sich einer forciert funktionalistischen Ausdrucksweise bediente, die von »Nebenfolgen«, dem »extremen Sonderfall« sowie »rein prohibitiven« Funktionen und der »Produktion von Sicherheit« handelte und damit die existenziellen Implikationen möglichen Gewalthandelns rhetorisch zum Verschwinden brachte[14]. Das entsprach verständlicherweise dem übergeordneten Ziel, die Streitkräfte auf Abschreckung und Friedenssicherung auszurichten. Aber es musste Baudissin durchaus klar sein, dass auch bei Deeskalationsmaßnahmen im Rahmen wie auch immer begrenzter Konflikte, in denen es keinesfalls um operative Vernichtung oder taktische Siege, sondern um Abschreckung und die Rückkehr zum Status quo ante ging, mit der Ausübung und Erleidung militärischer Gewaltsamkeit zu rechnen war. Die Nivellierung des Soldatischen hatte also Grenzen, aber diese trennscharf zu bezeichnen, war problematisch geworden. War einmal davon die Rede, wurden der besondere »Augenblick« oder die spezielle »Situation« in Anschlag gebracht[15], also gleichsam flüchtige Momente, die keinesfalls einen Niederschlag in der Sozialfigur des uniformierten Staatsbürgers finden sollten.

Nivellierung ging also vor Differenzierung. Das war politisch, gesellschaftlich und pädagogisch plausibel und entsprach einem Zeitgefühl, bei dem es, wie Ralf Dahrendorf 1964 beobachtete, »zum guten Ton« gehörte, »die eigene Position als allen anderen gleichwertig zu erleben«. Für die Differenzierungen, die darüber hinaus getroffen wurden, hatte das Folgen. So war das Konzept der Inneren Führung zwar auf alle Soldaten ausgelegt, ging in Aneignung, Vermittlung und Umsetzung aber erklärtermaßen in erster Linie den militärischen Vorgesetzten an. Dieser war es ja, der den Soldaten überhaupt erst »zum Dienen führen« sollte, der als »Menschenführer« ein Beispiel geben, die zu verteidigenden Werte »vorleben« und durch »Standhaftigkeit, Überzeugungstreue, Urteilskraft und Tatsachenkenntnis« wirken sollte[16]. Hier zeigten sich nun zwei indirekte Effekte, die die Ausformulierung des Eliteproblems beeinflussten. Zum einen wurde die Rolle des Vorgesetzten ebenso um- wie vorsichtig skiz-

Ein staatsbürgerlicher Aristokrat 45

ziert, wie sich exemplarisch an den Baudissinschen Differenzierungen zwischen »Leitbild«, »Vorbild« und »Beispiel« ablesen lässt. Zum anderen entbrannte um Leitbild und Selbstverständnis des Offiziers, speziell des Generalstabsoffiziers, ein Dauerstreit, in dem die Baudissinsche Position sich immer wieder in die Defensive versetzt sah, und der daher umso zäher an elementaren Bestimmungen festhielt, so dass die Ausformulierung eines differenzierenden Kanons an Führungsmaximen auf der Strecke blieb.

Nach heutiger Terminologie vertrat Baudissin ein betont »postheroisches« Leitbild des militärischen Vorgesetzten, »Menschenführers« und Erziehers. Im Vordergrund seiner begründenden Überlegungen standen die funktionalen und sozialen Elemente kooperativer Führung, denen die – durchaus vorhandenen – Anforderungen an Gehorsam, Disziplin oder Härte zugeordnet wurden. Funktionieren konnte das jedoch nur, wenn seitens des Vorgesetzten nicht allein die notwendige »Sachautorität«, sondern auch eine entwickelte »personale Autorität« vorhanden war. Das aber erforderte Voraussetzungen, deren harte Anforderungen gleichsam nach innen gerichtet waren – an die »Selbstdisziplin« und »Selbstzucht«, die Fähigkeit zur »Selbsterziehung« und das persönliche Vermögen, »beispielhaft« und damit »glaubwürdig« zu wirken. Hier war die Grenze eines vermeintlich naiven Funktionalismus der »Sachzwänge«, auf dessen Grundlage schon alle miteinander auskommen würden, augenfällig überschritten. Das Haltungsideal, das dieser Sichtweise zugrunde lag, berief sich auf zwei Wirkungsbedingungen.

Zum einen wurden die Anforderungen an die Persönlichkeitsbildung des militärischen Vorgesetzten gegenüber den traditionell militärfachlichen oder charakterologischen Erziehungsgrundsätzen dramatisch angehoben. Der Offizier der Zukunft konnte nicht mehr (und konnte auch künftig nicht) aus den gesicherten Beständen einer bewährten Tradition schöpfen, sondern musste in die Lage versetzt werden, sich seinen Standort in der modernen und rasch wandelnden Welt »geistig-politisch« zu erschließen. Dafür war eine wissenschaftliche Ausbildung notwendig, die den Rahmen des Militärfachlichen überschritt und an den Maßstäben exemplarischer Stoffauswahl und »intensive[r], nicht extensive[r] Bildung« auszurichten war, um »dem Offizier einen tieferen Einblick in die Verantwortung, Gefahr und Würde seines Berufs zu vermitteln und ihm eine vertiefte Standortbestimmung im modernen Leben zu geben«[17]. Kurzum, auch hier galt, was schon für den Staatsbürger in Uniform im Allgemeinen formuliert worden war; der Vorgesetzte konnte die ihm übertragene militärische Führungsaufgabe, ganz gleich an welcher Stelle, nur dann angemessen wahrnehmen, wenn er nicht primär in Amtshierarchien oder militärhandwerklichen Kategorien dachte, sondern in Kontexten, Vernetzungen und Interdependenzen. Die Pointe dieser intellektuellen, Baudissin hätte gesagt: »geistigen« Komplexitätsforderung bestand wiederum darin, dass sie auf eine Zentralität *des Politischen* ausgerichtet war, die nur allzu gern zu einem Primat »der Politik« oder –

polemisch – »des Zivilen« oder sogar »der Politiker« versimpelt wurde, dem man in Lippenbekenntnissen oder bequemen Aversionen eine fragwürdige Referenz erweisen konnte. Baudissin, hier ganz Krisendenker und Neugründer, hatte dagegen einen durchgängigen Primat *des politischen Denkens* im Auge, der natürlich die Loyalität gegenüber den Verfassungsinstanzen umschloss, aber darin allein nicht aufging – und der diese Gebundenheit immer auch als eine »kritische Loyalität« verstanden wissen wollte[18]. Wissenschaftliche Bildung und politisches Denken waren demnach die beiden haltungsbegründenden Ingredienzen, die den militärischen Vorgesetzten ausmachten. Zur Wirkung kommen konnten sie indessen nur, wenn daraus die »Intensität« – auch dies ein typisches Wort der Baudissinschen Begriffswelt – einer »Selbstverpflichtung« erwuchs.

Aus diesen Bestimmungen ergab sich das Leitbild eines Vorgesetzten, der nicht nur fachlich kompetent, sondern auch – modern gesprochen – zu emotionalen Leistungen imstande war, die überzeugen konnten. So sehr Baudissin also dem ersten Anschein nach auf »innere Werte« und intellektuelle Fähigkeiten wie Bildung, Wissen, Urteilsvermögen, Takt, Denkstil usw. den nachdrücklichsten Akzent legte, standen diese Prioritäten der Offizierausbildung tatsächlich im Dienst eines ganz bestimmten »Verhaltensmodells« und »Führungsstils«[19]. Indem Baudissin annahm, dass diese Modellierungen und Stilisierungen mittels Bildung und Wissenschaft, geistiger Reflexion und teilnehmender Erfahrung ausgeformt werden konnten, befand er sich im Einklang mit dem modernen bürgerlichen Menschenbild, der Werteordnung und den zeitgenössischen pädagogischen Annahmen. Es ist auffällig, wenn auch nicht überraschend, dass ein Militärreformer wie Baudissin, dem wie kaum einem anderen intellektuelle Wolkenschieberei, Idealismus und Realitätsblindheit vorgeworfen wurden, sich im Zusammenhang mit dem Führungsproblem so energisch gegen Ideale oder Leitfiguren aussprach. Gegen die Propagierung militärischer »Vorbilder« nahm er mit einer Entschiedenheit Stellung, die heute verwundern mag. Im Sachregister des »Handbuchs für Innere Führung« findet sich unter dem Stichwort »Vorbild« der schlichte Verweis »s. Beispiel«. Erst zu späteren Anlässen hat er über die Motive dieser Begriffswahl Auskunft gegeben, als er darauf hinwies, »das Vorbild« sei »ein totalitäres, zumindest aber ein autoritäres Erziehungsbild, das bei Licht bedeutet, dass der Untergebene auf seine Selbstentfaltung verzichtet und so versucht, wie ich zu sein. Das ist unzumutbar! [...] Wir alle können nur Beispiel sein. Wir können eigentlich dem Untergebenen nur vorleben, dass wir trotz unserer Unzulänglichkeiten die Funktionen erfüllen[20].« Das setzte freilich den hohen Anspruch, zwischen »personaler Autorität«, die gewünscht, und personaler Identifizierung, die verworfen wurde, trennscharf unterscheiden zu können, obwohl doch die eine sich über die andere herausbildete. Wenn man wollte, konnte man an diesem Punkt durchaus einen versteckten »idealistischen« Zug des Reformers konstatieren, bei dem sich der Fokus freilich vom persönlichen Idol aufs Sachideal verlagert hatte. Jedenfalls befand sich Baudissin damit in einem didaktisch wie gesellschaftlich und kulturell schwierigen Umfeld, in dem das Bedürfnis nach Vorbildern und Leitfiguren erst gerade wieder zunahm und die zeitgenössische Elitensoziologie diesen Befund als Sehnsucht nach »Konsumhelden« und »Freizeithelden« protokollierte. Der Reformer Baudissin dachte also durchaus gegen den Trend, wenn er dafür plädierte, die erfahrene individuelle Verkörperung von Leistung, Führung und Orientierung als beispielhaft für ein gemeinsames, von Vorgesetzten wie Untergebenen geteiltes Drittes, die »Sache« oder das »Leitbild«[21] der Freiheit, wahrzunehmen. Diese gedankliche Konstruktion, in der die Synthese von altpreußischer Sachlichkeit, protestantischem Dienstethos und neu-konservativer Nüchternheit aufs Neue durchschimmerte, hatte für Baudissin ihren zeitgemäßen Ausdruck in der Sozialfigur des »Staatsbürgers in Uniform« gefunden.

Elite zu sein, so kann man nun folgern, erwies sich nicht an Ansprüchen oder Sonderrechten, sondern an der beispielhaft gelebten Haltung eines Bundeswehroffiziers. Das war demnach ein Prädikat, das, wenn man es überhaupt verwenden wollte (und Baudissin tat das nicht ausdrücklich), jeweils aufs Neue eingelöst werden musste, aber nicht unverfügbar war. So wie die »besondere Rolle« des Soldaten sich immer nur in der akuten Bewährungssituation greifen ließ, so war auch die Elitequalität des Vorgesetzten an ihren unmittelbaren Vollzug gebunden. Beide sollten keine Sozialtypen eigener Ordnung etablieren können. Das war so lange nachvollziehbar, wie man sich auf das unmittelbare Vorgesetztenverhältnis beschränkte. Was aber war mit dem höheren Offizierkorps, mit der Militärführung oder jenen Offizieren, die an der Schnittstelle zur Politik arbeiteten? Die konnte man einerseits zu den Positions- oder Funktionseliten zählen (was Baudissin zwar nicht tat, aber durchblicken ließ), oder mit dem zivilen Führungs- und Leitungspersonal, beispielsweise dem »Top-Management«[22] in ein Entsprechungsverhältnis setzen und damit wiederum ihres Eigenprofils entkleiden. Dieser Spur ist Baudissin denn auch gefolgt. Aber etliche der von ihm angesprochenen Aspekte weisen deutlich über diesen Horizont hinaus, ohne dass er sie konzeptionell genauer gefasst hätte. Dass er sich der Bedeutung dieses gruppenspezifischen Problems bewusst war, lässt sich von den frühen Kontroversen um die dreistufige Offizierausbildung über die Auseinandersetzungen um den »Lehrgang A«, den er immerhin als »Gründungsversammlung des künftigen Offizierkorps« verstanden wissen wollte, bis zu späteren Äußerungen verfolgen.

Auch hier kam der integrale Denkansatz des Reformers zum Ausdruck, für den innerhalb des Rahmenkonzepts des Staatsbürgers in Uniform und der Inneren Führung die Problematik für alle Soldaten, ob nun Mannschaft, Unterführer, Offizier oder Kommandeur gleich war. Doch andererseits ließ Baudissin durchblicken, dass einige dabei durchaus »gleicher« waren als die anderen. Das ließ sich im Falle des oberen Offizierkorps und des »Führungspersonals« bis in die kleinen Unstimmigkeiten seiner eigenen Äußerungen verfolgen. Denn so plausibel ein Vergleich mit dem »Top-Management« auch war, solange er auf innerbetriebliche Abläufe bezogen wurde, griff er doch entschieden zu kurz, sobald das spezifisch staatsbürgerliche Leitbild des militärischen Führers in den Blick geriet. Zwar konnte man im gemeinsamen strategischen Denkstil eine Parallele erblicken, aber die Ausrichtung militärischen Führungshandelns auf kollektive öffentliche Güter (wie »Sicherheit«), die Notwendigkeit, in gesellschaftlichen Zusammenhängen zu denken und die unmittelbare Dienstverpflichtung auf den demokratischen Staat verliehen dem Spitzenmilitär doch eine besondere Note. Baudissin hatte schon in einer frühen Einlassung im Kreise seiner Mitarbeiter im Amt Blank zu erkennen gegeben, was er unter Führungsverantwortung »hochgestellter Soldaten« in der freiheitlichen Demokratie verstand:

»Als Staatsbürger und Staatsdiener in einer Person ist auch der Soldat unüberhörbar gerufen, von seinem Platz [aus] an dem Werden einer Ordnung mitzugestalten, die besser, d.h. verteidigenswert und verteidigungsfähig ist. Gerade als Kenner von Wesen, Erscheinungsform und Folgen moderner Kriege wird er vor allen militanten und aggressiven Tendenzen warnen. Hochgestellte Soldaten tragen hier ganz außerordentliche Verantwortung. Es gibt in dieser Ordnung keine überzeugende Entschuldigung, wenn sie sich nicht in krisenhaften Situationen das Recht nehmen, unter Verzicht auf ihr Amt als unbehinderte Staatsbürger warnend vor die Öffentlichkeit zu treten. Die Möglichkeit vielseitiger Information, das Recht der freien Meinungsäußerung und die Chancen eines Appells an die Öffentlichkeit bzw. rechtsstaatlicher Überprüfung können diesen Schritt zur Pflicht machen. Damit ist aber das Gegenteil zur Militarisierung des öffentlichen Lebens oder Politisierung der Streitkräfte verlangt. Gerade die Verbreiterungen der rein militärischen Sicht im und zum Staatsbürgerlichen sollen die gefährliche Verengung des Blickfeldes und der Ziele verhindern[23].«

Das war auf Extremfälle hin formuliert, und doch steckte darin auch eine Handreichung für den Führungsalltag, in dem die Grenzlinie zwischen »Expertentum« und »Expertise« auf der einen und Innovations- und Orientierungsleistungen auf der anderen Seite immer auch fließend war. Hier war denn doch mehr gefordert, als das bloße Fachwissen einer Funktionselite.

Nach den konzeptionellen Überlegungen der Gründungsphase boten die atomare Konstellation und der Übergang zur *flexible response* in den sechziger Jahren die nächste innovative Schwelle, an der sich ein entsprechendes Eliteverständnis exemplarisch kristallisieren konnte. Zunächst hatte die Strategie der *massive retaliation* aufgrund der »ihr innewohnenden Automatisierung der Gewaltanwendung« und die »Zwangsläufigkeit militärischer Apparatur«, so sah es Baudissin, eine »Autonomie des Militärischen« nach sich gezogen, in der die »Vielfalt militärischer Optionsmöglichkeiten« politisch verloren zu gehen drohte. Mit dem Übergang zur *flexible response* stand indirekt auch eine veränderte politisch-militärische Konstellation zur Debatte. Denn einerseits sollte die politische Kontrolle nunmehr bis in die »taktischen« Abläufe hinein erhalten bleiben – ein »rein militärisch«, wie Baudissin konstatierte, »sachfremder Einfluß«, der den Soldaten gegebenenfalls am »taktisch richtigen, d.h. zugleich wirksamsten und kräfteschonenden Gebrauch seiner Mittel hindert.« Das verlangte von der militärischen Führungselite andererseits nicht allein eine gefestigte Loyalität, sondern darüber hinaus einen »hohen Grad an Besonnenheit, Urteilsfähigkeit und Charakterstärke [...] mit den gegebenen Mitteln nicht zu ›klotzen‹, sondern nur das zur Ausführung des Auftrags gerade Benötigte einzusetzen«[24]. Dem konnte man aber nicht genügen, ohne ein ebenso politisch wie strategisch geschultes Denkvermögen und auch nicht ohne die traditionellen professionellen und militärkulturell eingewurzelten Maximen des »Kriegshandwerks« aufzugeben. Stichwortgebend war hier Baudissins programmatischer Abschied von der Vorstellung, man könne in der atomaren Konstellation noch so etwas wie »Siege« erringen. Ob sich der militärische Führer damit dem »Diplomaten« anverwandelte, wie Baudissin nahe legte, mag dahingestellt bleiben. Maßgeblich ist hingegen der Befund, dass die strategische Flexibilisierung eine »Politisierung« militärischen Führungshandelns geradezu erzwang. »Führungskräfte«, resümierte Baudissin 1966, »müssen über den Zaun sehen«[25]. Eine »Abstinenz der Hierarchie«, geschweige denn der »politischen Spitze«, die er mit Blick auf die Organisations- und Führungsphilosophie gelegentlich beklagt hat, war mit der hier entfalteten Problematik jedenfalls nicht vereinbar[26].

Vor diesem Hintergrund lässt sich nun die Frage nach den impliziten Elitenvorstellungen Baudissins zuspitzen. Vor die Wahl gestellt, ob er mehr einer liberalen oder republikanischen Führungsauffassung zugeneigt hätte, wäre Baudissin in argumentative Bedrängnis geraten. Denn einerseits entsprach seinem Funktionsverständnis moderner Gesellschaftlichkeit ein liberaler (Funktions-)Elitenbegriff, demzufolge sektorale Akteure im Widerstreit der Meinungen und unter Beachtung der institutionellen Spielregeln ein Ergebnis hervorbringen, das für alle annehmbar ist; andererseits verwies ihn das anspruchsvolle Konzept der Staatsbürgerlichkeit auf einen republikanischen Elitenbegriff, nach dem das Schicksal des Gemeinwesens zwar auf guten Institutionen gründet, zu seinem Gelingen aber spezifischer Einstellungen und Verhaltensweisen, altmodisch gesagt: politischer Tugenden, bedarf, die sich – wie unzulänglich auch immer – direkt der Gemeinwohlproblematik verpflichtet fühlen. Was sich den Baudissinschen Gedankengängen entnehmen lässt, war denn doch mehr als Funktionselite, aber auf jeden Fall etwas anderes als die traditionellen Werteliten. Das aber war in der Tat ein ganz moderner Gesichtspunkt, der gerade in der jüngsten »Suche nach Elite« (Heinz Bude) wieder zum Vorschein kommt – ein Elitenprogramm, das sowohl über (militär-)fachliche Selbstbeschränkungen wie über (betriebs-)wirtschaftliche Horizontverengungen hinausweist auf die gemeinsame Verpflichtung auf das Ganze einer demokratischen Staats- und Gesellschaftsordnung[27].

Baudissin als Exponent der Führungselite?

Ein abschließender Blick auf das Potential von Baudissins eigenem Führungsstil ist geeignet, einige Aspekte seines konzeptionellen Entwurfs zu illustrieren. Schließlich war der Reformer, der 1955 als Oberst in die Bundeswehr eintrat und 1959 zum Brigadegeneral befördert wurde, Zeit seines Dienstes ein Exponent der sich herausbildenden Militärelite der jungen Bundesrepublik gewesen. Dort war Baudissin zweifellos eine umstrittene Figur. Seine Kritik an der militärischen Tradition, seine konzeptionellen Vorstellungen zur Militärreform und seine deutliche Absage an den überlieferten Korpsgeist – all diese Auffassungen, die auch andere Außenseiter aus der Alt-Elite wie Leo Freiherr Geyr von Schweppenburg, Gerhard Graf Schwerin oder Frido von Senger und Etterlin ins Abseits gedrängt hatten – trugen dazu bei, ihm eine Sonderrolle zuzuweisen. Hinzu kamen zwei weitere Faktoren, die seine Stellung im Führungskorps beeinflussten. So umstritten Baudissins Position in Militärkreisen auch war, nach außen in der Öffentlichkeit galt er bald als Inbegriff und Rückgrat des militärischen Reformvorhabens, während im Amt wie im Ministerium seine Vorstellungen sich nur zögernd und mit erheblichen Abstrichen durchsetzen konnten oder einstweilen ganz auf der Strecke blieben. Das war schon schwierig genug; aber auch der persönliche Umgangsstil des Reformers scheint nicht dazu beigetragen zu haben, die in der Sache ohnehin bestehenden Konflikte und Spannungen zu dämpfen. Baudissin entwickelte ein beträchtliches militärisches und außermilitärisches Netzwerk, das sich aber auf Arbeitskontakte, Konsultationen und fachlichen Austausch beschränkte. Eine Schulbildung im Sinne einer »verschworenen Gemeinschaft« von »Jüngern« und Parteigängern zu entwickeln, ist ihm, der im privaten Kontakt sehr zurückhaltend war, nicht möglich gewesen. Insofern spiegelte die sachlich-nüchterne, scharf urteilende und strikt aufgabenbezogene Stilisierung seiner Schriften und Reden auch eine Seite seines eigenen Lebensstils.

Man wird bezweifeln dürfen, dass Baudissin die im Laufe der Kriegs- und Gefangenenjahre einsetzende Selbstverständigung und Besinnung bei seiner Teilnahme an der Himmeroder Tagung oder beim Amt Blank bereits abgeschlossen hatte und seine Tätigkeit mit einem »fertigen Konzept« aufnahm. Gleichwohl war nicht zu übersehen, dass für ihn die Richtung und Dimension des in Angriff zu nehmenden Projekts bereits feststand. Er trat also mit einem gleichsam programmatischen Anliegen ins Amt ein und behielt während seiner gesamten Militärzeit diesen »inneren Kompass« bei. In seiner Führungstätigkeit vom Unterabteilungsleiter bis zum Kommandeur war bemerkenswert, auch wenn dies oft übersehen wird, wie konsequent Baudissin es verstand, konzeptionelle Entwürfe in konkrete Planungen, rechtliches Regelwerk oder praktische Dienstanweisungen umzusetzen. In dieser Hinsicht wäre es verkürzt,

Ein staatsbürgerlicher Aristokrat

seinen Führungsstil auf den eines »Vordenkers« zu reduzieren. Für die Unabhängigkeit nicht nur seines Urteilens, sondern auch seiner Berufsexistenz sprach die Bereitschaft, angesichts unüberwindlicher Blockaden oder eines wahrzunehmenden Vertrauensentzugs seitens der politischen Führung, sein Amt zur Disposition zu stellen[28].

Die so genannte Flucht in die Öffentlichkeit hat Baudissin nie angetreten, aber er hat sich nicht gescheut, zu kontroversen Themen öffentlich Stellung zu nehmen. Seine Vorträge zum atomaren Kriegsbild von 1962 und 1964[29] sind Zeugnisse einer solchen Intervention, die sich nicht auf eine Wiedergabe der ministeriellen Auffassungen beschränkte, sondern in intellektueller Unabhängigkeit über den Tag hinaus dachte und damit selbst wieder Anstöße zur öffentlichen wie innermilitärischen Diskussion gab. Hier konnte man davon ausgehen, dass Baudissin, eingebunden in ein enges Diskussions- und Korrespondenznetz führender Militärs[30], durchaus keinen Alleingang vollzog; aber was er vortrug, unterschied sich von den zeitgenössischen Verlautbarungen anderer Spitzenmilitärs, die zwar die strategischen Grundlagen der atomaren Abschreckungsstrategie umrissen, aber doch selten auf die Details des neuen Kriegsbilds und seine katastrophalen Gefährdungen zu sprechen kamen. Baudissin hingegen brach mit dem Atomfatalismus der in der Heeresdienstvorschrift »Truppenführung« 60 bzw. 62 angesagten Einsatzdoktrin, um den Blick auf die zeitgenössischen Notwendigkeiten politisch-militärischer »Transformationen« zu lenken.

Für eine militärische Spitzenverwendung hatte Baudissin sich mit seinem Auftreten, seinem polarisierenden Wirken und seiner Sperrigkeit nicht empfehlen können, obwohl verschiedentlich solche Vorstöße unternommen worden waren. Das Leitbild des Spitzenmilitärs war denn doch ein anderes, und die geringen Toleranzen einer »Kompromiss-Armee« ließen den damaligen Generalinspekteur Heusinger befürchten, eine Berufung Baudissins »schlösse die Gefahr in sich, dass von neuem eine tiefe Unruhe in die Bundeswehr käme«[31]. Zum Exponenten der Führungselite in diesem Sinne ist Baudissin also nicht geworden. Gleichwohl hat er in seinem konzeptionellen Denken und engagierten Verhalten die Spur zu einer Gestalt der militärischen Elite gelegt, die in staatsbürgerlicher Bodenhaftung verbleibt, durch ihre Fähigkeit zur »Menschenführung« hervortritt und mit ihren militärisch-politischen Kompetenzen überzeugen kann.

Anmerkungen

1 Hans Speier, German rearmament and atomic war. The views of German military and political leaders, Evanston [u.a.] 1957.
2 Die Anmerkungen beschränken sich fast ausschließlich auf Nachweise aus Baudissins Schriften: Wolf Graf von Baudissin, Soldat für den Frieden. Ent-

würfe für eine zeitgemäße Bundeswehr. Hrsg. und eingel. von Peter von Schubert, München 1969; Baudissin, Nie wieder Sieg. Programmatische Schriften 1951–1981. Hrsg. von Cornelia Bührle und Claus von Rosen, München 1982; Baudissin und Dagma Gräfin zu Dohna, »... als wären wir nie getrennt gewesen«. Briefe 1941–1947. Hrsg. und mit einer Einf. von Elfriede Knoke, Bonn 2001; Baudissin, Als Mensch hinter den Waffen. Hrsg. und komm. von Angelika Dörfler-Dierken, Göttingen 2006. – Hier: Baudissin, Soldat in der Welt von heute (1957). In: Soldat für den Frieden, S. 174.

[3] Baudissin/Dohna, »... als wären wir nie getrennt gewesen« (wie Anm. 2), S. 37, 76, 100.

[4] Ebd., S. 29; Baudissin, Grundsätzliche Weisung über die Aufgaben und Bedeutung der Inneren Führung in den Streitkräften (1955). In: Baudissin, Nie wieder Sieg (wie Anm. 2), S. 55 und 62.

[5] Baudissin/Dohna, »... als wären wir nie getrennt gewesen« (wie Anm. 2), S. 166.

[6] Ebd., S. 158.

[7] Charles Schüddekopf, Gespräch mit Wolf Graf Baudissin. In: Die zornigen alten Männer. Gedanken über Deutschland seit 1945. Hrsg. von Axel Eggebrecht, Reinbek 1982, S. 206.

[8] Baudissin, Aufstellung der Streitkräfte als reformatorische Aufgabe (1951). In: Baudissin, Als Mensch hinter den Waffen (wie Anm. 2), S. 76.

[9] Baudissin, Situation und Leitbild. In: Handbuch Innere Führung. Hilfen zur Klärung der Begriffe. Hrsg. vom Bundesministerium für Verteidigung, Bonn 1957, S. 15–46, hier S. 25 ff.

[10] Ebd., S. 33.

[11] Baudissin, Stellungnahme zu den neun Arbeitsthesen »Leutnant 1970« (1969). In: Nie wieder Sieg (wie Anm. 2), S. 121.

[12] Handbuch Innere Führung (wie Anm. 9), S. 169.

[13] Baudissin, Situation und Leitbild (wie Anm. 9), S. 35.

[14] Baudissin, Beitrag des Soldaten zum Dienst am Frieden (1968). In: Soldat für den Frieden (wie Anm. 2), S. 41; Baudissin, Der Soldat in der Welt von heute (1957) (wie Anm. 2), S. 172; Baudissin, Staatsbürger in Uniform und Innere Führung. – Zwei Prinzipien zur Demokratisierung des Militärs am Beispiel der Bundeswehr (1971). In: Nie wieder Sieg (wie Anm. 2), S. 148. Deutlicher dagegen Baudissin, Held oder Krieger oder Soldat? (o.D.). In: Als Mensch hinter den Waffen (wie Anm. 2), S. 160.

[15] Baudissin, Der Soldat in der Welt von heute (1957) (wie Anm. 2), S. 174.

[16] Baudissin, Situation und Leitbild (wie Anm. 9), S. 25, 36.

[17] IV D 7 – Nr. 585 II/56, Bonn, den 27.4.1956, An Verteiler, Betr.: Wehrakademie. – Zit. n. Martin Kutz, Reform und Restauration der Offizierausbildung der Bundeswehr, Baden-Baden 1982, S. 34.

[18] Baudissin, Staatsbürger in Uniform (wie Anm. 14), S. 153.

[19] Ebd., S. 162.

[20] Baudissin, Stellungnahme (wie Anm. 11), S. 123 f.

[21] Zu diesem Schlüsselbegriff vgl. Baudissin, Das Leitbild des zukünftigen Soldaten (1955). In: Soldat für den Frieden (wie Anm. 2), S. 209 ff.

[22] Baudissin, Officer Education and Career (1973). In: Nie wieder Sieg (wie Anm. 2), S. 196.

[23] Baudissin, Verantwortung und Gehorsam in der freiheitlichen Demokratie (1954). In: Als Mensch hinter den Waffen (wie Anm. 2), S. 210.

[24] Baudissin, NATO-Strategie im Wandel (1968/69). In: Soldat für den Frieden (wie Anm. 2), S. 292 f.

[25] Baudissin, Gemeinsame Ausbildung ziviler und militärischer Führungskräfte im westlichen Ausland und im Bündnis (1966). In: Nie wieder Sieg (wie Anm. 2), S. 94.
[26] Baudissin, Gedanken zur Inneren Führung (1978). In: Nie wieder Sieg (wie Anm. 2), S. 208 f.
[27] Vgl. als Positionsbestimmungen Heinz Bude, Auf der Suche nach Elite. In: Kursbuch, 139 (März 2000), S. 9-16; Stephan Gutzeit, Bildung und Führung in einer freiheitlichen Demokratie. In: 23. Sinclair-Haus-Gespräch: Mut zur Führung – Zumutungen der Freiheit, Bad Homburg 2005, S. 85-93; Tilman Allert, Rechnen reicht nicht. Mein Amt gehört mir: Gegen die politische Indifferenz der Eliten. In: Frankfurter Allgemeine Zeitung, 13.6.2005.
[28] Vgl. etwa Baudissin, Streitkräfte im Einklang mit der freiheitlichen Grundordnung (1955). In: Als Mensch hinter den Waffen (wie Anm. 2), S. 65 ff.
[29] Baudissin, Das Kriegsbild (1962) und Gedanken zum Kriegsbild (1964). In: Soldat für den Frieden (wie Anm. 2), S. 55 ff. und 71 ff.
[30] Vgl. Axel Gablik, »... von da an herrscht Kirchhofsruhe.« Zum Realitätsgehalt Baudissinscher Kriegsbildvorstellungen. In: Gesellschaft, Krieg und Frieden im Denken von Wolf Graf von Baudissin. Hrsg. von Martin Kutz, Baden-Baden 2004, S. 45-60.
[31] Bischof Kunst an Baudissin (1963). In: Als Mensch hinter den Waffen (wie Anm. 2), S. 72 f.

Ausgewählte Literatur

Beyme, Klaus von, Die politische Klasse im Parteienstaat, Frankfurt a.M. 1993

Bude, Heinz, Auf der Suche nach Elite. In: Kursbuch, 139 (März 2000), S. 9-16

Dahrendorf, Ralf, Gesellschaft und Demokratie in Deutschland, München 1965

Gablik, Axel, »... von da an herrscht Kirchhofsruhe.« Zum Realitätsgehalt Baudissinscher Kriegsbildvorstellungen. In: Gesellschaft, Krieg und Frieden im Denken von Wolf Graf von Baudissin. Hrsg. von Martin Kutz, Baden-Baden 2004

Gross, Johannes, Die Deutschen, Frankfurt a.M. 1967

Gutzeit, Stephan, Bildung und Führung in einer freiheitlichen Demokratie. In: 23. Sinclair-Haus-Gespräch: Mut zur Führung – Zumutungen der Freiheit, Bad Homburg 2005

Karst, Heinz, Das Bild des Soldaten. Versuch eines Umrisses, 3. Aufl., Boppard am Rhein 1969

Kutz, Martin, Reform und Restauration der Offizierausbildung der Bundeswehr, Baden-Baden 1982

Meinecke, Friedrich, Die deutsche Katastrophe. Betrachtungen und Erinnerungen, Wiesbaden 1946

Naumann, Klaus, Generale in der Demokratie. Generationsgeschichtliche Studie zur Bundeswehrelite, Hamburg 2007

Picht, Werner, Vom künftigen deutschen Soldaten (Sonderdruck aus »Wort und Wahrheit« Monatsschrift für Religion und Kultur), Freiburg i.Br. 1956

Speier, Hans, German rearmament and atomic war. The views of German military and political leaders, Evanston [u.a.] 1957

Spengler, Oswald, Der Untergang des Abendlandes. Umrisse einer Morphologie der Weltgeschichte, Bd 1: Gestalt und Wirklichkeit, Wien 1918; Bd 2: Welthistorische Perspektiven, München 1922

Stammer, Otto, Das Elitenproblem in der Demokratie. In: Schmollers Jahrbuch für Gesetzgebung, Verwaltung und Volkswirtschaft, 5 (1951), S. 1-28

Wildt, Michael, Generation des Unbedingten. Das Führungskorps des Reichssicherheitshauptamtes, Hamburg 2002

Zahrnt, Heinz, Probleme der Elitenbildung. Von der Bedrohung und Bewahrung des einzelnen in der Massenwelt, Hamburg 1955

Angelika Dörfler-Dierken

Baudissins Konzeption
Innere Führung und lutherische Ethik

Unbekannt ist in der Militärgeschichte ebenso wie in der kirchlichen Zeitgeschichte, dass Wolf Graf von Baudissin die Konzeption Innere Führung in engem Kontakt zu lutherischen Kreisen im Nachkriegsdeutschland entwickelt hat. Es lohnt, den Spuren zu den konfessionellen Hintergründen der Konzeption Innere Führung zu folgen, auch wenn derzeit wohl niemand mehr behaupten würde, dass Innere Führung eine spezifisch protestantische Organisationsphilosophie sei. Römisch-katholische Soldaten können sie inzwischen ebenso selbstverständlich leben wie muslimische; römisch-katholische Militärgeistliche und die katholische Bischofskonferenz rühmen sie ebenso wie der Evangelische Militärbischof, der Generalinspekteur und der Bundesminister der Verteidigung. Weil aber Genesis und Geltung seitens der Historiker immer unterschieden werden, sollen im Folgenden einige Bausteine zusammengetragen werden, die den geistig-geistlichen Hintergrund der Konzeption Innere Führung konturieren.

Die Aufgabe

Das Grundgesetz stellte die entscheidenden Normen für die Konstituierung der Bundeswehr: Demokratie, Frieden, Freiheit und Menschenwürde. Deshalb verfolgten die Militärplaner in der »Dienststelle des Beauftragten des Bundeskanzlers für die mit der Vermehrung der alliierten Truppen zusammenhängenden Fragen« die Ausrichtung der neuen westdeutschen Soldaten auf genau diese Werte. Von besonderer Bedeutung sind dabei ihre Innovationen, die zu einer Transformation des Binnenklimas in den neuen deutschen Streitkräften führen sollten: In ihrem »inneren Gefüge« sollte die Bundeswehr so eingestellt werden, dass der gewissensgeleitete, mündige und verantwortliche Bürger des westdeutschen Staatswesens sich in dieser Militärorganisation zu Hause fühlen konnte.

Reformatio rerum militarum –
Baudissin als Reformator

Der 1934 von seinem Bonner Lehrstuhl anlässlich seiner Verweigerung des Führereides vertriebene Schweizer Theologe Karl Barth (1886–1968) warnte in »Ein Wort an die Deutschen« schon 1945 vor der Restauration der alten Verhältnisse: »Restauration allein heißt Reaktion, Wiederherstellung der alten Gefahrenquellen[1].« Baudissin wollte seine Konzeption davon deutlich absetzen. Deshalb bezeichnete er sie, als er deren Grundzüge im Jahr 1951 zum ersten Mal dem Hermannsburger Akademiepublikum präsentierte, mit dem theologisch und kirchlich hoch besetzten Stichwort »Reformation«: »Wir haben eine reformatorische Aufgabe vor uns, die in Anerkennung des historischen Gefälles dem neuen Staats- und Menschenbild gerecht wird und den speziellen Aufgaben der Streitkräfte im gegebenen Falle Rechnung trägt[2].« Verständlich, dass diese Terminologie nicht dauerhaft zur Charakterisierung der Aufgabe taugen konnte. Schließlich war die junge Bundesrepublik stark römisch-katholisch geprägt – u.a. über Bundeskanzler Konrad Adenauer als deren Exponent – und sprachlicher Rekurs auf den Reformator Martin Luther (1483–1546) provozierte Ablehnung. Deshalb verwendete Baudissin später meist den weniger aufgeladenen Begriff »Erneuerung (renovatio)« zur Kennzeichnung seiner Vorschläge[3]. Trotzdem ist der zuerst gebrauchte Terminus bezeichnend: Baudissin will einen Bruch in der Militärgeschichte markieren, der demjenigen in der Kirchengeschichte gleichkommt. Die von Luther in Wittenberg 1517 angestoßene Reformation ließ aus einer Kirche zwei Kirchenwesen werden, die einander in Lehre und Leben für Jahrhunderte diametral gegenüberstanden. Entsprechend sollten offenbar aus dem Militär zwei Militärtypen werden. Dasselbe Schlagwort, das sich die Anhänger Luthers auf ihre Fahnen geschrieben hatten, sollte auch die Bundeswehr zu ihrem Motto erwählen: Freiheit. Als Gegenbegriff zu Freiheit galt Baudissin ebenso wie vielen seiner Zeitgenossen ›Totalitarismus‹. Für totalitär hält er nicht nur den Kommunismus oder die Herrschaft der Masse; totalitäre Tendenzen hat, so kann er sagen, ein jeder Mensch in sich.

»Wir haben erfahren, daß es im Menschen immer zwei Neigungen gibt, die eine strebt nach Freiheit trotz des Risikos um der gebotenen Chance willen, und die andere scheut das Risiko und zieht den gesicherten Weg vor, selbst wenn ein gewisses Maß an Unfreiheit damit verbunden ist. Wenn man sich darüber klar ist, daß wir als einzelne wie auch als Volk immer im Widerstreit dieser beiden Neigungen stehen, dann ist es eigentlich keine Frage, daß wir etwas tun können, um das eine oder das andere Streben zu fördern. Wir können durch Erziehung die Neigung stärken, sich unterzuordnen, sich in der Unfreiheit zu begnügen, und wir können auf der anderen Seite den Willen zum Freiseinwollen fördern. Man darf dabei allerdings nicht übersehen,

daß zur Freiheit und zum Freiseinwollen zwei Grundvoraussetzungen gehören: eine Gesamtstruktur des öffentlichen Lebens, durch die die Chance und das Risiko der Freiheit in ein einigermaßen erträgliches Verhältnis gesetzt werden, und zum andern setzt Freiheit immer Menschen voraus, die frei sein können und frei sein wollen. Wenn nun die Neigung zum Freiseinwollen durch Erziehung gefördert werden kann, stellt sich die weitere Frage: kann oder muß sogar dieses Freiseinwollen ein Erziehungsziel moderner Streitkräfte sein[4]?«
Wie die Antwort auf diese Frage im Baudissinschen Sinne auszufallen hat, ist deutlich! Eine freiheitliche und freiheitsfördernde Organisation sollte die Bundeswehr werden. Dass es zu Auseinandersetzungen zwischen freiheitlich eingestellten Soldaten und anderen kommen würde, war von Anfang an deutlich und ist von der Forschung beschrieben worden als Auseinandersetzung zwischen Traditionalisten und Reformern in der Geschichte der Bundeswehr.

Der Wille zu durchgreifenden Veränderungen zeigt sich in Baudissins Schriften bis hinunter auf die Ebene des Wortschatzes: Er vermeidet die Begriffe Gehorsam, Kameradschaft, Kampf und Härte. Dagegen wirbt er mit Verteidigung und Frieden, Einsicht und Verantwortung, Rechtsschutz und Menschenwürde und – nicht zuletzt, mit dem Modewort jener Zeit: – Partnerschaft, zwischen Soldaten aller Dienstgrade sowie zwischen Soldaten und Zivilisten.

Baudissin als lutherischer Christ

Baudissin war ein lutherisch geprägter Militärreformer. Er nahm das Luthertum gewissermaßen mit der Muttermilch auf und blieb Zeit seines Lebens in dieser Konfession beheimatet. Über seine religiöse Sozialisation schrieb er selbst:

»Jeden Morgen las mein Vater die Tageslosung der Herrnhuter Brüdergemeine und die dazugehörigen Bibeltexte vor. Daran nahm auch das Personal teil. Der sonntägliche Kirchgang war mehr als nur eine brauchtümliche Pflichtübung, die man von einer Amtsperson und seiner Familie erwartete. Anschließend wurde meist intensiv über die Auslegung des Predigttextes gesprochen[5].«

Typisch für das Luthertum ist die Pflege häuslicher Andacht, an der auch ›das Gesinde‹ teilhat. Nach Martin Luthers Lehre ist der Hausvater im Verein mit der Hausmutter Bischof für seine Kinder wie für die übrigen ihm anvertrauten Menschen. Auch in späterer Zeit lebte Baudissin mit seiner Frau Dagmar einen »tiefverwurzelten christlichen Glauben«[6].

Die religiöse Prägung der Herkunftsfamilie ist auch an der Namensgebung für den kleinen Wolf ablesbar: Traugott lautet der dritte Vorname nach Wolf und Stefan. Dieser in den meisten Texten zu Baudissin nicht genannte Vorname steht tatsächlich für einen Aspekt seines Lebens: Als er nämlich als Direktor des Instituts für Friedensforschung und Sicherheitspolitik von seinen Studenten gefragt wurde, was die treibende Kraft bei seinen Handlungen gewesen sei, da antwortete er: »Ich habe immer nur versucht, ein guter Christ zu sein?!«

In Gefangenschaft beschäftigte sich Baudissin mit dem Gedanken, nach Kriegsende Geistlicher zu werden. Nach der Entlassung besuchte er herausgehobene Kommunikationsorte der Nachkriegslutheraner wie die Deutsche Evangelische Woche in Hannover und die Evangelische Akademie Hermannsburg, die wenig später nach Loccum verlegt wurde. Bei diesen und ähnlichen Veranstaltungen traf er zahlreiche Theologen, verfolgte theologische Referate (zu friedensethischen Ansätzen seit 1948 oder auch zum ›guten Gewissen im Soldatenstand‹ – eine speziell in der lutherischen Tradition wichtige Frage) und diskutierte die daraus für den Aufbau neuer Streitkräfte sich ergebenden Fragen. Zahlreiche Protokolle solcher Veranstaltungen bewahrte er auf. Zu den bei diesen Treffen propagierten Kerngedanken gehörte die Einsicht, dass die Laien den Glauben in der Welt in ihrem Handeln bewähren müssen. Baudissin tat genau das! Die totale Niederlage war seiner Meinung nach ein »Nullpunkt«, der als »Gnade« zu begreifen sei. Von der »Gnade des Nullpunkts«, die es zu nutzen gelte, sprach man damals vor allem in der Evangelischen Akademie Hermannsburg[8]. Deshalb wurde er schon im März 1952, weniger als ein Jahr nach seinem Amtsantritt im Amt Blank, von dem Beauftragten der Evangelischen Kirche bei der Bundesregierung und späteren ersten bundesdeutschen Militärbischof, Prälat Hermann Kunst (1907–1999), als der »bekannte Graf Baudissin von der Dienststelle Blank, unser trefflicher Verbindungsmann in diesem Amt« bezeichnet[9].

Als Bundeswehrplaner entwickelte Baudissin sein Konzept in Gesprächen bei den Akademietagungen in Hermannsburg beziehungsweise später in Loccum, in Bad Boll und in Tutzing weiter. Er warb dafür in Vorträgen vor Akademiegästen und evangelischen Studentengemeinden, in evangelischen Zeitschriften und vor evangelischen Politikern. Zur ersten Nummer des Informationsblattes »Evangelische Verantwortung«, das der Evangelische Arbeitskreis der CDU/CSU herausbrachte, steuerte er einen Artikel zum Thema »Europäische Verteidigung – eine christliche Verantwortung?« bei. Außer ihm schrieben hier unter anderem Bundestagspräsident Hermann Ehlers (1904–1954) – früher Oldenburger Oberlandeskirchenrat – und der schon erwähnte Kunst. In der dem Entwurf für das Amt Blank beigefügten Medienanalyse erklärt Baudissin, das Blatt »soll 4-wöchentlich bzw. später 14-tägig erscheinen und in sämtlichen Pfarrhäusern Westdeutschlands unentgeldlich [sic!] verteilt werden«[10]. Gerade denjenigen evangelischen Intellektuellen, die der Wiederbewaffnung ablehnend gegenüberstanden, erläuterte er die Konzeption Innere Führung. Dadurch zeigte er ihnen, wie – um es mit Luther zu sagen – »Kriegsleute in seligem Stande sein können« (1526). Baudissin traf in den Evangelischen Akademien übrigens auch die Militärexperten der SPD Fritz Erler (1913–1967), Fritz Beermann (1912–1975) und Helmut Schmidt (geb. 1918).

Innere Führung und lutherische Ethik

Militärhistoriker haben in Baudissins Vernetzung im Luthertum den Grund für die Fremdheit gesehen, mit der ihm sein Vorgesetzter, der rheinische Katholik Theodor Blank (1905-1972), gegenüberstand. Der Streit um die Innere Führung kann aus dieser Perspektive als konfessioneller Streit in einer noch konfessionalistisch geprägten Gesellschaft wahrgenommen werden.

Mitstreiter für die Konzeption Innere Führung

Der Loccumer Akademiedirektor Johannes Doehring (1908-1997), ihm schon aus früheren Tagen bekannt als Wehrmachtgeistlicher beim Potsdamer Infanterieregiment 9, und der Bad Boller Akademiedirektor Eberhard Müller (1906-1989) waren Baudissins beste Mitstreiter. Sie boten ein Forum, die Wiederbewaffnung Westdeutschlands zu diskutieren und zu bewerben bei ehemaligen Soldaten, bei Journalisten, Politikern und bei Pfarrern. Deren Bedenken sollte Rechnung getragen werden durch die Vorsorge für einen neuen Geist, der in der Armee walten sollte: die Innere Führung. Beispielhaft seien Multiplikatorentagungen speziell für Pfarrer angeführt, die in Bad Boll und in Loccum in ganz ähnlicher Weise durchgeführt wurden. Die Pfarrer wurden aufgefordert, wegen ihrer »verständlichen Besorgnis um die politische Frage der Streitkräfte« es nicht zu versäumen, »auf deren innere Verfassung und Formung Einfluss zu nehmen«[11]. Sogar der Wiederbewaffnungsgegner und evangelische Theologieprofessor Helmut Gollwitzer (1908-1993) unterstützte Baudissin trotz seiner Bedenken wegen der Brüder im Osten:

»Wir dürfen nicht sagen, die Pläne Baudissins seien zu idealistisch. Wenn wir der Meinung sind, vorerst noch in einer Welt zu leben, in der auch ein demokratischer Staat nicht ohne Waffen bestehen kann, so müssen wir die Sache unterstützen. Demokratie und Militär stehen in keinem exklusiven Verhältnis zueinander[12].«

In Erinnerung an die zahlreichen Veranstaltungen, an denen er als Teilnehmer wie als Referent teilgenommen hatte, bemerkte Baudissin dankbar:

»Ohne kirchliches Dach, ohne gemeinsame biblische Besinnung und seelsorgerische Hinweise auf vergleichbare Wandlungsprozesse in anderen Berufen und Institutionen, ohne Hinweis auch auf die traumatische Situation der noch immer ›Ehemaligen‹ hätten diese Diskussionen sicherlich nicht zu positiven Ergebnissen geführt[13].«

Besonders eng arbeitete Baudissin mit dem Beauftragten der Evangelischen Kirche in Deutschland (EKD) bei der Bundesregierung und späteren Militärbischof Kunst zusammen. Zahlreiche Briefe sind erhalten, die einen Verkehr in freundschaftlich-achtungsvollem Ton zwischen beiden belegen: »Mein Bischof[14]!«, so spricht Baudissin Kunst an und jener schreibt in ironisch-scherzhaftem Ton, der gleichwohl die theologische Übereinstimmung erkennen lässt, an Baudissin: »Verehrter Graf! Sie haben eine böse Zukunft vor sich, wenn Sie sich je verleiten ließen, von der lutherischen Anthropologie abzuweichen! Ich begieße die Wurzeln dieser Lehre in Ihrem Herzen[15].« Die Briefe offenbaren eine vertrauensvolle Arbeitsgemeinschaft der beiden Männer.

Wirken musste ›der Graf‹ also an zwei Fronten, die mit den Stichworten ›Integration ehemaliger Wehrmachtsoffiziere‹ und ›Integration der Wiederbewaffnungsgegner‹ bezeichnet werden können. In beiden Fällen ging es um Sachfragen, die gelöst werden mussten, nicht um Fragen der politischen Einschätzung: Ohne die Integration gedienter Soldaten würde es keine Wiederbewaffnung geben und ohne die Integration der Wiederbewaffnungsgegner wäre kein gesellschaftlicher Konsens möglich, dessen Streitkräfte bedürfen, wollen sie nicht zum Fremdkörper und zur potentiellen Bedrohung für die Demokratie werden. Die Konzeption Innere Führung ist ein Instrument der gesellschaftlichen Kontrolle von Streitkräften ebenso wie der Förderung der freiheitlichen Lebensweise im Militär.

Christliche Konnotationen des Begriffs Innere Führung

Für Theologen-Ohren schwingt im Begriff ›Innere Führung‹ eine Vielzahl von Assoziationen mit, auch wenn dem Begriff ›Führung‹ kein eigener Artikel in theologischen Lexika gewidmet ist. Von der Erzählung der Wanderung Abrahams über den Exodus der Israeliten bis hin zu Jesu Lebensweg wird in der Heiligen Schrift immer wieder von der Erfahrung berichtet, dass Gott Menschen ›führt‹. Ebenso ist es mit dem Adjektiv ›innen‹. Von ›innen‹ her kommt eine ›Führung‹ dann, wenn sie aus dem Zentrum des Menschen kommt, wo Gott zum Menschen ›spricht‹: im Gewissen. Innerlichkeit ist die bevorzugte Einstellung des Christen Gott gegenüber. Der ›homo interior‹ unterscheidet sich gerade dadurch vom ›homo exterior‹, dass ihn der weite Raum des Weltlich-Äußerlichen nicht tangiert. Er lebt in der Welt und er weiß doch, dass er nicht von der Welt ist. Diese Hinweise machen ein Wortfeld sichtbar, das auch heute noch im Begriff ›Innere Führung‹ mitgehört werden kann.

Ethische Grundentscheidungen der Konzeption Innere Führung

Innere Führung erlaubt es dem ›innengeleiteten‹ Menschen, der sich verantwortlich vor Gott und seinem Gewissen weiß, Soldat zu sein. Sie stellt sicher, dass Menschen, die mit Ernst Christen sein wollen, in der Bundeswehr dienen können. Innere Führung verpflichtet darüber hinaus einen jeden einzelnen Soldaten zum verantwortlichen Handeln in seinem Amt und hilft ihm, seine Verantwortung zu erkennen. Verantwortlich ist militärisches Handeln immer dann, wenn es den geltenden Gesetzen entspricht und dem eigenen Gewissen nicht widerstreitet. Das Leitbild des Bundeswehrsoldaten soll – im emphatischen Sinne – ein Mensch sein, der in Übereinstimmung mit seinem Gewissen Wehrdienst leistet.

Baudissin empfand schon früh den Widerstreit zwischen Gehorsam den Vorgesetzten gegenüber und Verantwortung vor Gott. So leistete er zwar den Führereid, setzte aber danach eine Belehrung für seine Untergebenen über die Grenze auch dieses Eides an. Weil es für den Soldaten hoch bedeutsam ist, Gewissheit über die Grenze der Ansprüche des Staates und der Vorgesetzten zu haben, begann das »Handbuch Innere Führung« (eine zwischen 1957 und 1972 in immenser Auflagenhöhe gedruckte und an Bundeswehrsoldaten verteilte Sammlung von Überlegungen zum neuen soldatischen Leitbild, die unter der Federführung von Baudissin verfasst wurde) mit einer Belehrung über den Eid. Nur derjenige könne westdeutscher Soldat sein, der sich einer »letzten Instanz«[16] verpflichtet wisse. Hier kommt die Überzeugung zum Ausdruck: Menschliches Tun und Lassen braucht eine Grenze – und zwar nicht diejenige Grenze, die der Totalitarismus der Verwirklichung von individuellen Freiheitsrechten setzt, sondern vielmehr eine solche Grenze, welche die Freiheit gibt, Verantwortung für die eigene Überzeugung zu übernehmen. Gemeint ist damit ein Maßstab des Handelns, der sich an überzeitlichen sittlichen Normen orientiert. Deshalb erklärte Baudissin im »Handbuch Innere Führung« die preußischen »Frondeure aus Gewissenszwang«[17] zu Personifikationen des »Leitbildes«[18] für den Bundeswehrsoldaten. »In Konfliktsituationen steht der Soldat – wie jeder andere Mensch mit Verantwortung für Mitmenschen und Auftrag – allein vor seinem Gewissen[19].«

Um diese persönliche Verantwortung für dasjenige, was Soldaten tun (müssen), unmissverständlich zum Ausdruck zu bringen, charakterisierte Baudissin Gehorsam in seinen Schriften immer mit einem Adjektiv: »freiheitlich«, »verantwortlich«, »mitdenkend« oder »mündig«[20]. So soll sich der Gehorsam des Untergebenen in der Bundeswehr diametral unterscheiden von dem in der Wehrmacht: Wer damals gehorsam handeln wollte, handelte verantwortungslos, und wer damals verantwortlich handeln wollte, musste ungehorsam sein[21]. »Dienen, Gehorchen und Befehlen

[kann nur] aus sittlicher Verantwortung und in Gewissenstreue« geschehen; »mit gemeinsamen sittlichen Maßstäben [soll] gehorcht und befohlen werden[22].« Die Umdeutung traditioneller Begriffe der militärischen Sprache mittels Adjektiven geht so weit, dass sogar die Hierarchie »freiheitlich«[23] sein soll. Um diese revolutionäre Umwertung militärischer Tugenden zu verdeutlichen, benutzt Baudissin nur selten die traditionelle Terminologie: Soldat ersetzt er durch »Glied« beziehungsweise »Spezialist« (wegen der Zunahme der Bedeutung der Technik), gehorchen durch »kooperieren« und die militärische Gruppe heißt »Team«. Den Begriff »Untergebener« vermeidet Baudissin ebenso wie »Vorgesetzter«. Gerade in
»einer freiheitlichen Ordnung stehen sich nicht Untertan und Glied eines höheren Standes, sondern gleichberechtigte Staatsbürger gegenüber, die als Partner eine bestimmte Aufgabe in sachgemäßer Arbeitsteilung zum Besten der Gemeinschaft durchführen sollen oder besser noch wollen. Dieses besondere Verhältnis zueinander verlangt vom Vorgesetzten uneingeschränkte Respektierung der Würde des anderen – besonders dann, wenn der Untergebene unbequem ist oder noch nicht als reif erscheint. Respekt bedeutet nicht nur Duldsamkeit gegenüber dem Glauben, der Weltanschauung und der Gewissensbindung des anderen, sondern die positive Anerkennung seiner politischen, beruflichen und sonstigen Entscheidungen und seines Rechtes, diesen in Wort, Schrift oder durch Beitritt zu entsprechenden Vereinigungen Ausdruck zu geben[24].«

Mit dieser Begrifflichkeit will Baudissin andeuten, dass die Soldaten zuerst Menschen und dann erst Soldaten sind. Sie müssen menschlich bleiben im Umgang miteinander und in der Auseinandersetzung mit dem Feind, dem »Menschen mit anderen Interessen«:

»Menschlichkeit ist nicht teilbar. Soll sie nur noch bestimmten Gruppen vorbehalten bleiben, so wird sie ganz und gar verloren gehen. Der Soldat, der keine Achtung vor dem Mitmenschen hat, – und auch der Feind ist sein Mitmensch – ist weder als Vorgesetzter, noch als Kamerad oder Mitbürger erträglich[25].«

Innere Führung lässt den Soldaten dem Frieden dienen. Krieg und Frieden sind nicht gleichberechtigte Alternativen, zwischen denen frei gewählt werden könnte; Krieg ist immer ein Übel und Sünde vor Gott. »Im Denken des europäischen und damit auch des deutschen Soldaten gilt von jeher der Frieden als der Normalzustand und bildet somit das Ziel, um dessentwillen ein Krieg allein verantwortet werden kann. Vom Frieden her bekommt die Kriegführung ihren Auftrag und ihre Grenzen[26].« Nur in ganz bestimmten Lagen kann ein begrenzter Krieg um des Friedens willen notwendig sein. Innere Führung als »die geistige und sittliche Verfassung der zukünftigen Streitkräfte«[27] richtet die Soldaten auf den Frieden hin aus. Dass Frieden zwischen den Menschen und den Völkern herrschen soll, ist nach Baudissin das Lernziel der unfriedlichen europäischen Geschichte.

Innere Führung lässt den Soldaten seine Freiheit als Staatsbürger in Uniform erfahren. Sie soll dazu helfen, dass »sich in der Truppe ein Geist entwickeln kann, der in vollem Einklang mit den sittlichen Grundlagen und Wesensformen unserer freiheitlichen Lebensordnung steht.« Der einzelne Soldat soll »während seines Wehrdienstes das erleb[en], was er notfalls verteidigen muss: Freiheit[28].« Innerhalb der tendenziell ›eigenen Gesetzen‹ gehorchenden Militärorganisation sollen durch Innere Führung Menschen dazu ermuntert werden, deren Verwirklichung einzufordern und ihren Grundsätzen entsprechend im dienstlichen Alltag zu handeln. Der Kampf zwischen Totalitarismus und Freiheit, der im Herzen eines jeden Menschen ausgetragen wird und auch den Konflikt der politischen Systeme bestimmt, kann nur dann gewonnen werden, wenn der Verteidiger der Freiheit diese selbst tagtäglich erfährt und lebt: »Es kann die Verpflichtung zur Verteidigung von Recht und Freiheit unter gar keinen Umständen eine Bindung sein, die zum Verzicht auf innere Freiheit, gesetztes Recht und Menschenwürde oder gar zu deren Zerstörung führt[29].« Baudissins Ideal war der »bewußt lebende und aus innerer Freiwilligkeit handelnde Mensch«: »Erst der hat vollen Wert in einer europäischen Gemeinschaft – und zwar einen Wert an sich[30]!«

Baudissin wollte sich nur an der Aufstellung von solchen Streitkräften beteiligen, die »im Einklang mit der freiheitlichen Grundordnung ihres Staates – selbst aus freien Staatsbürgern bestehen [...] Eine neue Wehrmacht, die den freiheitlichen Charakter ihrer Grundordnung nicht selber in sich trüge, würde den Keim aller jener Gefahren in sich bergen, die das Merkmal willenloser Instrumente sind und die uns Deutschen zuletzt den Sturz der Weimarer Republik und den Zweiten Weltkrieg bescherten[31].« Deshalb muss durch Erziehung innerhalb der Militärorganisation der »Wille zum Freiseinwollen« gefördert werden. Wenn in den Streitkräften ein »unfreies Klima« herrscht oder »Vorgesetzte mit totalitärer Haltung« das Sagen haben, dann wird das zur »Rebellion der freiheitlich gesonnenen Jugend« einerseits und »zur Bestärkung der totalitären Tendenz bei den anderen« führen[32]. Innere Führung ist diejenige Struktur, welche die Einzelnen zum Freiseinwollen ermutigt.

Ziel der Konzeption Innere Führung

Innere Führung lehrt die Soldaten, die ihnen anvertrauten Machtmittel und die Bedingungen deren Einsatzes selbstkritisch zu reflektieren. Wem staatliche Machtmittel gegenüber Freund und Feind, Untergebenen und Politikern in die Hände gelegt sind, der ist in besonderem Maße der Gefährdung ausgesetzt, sie unangemessen einzusetzen. Wehren will Baudissin der Versuchung gewaltsamer, allein auf eigene Durchsetzung kalkulierter Konfliktlösung durch die Stärkung der Individuen. Ohne je seine

Erlebnisse im Einzelnen auszubreiten, sprach Baudissin schon in seiner ersten öffentlichen Äußerung nach dem Dienstantritt im Amt Blank, im Dezember 1951 in der Evangelischen Akademie Hermannsburg, von den »eigengesetzlichen, alles vernichtenden Kräften«[33] des modernen Krieges. Weil entsprechend »der allgemein menschlichen Erfahrung [...] unkontrollierte Macht entartet und unerträglich wird«, muss sie begrenzt werden. Machtmissbrauch ist zwar »kein militärische[s] oder soldatische[s] Sonder-Problem«, tritt in der auf Gehorsam hin angelegten Militärorganisation aber in »zugespitzte[r] Form« auf[34]. Deshalb warb Baudissin dafür, dass insbesondere solche Menschen Soldat würden, »die mit einem Dennoch kommen, die sehr genau wissen, welche ungeheuren Gefahren in dem Gebrauch des ›Schwertes‹ liegen [...] die aber gerade in diesem Wissen nicht sagen: Wir dürfen das ›Schwert‹ gar nicht anfassen. Denn das ist entweder Illusion, weil Träumerei, oder Verantwortungslosigkeit, weil ich es nämlich damit den Gestrigen und Bedenkenlosen in die Hand gebe[35].« Dieser Gebrauch des Begriffs Schwert ist typisch für eine von der Lutherbibel her geprägte Sprache. Der Begriff Schwert bringt anschaulich zum Ausdruck, dass es immer auf den Menschen ankommt, der die Waffe in der Hand hält und den Schlag führt. Der Einzelne ist verantwortlich für sein Handeln. Er hat sich daraufhin zu befragen, ob sein Handeln vor seinem Gewissen Bestand hat, ob es dem Frieden dient, ob es den Soldaten Mensch sein lässt, ob es in Freiheit geschieht und ob es so wenig Macht gebraucht wie möglich.

Von der Genesis zur Geltung

Die westdeutschen Katholiken folgten in ihrer überwiegenden Mehrheit Adenauers Wiederbewaffnungspolitik, welche die Bundesrepublik Deutschland in ein römisch-katholisch geprägtes westeuropäisches Festland einband. Der Europa-Gedanke war bei ihnen populärer als bei den Protestanten: Sie fühlten sich als Heimkehrer in die Mitte der europäischen Völkerfamilie. Die Protestanten hatten dagegen das Bewusstsein und Bedürfnis, die Besonderheit des konfessionell wie kein anderes europäisches Land zersplitterten Deutschland zu retten. Das schien ihnen am ehesten mit konsequentem Pazifismus zu gelingen.

Baudissin entwickelte seine Leitgedanken im Dialog mit solchen Kreisen des Nachkriegsluthertums, die aus der dem Nationalsozialismus feindlich gegenüberstehenden Bekennenden Kirche kamen, sich allerdings um der Einheit der EKD willen von den in politischer Hinsicht antiwestlichen, speziell antiamerikanischen, tendenziell pazifistisch orientierten Bruderräten schieden. Dieses gemeinhin für konservativ gehaltene Nachkriegsluthertum war offensichtlich innovationsfreudiger als ihm zugetraut wurde. Es hat selbst eine ›Westernization‹ durchgemacht, die es befähigte, dazu beizutragen, die Werte des Grundgesetzes im militärischen Bereich durchzusetzen. Aufgrund ihrer Biographie waren viele dieser lutherischen Verantwortungsträger dafür prädestiniert: Häufig waren sie gesamteuropäisch ausgerichtet, sprachlich im europäischen Raum zu Hause und ökumenisch erfahren. Sie beförderten ein »Pathos der Freiheit«, nicht ein »Pathos des Gehorsams«[36]. Baudissin hat dieses »Pathos der Freiheit« in das Militär hineingetragen, und er hat es verbunden mit einem Ethos der Verantwortung. Er hat das »Pathos der Freiheit« in einer Organisation verankert, die mehr noch als andere Lebensbereiche der jungen westdeutschen Demokratie vom »Pathos des Gehorsams« durchtränkt war.

Selbst der konservative Berliner Bischof Otto Dibelius (1880-1967), damals Ratsvorsitzender der EKD (1949-1961), hat in Auseinandersetzung mit Luthers Übersetzung von Römer 13 schon im Jahr 1946 festgestellt, dass »wir eine demokratische Staatsform« mit einem »beträchtlichen Einschlag von Freiheit für den einzelnen« brauchen[37]. 1959 machte dieser Bischof den tendenziell eher obrigkeitstreuen Lutheranern klar, dass nur solchen Obrigkeiten tatsächlich Gehorsam gebührt, die rechtmäßig handeln. Die Obrigkeit in Ostdeutschland sei nicht Obrigkeit im Sinne Luthers, deshalb gebühre ihr kein Gehorsam. Ähnlich argumentierte auch Baudissin: Nur die sich selbst an Menschenrecht und Freiheit bindende Autorität kann Gehorsam erwarten. Dabei geht es den in kirchlichen und politischen Ämtern verantwortlichen Lutheranern jener Jahre nicht darum, einen christlichen Staat im Sinne früherer Jahrhunderte zu errichten; es geht ihnen vielmehr um einen Staat, der es jedem Christen erlaubt, politische Verantwortung zu übernehmen, ohne dass dadurch sein Gewissen belastet wird. Das ist ein Staat, der individuelle religiöse Bindungen anerkennt und achtet. Eben das ist der Staat des Grundgesetzes.

Baudissins Begrifflichkeit und Vorstellungswelt zeigte christlich-biblische – und weil es das christliche nur in konfessioneller Ausprägung gibt, spezieller: lutherische – Prägungen. Sein Nachdenken über grundsätzliche ethische Fragen erweist sich nicht als lutherisch im Sinne der Schuldogmatik. Seine Sprache lässt nur wenige, dafür allerdings signifikante Anleihen beim Reformator erkennen; an keiner Stelle in Baudissins Hinterlassenschaft wird der Name Luther genannt. Und doch ist die tiefe Verankerung Baudissins in dieser Geisteswelt unübersehbar: Wie Luther weiß Baudissin darum, dass den Menschen entweder Gott oder Satan ›reitet‹. Wie der Reformator argumentiert der Militärplaner von der Erfahrung des Machtmissbrauchs her, richtet den soldatischen Menschen auf den Frieden hin aus, erklärt den Krieg zum Notfall, der um des Nächsten willen manchmal nötig ist, und stellt das Versprechen von Freiheit in den Mittelpunkt seiner Botschaft.

Der Historiker Anselm Doering-Manteuffel meinte beobachten zu können, dass der Protestantismus infolge seiner inneren Lähmung durch die widerstreitenden Interessen von Befürwortern und Gegnern der Wiederbewaffnung am eigentlichen Wehraufbau der Bundesrepublik gar keinen gestaltenden Anteil gehabt hat. Dieses Urteil ist nicht aufrechtzuerhalten. Ein lutherischer Laie hat im Verein mit lutherischen Kirchenführern ein innovatives Konzept für die Soldaten der neuen westdeutschen Streitkräfte erarbeitet und durchgesetzt, welches seine Wirkung bis heute entfaltet. Die Innere Führung hat eine restaurative Remilitarisierung erfolgreich verhindert und maßgeblich zur Stärkung der westdeutschen Demokratie beigetragen.

Anmerkungen

[1] Karl Barth, Ein Wort an die Deutschen. Vortrag gehalten auf Einladung des württembergischen Ministeriums des Innern im Württembergischen Staatstheater zu Stuttgart am 2. November 1945, Stuttgart 1946, S. 23.
[2] Wolf Graf von Baudissin, Soldat für den Frieden. Entwürfe für eine zeitgemäße Bundeswehr. Hrsg. und eingeleitet von Peter von Schubert, München 1969, S. 24.
[3] Baudissin Dokumentation Zentrum an der Führungsakademie der Bundeswehr in Hamburg (BDZ) 55, 2.4/2, 13, Reform oder Restauration.
[4] BDZ 56, 5.4/4, 46, Freiheit als Verpflichtung.
[5] Wolf Graf von Baudissin, Als aus Neustadt Wejherowo wurde ... In: Mein Elternhaus. Ein deutsches Familienalbum. Hrsg. von Rudolf Pörtner, Düsseldorf 1984, S. 69-78, hier S. 75.
[6] Elfriede Knoke, Zur Herausgabe der Briefe. Einführung. In: Wolf Graf von Baudissin und Dagmar Gräfin zu Dohna, »... als wären wir nie getrennt gewesen«. Briefe 1941-1947. Hrsg. und mit einer Einf. von Elfriede Knoke, Bonn 2001, S. 9-40, hier S. 37.
[7] Claus von Rosen, Wolf Graf von Baudissin zum 75. Geburtstag. In: Wolf Graf von Baudissin, Nie wieder Sieg! Programmatische Schriften 1951-1981. Hrsg. von Cornelia Bührle und Claus von Rosen, München 1982, S. 7-39, hier S. 36.
[8] Baudissin, Soldat für den Frieden (wie Anm. 2), S. 23.
[9] Evangelisches Zentralarchiv Berlin (EZA) 742/325: 25.3.1952.
[10] Wolf Graf von Baudissin, Als Mensch hinter den Waffen. Hrsg. von Angelika Dörfler-Dierken, Göttingen 2006, S. 141-146.
[11] BDZ 55, 2.4/2, 31, Reform oder Restauration.
[12] BDZ 55, 3.1/1, 2, Wird der Kommiß über uns siegen?
[13] Briefkatalog im BDZ: Bau 76b, 4.
[14] BA-MA N 717/46: 24.7.1951.
[15] BA-MA N 717/46: 18.6.1954.
[16] H.-Chr. Trentzsch, Der Eid: Vor der letzten Instanz. In: Handbuch Innere Führung. Hilfen zur Klärung der Begriffe. Hrsg. vom Bundesministerium der Verteidigung, Führungsstab der Bundeswehr-B., Bonn 1957 (= Schriftenreihe Innere Führung), S. 7.
[17] Wolf Graf von Baudissin, Soldatische Tradition in der Gegenwart. In: Handbuch Innere Führung (wie Anm. 16), S. 47-78, hier S. 64.
[18] Wolf Graf von Baudissin, Situation und Leitbild: Staatsbürger in Uniform. In: Handbuch Innere Führung (wie Anm. 16), S. 17-46.
[19] Baudissin, Als Mensch hinter den Waffen (wie Anm. 10), S. 232.

[20] Zahlreiche Beispiele in Baudissin, Soldatische Tradition (wie Anm. 17) und Baudissin, Situation und Leitbild (wie Anm. 18).
[21] BDZ 55, 2.4/2, 4, Reform oder Restauration.
[22] Baudissin, Situation und Leitbild (wie Anm. 18), S. 45.
[23] Ebd., S. 24.
[24] Baudissin, Als Mensch hinter den Waffen (wie Anm. 10), S. 212.
[25] Baudissin, Soldatische Tradition (wie Anm. 17), S. 64.
[26] Ebd., S. 59.
[27] Baudissin, Als Mensch hinter den Waffen (wie Anm. 10), S. 135.
[28] Ebd., S. 202.
[29] BA-MA 717/72: 5.8.1959.
[30] BDZ, Wolf Graf von Baudissin, Ost oder West. Gedanken zur deutscheuropäischen Schicksalsfrage. Abschrift von Claus von Rosen, [o.O.] 1946, S. 52, handschriftliche Zählung.
[31] Baudissin, Als Mensch hinter den Waffen (wie Anm. 10), S. 67.
[32] BDZ 55, 2.4/2, 15, Reform oder Restauration.
[33] Baudissin, Als Mensch hinter den Waffen (wie Anm. 10), S. 76.
[34] Ebd., S. 176 f.
[35] BDZ 55, 2.4/2, 16, Reform oder Restauration.
[36] Rudolf von Thadden, Die Konfessionalisierung des kirchlichen und politischen Lebens in Deutschland (1988). In: Nation im Widerspruch. Aspekte und Perspektiven aus lutherischer Sicht heute. Eine Studie des Ökumenischen Studienausschusses der VELKD und des DNK/LWB. Hrsg. von Helmut Edelmann und Niels Hasselmann, Gütersloh 1999, S. 310-317.
[37] Otto Dibelius, Wir rufen Deutschland zu Gott. Gottesdienstliche Rede, 28.4.1946, Berlin 1946, S. 10.

Ausgewählte Literatur

Abenheim, Donald, Bundeswehr und Tradition. Die Suche nach dem gültigen Erbe des deutschen Soldaten, München 1989 (= Beiträge zur Militärgeschichte, 27)

Barth, Karl, Ein Wort an die Deutschen. Vortrag gehalten auf Einladung des württembergischen Ministeriums des Innern im Württ. Staatstheater zu Stuttgart am 2. November 1945, Stuttgart 1946

Baudissin, Wolf Graf von, Als aus Neustadt Wejherowo wurde ... In: Mein Elternhaus. Ein deutsches Familienalbum. Hrsg. von Rudolf Pörtner, Düsseldorf [u.a.] 1984, S. 69-78

Baudissin, Wolf Graf von, Als Mensch hinter den Waffen. Hrsg. von Angelika Dörfler-Dierken, Göttingen 2006

Baudissin, Wolf Graf von, und Dagmar Gräfin zu Dohna, »... als wären wir nie getrennt gewesen«. Briefe 1941-1947. Hrsg. und mit einer Einf. von Elfriede Knoke, Bonn 2001

Baudissin, Wolf Graf von, Nie wieder Sieg! Programmatische Schriften 1951-1981. Hrsg. von Cornelia Bührle und Claus von Rosen, München 1982

Baudissin, Wolf Graf von, Ost oder West. Gedanken zur deutsch-europäischen Schicksalsfrage. Abschrift von C. von Rosen. Baudissin Dokumentation Zentrum an der Führungsakademie der Bundeswehr, Hamburg (= BDZ)

Baudissin, Wolf Graf von, Situation und Leitbild: Staatsbürger in Uniform. In: Handbuch Innere Führung, S. 17–46

Baudissin, Wolf Graf von, Soldat für den Frieden. Entwürfe für eine zeitgemäße Bundeswehr. Hrsg. und eingel. von Peter von Schubert, München 1969

Baudissin, Wolf Graf von, Soldatische Tradition in der Gegenwart. In: Handbuch Innere Führung, S. 47–78

de Libero, Loretana, Tradition in Zeiten der Transformation. Zum Traditionsverständnis der Bundeswehr im frühen 21. Jahrhundert, Paderborn 2006

Dibelius, Otto, Obrigkeit? Eine Frage an den 60-jährigen Landesbischof, Berlin 1959

Dibelius, Otto, Wir rufen Deutschland zu Gott! Gottesdienstliche Rede, 28.4.1946, Berlin-Spandau 1946

Dörfler-Dierken, Angelika, Ethische Fundamente der Inneren Führung. Baudissins Leitgedanken: Gewissensgeleitetes Individuum – Verantwortlicher Gehorsam – Konflikt- und friedensfähige Mitmenschlichkeit, Strausberg 2005 (= Berichte des Sozialwissenschaftlichen Instituts der Bundeswehr, 77)

Doering-Manteuffel, Anselm, Die Bundesrepublik Deutschland in der Ära Adenauer. Außenpolitik und innere Entwicklung 1949–1963, 2. Aufl., Darmstadt 1988

Handbuch Innere Führung. Hilfen zur Klärung der Begriffe. Hrsg. vom Bundesministerium der Verteidigung, Führungsstab der Bundeswehr-B. (Schriftenreihe Innere Führung), Bonn 1957

Knoke, Elfriede, Zur Herausgabe der Briefe. Einführung. In: Baudissin/Dohna, »... als wären wir nie getrennt gewesen«, S. 9–40

Rosen, Claus von, Wolf Graf von Baudissin zum 75. Geburtstag. In: Nie wieder Sieg, S. 7–39

Thadden, Rudolf von, Die Konfessionalisierung des kirchlichen und politischen Lebens in Deutschland. In: Nation im Widerspruch. Aspekte und Perspektiven aus lutherischer Sicht heute. Eine Studie des Ökumenischen Studienausschusses der VELKD und des DNK/LWB. Hrsg. von Helmut Edelmann und Niels Hasselmann, Gütersloh 1999, S. 310–317

Trentzsch, H.-Chr., Der Eid: Vor der letzten Instanz. In: Handbuch Innere Führung, S. 7–14

Horst Scheffler

»Gott ist Geist; wo aber der Geist des Herrn ist, da ist Freiheit«[1]. Baudissin und die evangelische Militärseelsorge

Abschied von Bonn

Am 30. Juni 1958 begab sich Wolf Graf von Baudissin auf »Abschiedstournee« in Bonn. Er begann beim katholischen Generalvikar Georg Werthmann. Dieser bemerkte voller Stolz, dass im Bereich der katholischen Militärseelsorge – Baudissin notierte in seinem Tagebuch, Werthmann habe von Wehrmachtsseelsorge gesprochen – nicht die geringste Abweichung von der einmal beschlossenen Konzeption zu bemerken sei. Diese Konzeption stamme ja weitgehend von Baudissin und habe sich als richtig erwiesen. Um die Zukunft der Inneren Führung allerdings habe der Minister – gemeint ist Franz Josef Strauß – erhebliche Sorge. Anschließend besuchte Baudissin den evangelischen Militärbischof Hermann Kunst. Dieser lobte Baudissin dafür, dass er Erstaunliches geschaffen habe. An keiner anderen Stelle des öffentlichen Lebens sei es gelungen, das Geistige so durchzusetzen bzw. in den Mittelpunkt des Interesses der Öffentlichkeit zu bringen. Die Tagebuchnotiz lässt offen, ob Kunst vorrangig Baudissins Leistung für die Konzeption der Inneren Führung oder für die Ausgestaltung der Militärseelsorge meinte. Wenn Kunst dann aber zu Baudissin äußerte, was weiter würde, sei schwer zu sagen, dann bezog er sicher diese Ungewissheit auf die Zukunft der Inneren Führung. Zuletzt versuchte Kunst Baudissin noch zu trösten mit dem Hinweis, manchmal habe der Mensch den Höhepunkt seiner Wirksamkeit eben bereits in jüngeren Jahren erreicht. Baudissin, der am nächsten Tag das Kommando über die Panzer-Brigade in Göttingen übernahm, hielt im Tagebuch fest: »Ich bin ihm sehr dankbar für den seelsorgerlichen Hinweis, dass ich – an dem nun beginnenden neuen Abschnitt – dessen gewiss sein müsse, dass die Barmherzigkeit alle Morgen neu sei. Im übrigen stünde die evangelische Kirche eindeutig hinter mir[2].«

Der Tag dieses Bonner Abschieds endete mit einem Essen im Restaurant Königshof, an dem fast sechzig Personen teilnahmen, auch der evangelische Militärdekan Albrecht von Mutius aus dem Evangelischen Kirchenamt für die Bundeswehr. Ihn bezeichnete Baudissin in seinem Tagebuch als einen Bruder – eigentlich die Anrede unter evangelischen Geistlichen –, der Baudissin den Dank der Militärseelsorge dafür aussprach, dass dieser stets versucht habe, beispielhaft das Leben eines tätigen Christen zu leben. Baudissin beschloss den Tagebucheintrag zu diesem Bonner Abschied fast erleichtert mit der Bemerkung, auf der Heimfahrt fühlte er sich irgendwie erlöst. Jetzt mochten andere die Verantwortung übernehmen und sich mit all diesen Dingen herumschlagen.

Baudissin fühlte sich erlöst. Er drückte seine Gefühle mit einem Begriff der christlichen Theologie aus. Erlösung bedeutet Freiheit und Rettung. Für Baudissin waren Freiheit und Rettung begründet im Glauben an Jesus Christus. Deshalb konnte er in seinen Vorträgen ganz offen seinen Trauspruch als den Leitspruch seines Lebens zitieren: »Gott ist Geist; wo aber der Geist des Herrn ist, da ist Freiheit.« (2. Korinther 3, 17) In einem Vortrag am 24. April 1958 im Kölner Gürzenich beantwortete er mit diesem Leitvers die Fragen nach dem Beitrag der Christen zu den Chancen und Risiken von Freiheit, Verantwortung, Erziehung und Ordnung. Auf die Frage nach der Kraftquelle seines Lebens beschied er viele Jahre später seine Hamburger Studenten, er habe immer nur versucht, ein guter Christ zu sein. Baudissin antwortete da nahezu mit den Worten, mit denen von Mutius ihm zu seinem Bonner Abschied namens der evangelischen Militärseelsorge dankte.

Als Baudissin zum 1. Juli 1958 seinen Dienst als Kommandeur in Göttingen antrat, war die von ihm entwickelte Konzeption der Inneren Führung in der Bundeswehr und auch in der deutschen Öffentlichkeit äußerst umstritten. Unstrittig ist sein Beitrag für den Aufbau der Militärseelsorge in der Bundeswehr. Die Voten voller Dank und Lob von leitenden Verantwortlichen beider Konfessionen in der Militärseelsorge sind hierfür ein deutlicher Beleg.

Vor der letzten Instanz

Das erste Kapitel im weithin von Baudissin verfassten *Handbuch Innere Führung* ist überschrieben »Vor der letzten Instanz«. Es behandelt den Eid. Für Baudissin wird das Versprechen des Eides vor der letzten und höchsten Instanz dieser Welt geleistet, vor einer absoluten und unbestechlichen Instanz. Auch im Fall des soldatischen Gehorsams gilt, es ist »Gott mehr zu gehorchen« – so lautet eine Zwischenüberschrift in diesem Kapitel – als den Menschen. Auch hier, in diesem militärischen Sachbuch ist dieses biblische Zitat aus der Apostelgeschichte, ein Wort des Apostels Petrus (Apostelgeschichte 3, 29) ein Zeugnis für Baudissins vom christlichen Glauben bestimmte Weltsicht. So war es für Baudissin konsequent, die militärische Konzeption der Inneren Führung ethisch zu gründen in der Lehre der Kirchen. Schon in der *Himmeroder Denkschrift* vom 9. Oktober 1950, an der Baudissin mitgeschrieben hat, fällt auf, dass der knappe Hinweis auf eine zukünftige Militärseelsorge in den neuen deutschen Streitkräften im Kapitel »Das innere Gefüge« im Abschnitt »Ethisches« gegeben wurde[3]. Baudissin setzte darauf, dass die Konzeption der Inneren Führung in ihrer gedanklichen Entwicklung und auch in der Umsetzung in der Truppe in – wie es später in der evangelischen Militärseelsorge ausgedrückt wurde – *kritischer Solidarität* von denen theologisch, ethisch und seelsorgerlich begleitet werde, die ihren Beruf aufgrund ihrer Berufung ohnehin vor der letzten Instanz, also vor Gott, zu verantworten haben: von den Kirchen und ihren Pfarrern. Militär ohne Seelsorge war für Baudissin nicht zu verantworten. Am Beispiel seiner Überlegungen zum Eid lässt sich dies aufzeigen. Im *Handbuch Innere Führung* schrieb er, für den Christen könne und dürfe darüber kein Zweifel bestehen, dass der vor Gott geleistete Eid auch eindeutig die Grenzen und das Ende der übernommenen Verpflichtung setzt. Vor der letzten Instanz zu verantworten hatte man sich übrigens auch dann, wenn man nicht an Gott glaubt. »Aber auch der, der nicht an einen personalen Gott glaubt, muss sich im klaren darüber sein, dass er den Eid vor einer letzten Instanz ablegt. Wer aber keine sittlichen Werte erkennen und anerkennen kann, stellt sich selbst im Grunde außerhalb unserer Ordnung[4].« Folglich befasste sich Baudissin ergänzend zur Konzeption der Inneren Führung auch mit dem Modell der künftigen Militärseelsorge.

Gespräche und Verhandlungen über den Militärseelsorgevertrag

In einem Aktenvermerk der Dienststelle Blank vom 3. Juni 1953 ist festgehalten, dass im Herbst 1951 die ersten inoffiziellen Besprechungen mit beiden Kirchen über die Frage einer zukünftigen Militärseelsorge begonnen hatten, wobei Baudissin im Wesentlichen die Verbindung mit der evangelischen Kirche aufrechterhielt. Bei diesen ersten Besprechungen ging es zunächst darum festzustellen, ob die Kirchen überhaupt schon bereit waren, über eine Militärseelsorge zu sprechen. Zu dieser Zeit entwickelte Baudissin erste Überlegungen zur Organisation der Militärseelsorge in einem Brief vom 12. September 1951 an Adolf-Friedrich Kuntzen (1889–1964), in der Wehrmacht zuletzt General, jetzt persönlicher Referent des Landesbischofs Hanns Lilje in Hannover: »Ich selbst stelle mir die Sache so vor, dass die EKD von sich aus einen leitenden Geistlichen stellt und dass die Landeskirchen die Seelsorger für die in ihrem Raum aufgestellten Divisionen geben. Mir schwebt dabei ein Turnus von etwa 4–5 jährl. Wechsel vor, damit die Landeskirchen für das Männerwerk besonders geeignete Geistliche zurückbehalten und die Wehrmachtsgeistlichkeit in ständiger lebendiger Verbindung zum geistlichen Leben der Kirchen bleibt. – Aber alles dieses ist bisher noch in keiner Weise festgelegt[5].« Es folgten Gespräche zwischen der Dienststelle Blank und den Kirchen, dann ab 1955 die Verhandlungen des Bundesministeriums der Verteidigung mit der Evangelischen Kirche in Deutschland zum Militärseelsorgevertrag. Baudissin, der daran beteiligt war, befasste sich federführend mit dem Lebenskundlichen Unterricht.

... und den Lebenskundlichen Unterricht

Aufbauend auf den Erfahrungen ihrer Pfarrer, die Lebenskundlichen Unterricht als Teil der Seelsorge in den deutschen Dienstgruppen der amerikanischen Besatzungsarmee in den Jahren von 1951 bis 1953 gegeben hatten, hatten die Kirchen ein Konzept für eine Militärseelsorge in den neuen deutschen Streitkräften entworfen. Die evangelischen *labor service chaplains* hatten diese Thesen unter dem Titel »Der Lebenskundliche Unterricht in den deutschen Diensteinheiten« am 12. August 1952 vorgelegt. Zuvor schon hatte Pfarrer Hermann Pleus, der leitende Geistliche der evangelischen Pfarrer beim labor service, am 16. Februar 1950 seine Stellungnahme »Zur Gestaltung einer künftigen Wehrmachtsseelsorge« an Baudissin übergeben. Entsprechende Vorarbeiten für die Katholische Kirche erstellte ihr leitender Geistlicher beim *labor service*, Prälat Georg Werthmann, zuvor der Generalvikar der katholischen Wehrmachtsseelsorge, danach dann der katholischen Militärseelsorge. Beide Kirchen wollten eine kirchlich geordnete Militärseelsorge, um darauf einwirken zu können, eine Wiederherstellung der Bedingungen für einen deutschen Militarismus zu verhindern. Ein von Pfarrern erteilter Lebenskundlicher Unterricht war im Entwurf dieser neuen Seelsorge im Militär bereits vorgesehen. Doch der kirchliche Konsens zerbrach in den Gesprächsrunden mit der Dienststelle Blank an der Frage, ob der Lebenskundliche Unterricht konfessionsgebunden und freiwillig oder ein Pflichtunterricht für alle und unabhängig von konfessioneller Bindung sein sollte. Oberkirchenrat Edo Osterloh von der Kirchenkanzlei der Evangelischen Kirche in Deutschland, hier Baudissins direkter Gesprächspartner, bemühte sich um ein zwischenkirchliches Gespräch, in dem eine gemeinsame kirchliche Position gegenüber dem Staat erarbeitet werden sollte. Die katholische Kirche, vertreten durch Prälat Wilhelm Böhler, dem Leiter des »Katholischen Büros Bonn«, lehnte ab. Dieser mutmaßte, offenbar hätten die Protestanten Angst, mit einer konfessionellen Seelsorge auf freier Basis nur wenige Soldaten zu erreichen. Da zwischen Osterloh und Böhler kein Einverständnis zu erreichen war, resignierte Osterloh. Mit Schreiben vom 20. Oktober 1952 an die Dienststelle Blank teilte er mit, beide Kirchen hielten es gegenwärtig nicht für sachdienlich, dass sie die Initiative in der Frage des Lebenskundlichen Unterrichts ergriffen. Osterloh erklärte zugleich das Ende seiner Bemühungen, zu einer gemeinsamen Initiative der Kirchen gegenüber dem Staat zu kommen. Damit hatte er das evangelische Anliegen des Lebenskundlichen Unterrichts an Baudissin abgegeben. Für Osterloh schien nur noch dieser in der Lage zu sein, das Konzept zu realisieren. Da Baudissin aber unabhängig von Osterloh eine eigene, an den Erfordernissen des militärischen Bereichs ausgerichtete Konzeption des Lebenskundlichen Unterrichts vertrat, die er in der Studie »Lebenskundlicher Unterricht im Rahmen der Aufgaben des Militärgeistlichen« vom 15. Juni 1953 zusammenfasste, machte sich die evangelische Kirche fortan abhängig von in erster Linie soldatisch bestimmten Vorstellungen. Sie verzichtete darauf, die eigenen Konzepte zu verdeutlichen und sie als ihre Forderungen unabhängig von der katholischen Kirche einzubringen. Herbert Kruse kommentiert hierzu: »In der Frage des Lebenskundlichen Unterrichts ließ sich die Evangelische Kirche auf eigenen Wunsch fortan von einem Beauftragten des Staates vertreten. Auch wenn man berücksichtigt, dass Graf Baudissin ein überzeugter evangelischer Christ war und bestimmt nicht gegen die Interessen seiner Kirche handeln würde, bleibt dieser Vorgang, einem staatlichen Vertreter anzutragen, neben den Interessen des Staates auch die andersartigen kirchlichen zu vertreten, angesichts der von der Evangelischen Kirche nach dem Dritten Reich angestellten Neuorientierung zur Staat-Evangelische-Kirche-Beziehung erstaunlich[6].«

In der evangelischen Kirche und auch in der evangelischen Militärseelsorge hatte diese Vertretung auch des kirchlichen Auftrags durch Baudissin zu der Ansicht geführt, der Lebenskundliche Unterricht sei aus staatlichen Interessen entworfen und durch den Staat an die Kirchen herangetragen worden. Auf dieser Annahme aber begründete die evangelische Militärseelsorge ihr offizielles Verständnis, mit der Übernahme des Lebenskundlichen Unterrichts durch die Militärpfarrer habe die Kirche lediglich einem Wunsch des Staates entsprochen. Hierauf beruhte auch die Kritik an der evangelischen Militärseelsorge, sie habe sich für militärische Zwecke instrumentell in Dienst nehmen lassen. Vergessen waren die aus der Arbeit der Seelsorge bei den deutschen Dienstgruppen entwickelten eigenen Gedanken und Vorstellungen zum Lebenskundlichen Unterricht.

Auf der Grundlage des christlichen Glaubens

Das Ergebnis der Verhandlungen zum Lebenskundlichen Unterricht war dann im Jahr 1956 die Zentrale Dienstvorschrift »Lebenskundlicher Unterricht« (ZDv 66/2). Baudissins Federführung ist deutlich zu erkennen.

Nicht die typisch soldatischen Tugenden wie Kameradschaft, Tapferkeit, Härte, Mut, Gehorsam und Opferbereitschaft sind die Zielsetzungen des Lebenskundlichen Unterrichts. Weil Baudissin den von der Kirche verantworteten und von den Militärpfarrern erteilten Lebenskundlichen Unterricht als einen Bestandteil des Reformkonzepts der Inneren Führung ansah, sollte nach seiner Überzeugung der Lebenskundliche Unterricht dazu beitragen, einen Rückfall der Bundeswehr in überholte militärische Traditionen deutschen Soldatentums zu verhindern und die Soldaten in die freiheitliche, demokratische und pluralistische Gesellschaft der Bundesrepublik zu integrieren. Statt der traditionell soldatischen Tugenden sollten die Soldaten im Lebenskundlichen Unterricht das vom Christentum geprägte Menschenbild des Grundgesetzes verstehen lernen und sich mit den aus ihm abgeleiteten zivilen und demokratischen Werten wie Achtung der Menschenwürde, Anerkennung der Freiheiten und Rechte einer jeden Person sowie Übernahme von Verantwortung identifizieren. Diesem Verständnis vom Christentum als der Basis der abendländischen politisch-demokratischen Ordnung folgend, ist dann in der ZDV 66/2 festgelegt, der Lebenskundliche Unterricht fuße auf den Grundlagen des christlichen Glaubens und werde von den Militärgeistlichen erteilt. Ohne die wirkliche Bedeutung Baudissins für den Lebenskundlichen Unterricht zu kennen, haben sich die Militärpfarrer beider Konfessionen dann ab 1956 den Forderungen dieses Unterrichts gestellt. Andererseits wurde Baudissin schon im März 1952 von Hermann Kunst, damals Prälat und Beauftragter der Evangelischen Kirche in Deutschland bei der Bundesregierung, als der »bekannte Graf Baudissin von der Dienststelle Blank, unser trefflicher Verbindungsmann in diesem Amt«[7] gelobt.

Gottesdienste

Als evangelischer Christ besuchte Baudissin häufig die Gottesdienste seiner Wohnort- und Standortgemeinde. Die Tagebucheinträge weisen ihn als einen äußerst kritischen Predigthörer aus. Über den Standortgottesdienst am 19. März 1958 in der Bonner Ermekeilkaserne hält er fest: »Morgens Gottesdienst im Ministerium. Leider predigt K. sehr schlecht. Man hat das Gefühl, als ob er alles schriftlich ausgearbeitet hat und dann auswendig gelernt. Selbst für mich, der ich doch theologisch interessiert bin und hinhören kann, ist es kaum erträglich. Es sind nur ca. 8-9 Menschlein aus dem ganzen Ermekeilblock da. Ich bin der einzige Offizier[8].« Im Standortgottesdienst am 21. August 1958 hörte Baudissin eine ausgezeichnete Predigt des Düsseldorfer Militärdekans Alwin Ahlbory, bemängelt aber wiederum den nicht sehr zahlreichen Besuch.

Als Kommandeur in Göttingen traf Baudissin auf den evangelischen Pfarrer Johannes Schiller, der zunächst als Gemeindepfarrer zusätzlich nebenamtlich in der Militärseelsorge mitarbeitete. Am 29. Juli 1958 hört er ihn erstmals als Prediger im Sonntagsgottesdienst in der kleinen Dorfkirche in Herberhausen und ist sehr angetan. Schiller predigte recht raffiniert, manchmal an der Grenze des Schauspielerhaften. Zwei- bis dreimal lachte die Gemeinde, in der auch viele Studentinnen und Studenten waren, schallend. Doch Schiller hatte die Gemeinde dann sofort wieder beim Ernst und in der Hand. Baudissin urteilte nach dieser ersten Begegnung mit dem zukünftigen Göttinger Militärpfarrer: »Er kann seine Sache schon vortrefflich[9].« Wenige Wochen später, am Reformationstag, erlebte Baudissin nicht nur den Gottesdienst, sondern vorab auch die Vorbereitung in der Truppe. Im Tagebuch schrieb er: »Wir haben Gottesdienst für die Evangelischen, merkwürdigerweise aber auch für die Katholischen, die Allerheiligen vorweglegen. Mich ärgert, dass das Sammeln zum Abfahren unendlich viel Zeit nimmt. Vor meinem Fenster sitzt die Stabskompanie beinah 40 Minuten in Mänteln in der Kühle, auf der Straße ist alles verstopft und sie kommen endlich 10 Minuten zu spät in der Kirche an. Man muss eben alles organisieren.« Hier erlebte der Planer aus der Dienststelle Blank schmerzlich die Realität der Truppe. Über den Gottesdienst allerdings konnte er sich freuen: »Unsere neue Kirche ist stoppenvoll. Es ist sehr schön, wie laut und von Herzen die Soldaten singen. Schiller hält eine sehr gute Predigt[10].«

Weil der Besuch des Gottesdienstes, besonders des Standortgottesdienstes, für Baudissin so wichtig war, setzte er das Thema »Kirchgang« für eine Offizierbesprechung an. Mit Datum des 16. Dezember 1959 enthält das Tagebuch seine in die Besprechung einführenden Vorgaben. Er stehe nicht in dem Verdacht, sich Befugnisse anzueignen, die dem Vorgesetzten vom Gesetzgeber nicht übertragen wurden oder die gar im Widerspruch zu den garantierten Rechten des Einzelnen stehen. Dennoch halte er es für seine Pflicht, den Offizieren seine persönliche Ansicht bzw. seine dienstliche Erwartung zu der sicher heiklen Frage des Kirchgangs zu sagen. Obwohl es ihn dienstlich nichts angehe, wie häufig jemand an einem Gottesdienst teilnehme, warne er davor, durch die offenkundige Diskrepanz zwischen Kirchenmitgliedschaft und Lebenswirklichkeit vor sich und anderen unglaubwürdig zu werden. Das könne sich jeder andere eher leisten als ein Mann, der als Erzieher und Führer von anderen Männern heute mehr denn je nach seiner persönlichen Verlässlichkeit und Überzeugungstreue gefragt und dessen Tun und Lassen kritisch beobachtet werde. Er erinnerte an die Gelegenheiten wie Volkstrauertag und Vereidigung, an denen der Soldat in seinem Beruf zwangsläufig an das Metaphysische herangeführt werde. Hier, vor diesem Hintergrund und nicht an irgendwelchen Äußerlichkeiten bilde sich Autorität.

Mit deutlichen Worten sprach Baudissin seine Erwartungen hinsichtlich der Gottesdienste zur Vereidigung an. Hier habe er als verantwortlicher Vorgesetzter zu fordern. Der Staat betone – bei aller Toleranz gegenüber Nichtchristen – durch die Institutionierung der Militärseelsorge, aber auch durch die Abnahme von Gelöbnis und Eid sehr nachdrücklich, wie ernst er die religiöse Bindung seiner Staatsbürger und Staatsdiener nehme. Deshalb halte er es für selbstverständlich, dass sich die Rekruten zumindest an der Seite ihres Rekruten-Offiziers, des Kompaniechefs und des vereidigenden Kommandeurs finden, wenn sie am Vereidigungstage in der Kirche vor der letzten Instanz stünden. Sie könnten erwarten, dass die Vorgesetzten, die ihnen Rechte und Pflichten, Inhalt und Ziel des Dienstes darzulegen hatten und die für sie Inbegriff der über Leben und Tod mitbestimmenden Befehlsgewalt seien, in dieser ernsten Stunde mit ihnen wären.

Abschließend verglich Baudissin den Besuch des Gottesdienstes mit der Teilnahme an einem Essen. An einem gemeinsamen Essen, etwa im Dienst mit den Rekruten, nehme man teil, gleich ob man selbst hungrig oder satt sei oder ob man die Gerichte möge oder nicht oder ob man Diät leben müsse. Vermutlich hat Baudissin als theologisch gebildeter Christ dieses so scheinbar banale Beispiel, wie er es nannte, gar nicht als so banal gesehen. Jedenfalls fällt sofort die Analogie zur evangelischen Abendmahl- und katholischen Eucharistiefeier auf.

Auf Zusammenarbeit zugeordnet

Militärische Führung und Militärseelsorge, Kommandeur und Militärpfarrer sind auf Zusammenarbeit zugeordnet[11]. Zuordnung auf Zusammenarbeit bedeutet eine personelle und organisatorische Maßnahme, die die besondere Form der Zusammenarbeit zwischen Militärseelsorge und militärischen Dienststellen regelt. Die Militärgeistlichen sind nämlich nicht der militärischen Hierarchie unterstellt. Sie sind in ihrer Amtsführung selbstständig, in ihrer seelsorgerlichen Tätigkeit ausschließlich kirchlichem Recht unterworfen und von staatlichen Weisungen unabhängig. In einem Aufsatz für eine Festschrift für den evangelischen Militärbischof im Jahr 1967 reflektierte Baudissin das erste Jahrzehnt praktizierter Militärseelsorge in der Bundeswehr.

Mit dem Kommandeur, dem er auf Zusammenarbeit zugeordnet sei, verbinde den Militärpfarrer die Verantwortung für den einzelnen Soldaten, aber auch die Sorge um die innere Verfassung des Verbandes, die den Kommandeur in erster Linie vom Gesichtspunkt der Einsatzbereitschaft, den Pfarrer hinsichtlich der Entwicklung des Einzelnen angehe. »Um es etwas zu überspitzen: dem Vorgesetzen geht es um das reibungslose Funktionieren des Ganzen, selbst falls es auf Kosten der menschlichen Entwicklung von einzelnen geschieht; dem Pfarrer hingegen um die christliche und sittliche Existenz des einzelnen, auch wenn dies die sachliche Zusammenarbeit kompliziert. Der gegensätzliche Auftrag führt freilich zu Spannungen. Diese sind umso fruchtbarer, wenn der Kommandeur als Christ und der Pfarrer als engagierter Staatsbürger den gleichen Konflikt selbst auszutragen haben[12].« Baudissin verdeutlichte die Aufgabe der Militärseelsorge angesichts der Massenvernichtungswaffen und im Blick auf die Menschenführung. Die Kirche trage die Verantwortung vor Gott für alle Menschen – für Christen wie Nichtchristen und ohne Rücksicht auf Nationalität, Farbe, Beruf oder Rang. Deshalb könne sie sich nicht in den Dienst einer bloßen Erhöhung der Kampfkraft stellen. Sie könne nicht zu dem berühmten guten Gewissen verhelfen für jedes Befehlen und Gehorchen. Da es der Kirche um den Menschen und sein Verhältnis zu Gott ginge, sollte sie auch den Soldaten mit dem Gebot konfrontieren, dass man Gott mehr gehorche denn den Menschen. Sie müsse also die Gewissen schärfen statt sie zu beruhigen. Er wisse, dies könne zu schweren Konflikten zwischen Kirche und Staat, zwischen Militärgeistlichen und Soldaten, zwischen Christen als Untergebenen und ihren Vorgesetzten führen.

Baudissin nahm ernst, was Zusammenarbeit auf Zuordnung heißt: gemeinsame Verantwortung grundsätzlich selbstständiger Partner. Deshalb warnte er: »Erläge die Kirche der Versuchung, aus noch so einleuchtenden Gründen ihre Distanz zum Staat aufzugeben, verlöre sie die Kraft und Bedeutung. Ließe sie sich staatliche Aufgaben zuschieben und übernähme solche, um schlimmeres zu verhüten, gäbe sie sich selber auf; sie spräche ohne Vollmacht[13].« Deswegen könne sie auch niemals vorbehaltlos und prinzipiell den Dienst des Soldaten als die einzige christliche Möglichkeit bejahen, allerdings ebenso wenig verneinen. Sie werde anerkennen müssen, dass ohne die Bereitschaft, den Dienst mit der Waffe vor Gott und der Welt verantwortungsbewusst zu übernehmen, Recht und Menschenwürde schutzlos blieben. Da der Krieg seine Rationalität verloren habe, sei dem Soldaten als Verwalter der Zerstörungsmittel ein neuer und opfervoller, damit auch verheißungsvoller Auftrag zugewiesen. Auf der Suche nach neuem Selbstverständnis, Ethos und Stil begleitet – so hat es Baudissin wohl auch erlebt und erfahren – die Militärseelsorge den Soldaten.

Anmerkungen

[1] 2. Korinther 3, 17.
[2] Wolf Graf von Baudissin, Tagebücher 1953 - 1961. In: Baudissin Dokumentation Zentrum (BDZ), Eintrag vom 30.6.1958.
[3] Hans-Jürgen Rautenberg und Norbert Wiggershaus, Die »Himmeroder Denkschrift vom Oktober 1950«. Politische und militärische Überlegungen für einen Beitrag der Bundesrepublik Deutschland zur westeuropäischen Verteidigung, Karlsruhe 1977, S. 54.
[4] Handbuch Innere Führung. Hilfen zur Klärung der Begriffe, Bonn 1957, S. 10.
[5] BA-MA N 717/46.

[6] Herbert Kruse, Kirche und militärische Erziehung. Der lebenskundliche Unterricht in der Bundeswehr im Zusammenhang mit der Gesamterziehung der Soldaten, Hannover 1983, S. 76.
[7] Angelika Dörfler-Dierken, Die Konzeption der Inneren Führung und das Luthertum im Nachkriegsdeutschland. In: Religion, Politik und Gewalt. Kongressband des XII. Europäischen Kongresses für Theologie. Hrsg. von Friedrich Schweitzer, Gütersloh 2006, S. 587-622, hier S. 599.
[8] Baudissin, Tagebücher (wie Anm. 2), Eintrag vom 19.3.1958.
[9] Ebd., Eintrag vom 26./27.7.1958.
[10] Beide Zitate ebd., Eintrag vom 31.10.1958.
[11] ZDv 66/1 vom 28.8.1956, Zi. 13.
[12] Wolf Graf von Baudissin, Soldat für den Frieden. Entwürfe für eine zeitgemäße Bundeswehr. Hrsg. von Peter von Schubert, München 1969, S. 179.
[13] Ebd., S. 186.

Ausgewählte Literatur

Baudissin, Wolf Graf von, Als Mensch hinter den Waffen. Hrsg. von Angelika Dörfler-Dierken, Göttingen 2006

Baudissin, Wolf Graf von, Nie wieder Sieg! Programmatische Schriften 1951-1981. Hrsg. von Cornelia Bührle und Claus von Rosen, München 1982

Baudissin, Wolf Graf von, Soldat für den Frieden. Entwürfe für eine zeitgemäße Bundeswehr. Hrsg. und eingeleitet von Peter von Schubert, München 1969

Baudissin, Wolf Graf von, Tagebücher 1953-1961, Baudissin Dokumentation Zentrum

Baudissin, Wolf Graf von, Zum Verhältnis von Bundeswehr und Militärseelsorge. In: Kirche im Spannungsfeld der Politik. Festschrift für Bischof D. Hermann Kunst, 2. Aufl., Göttingen 1978, S. 321-326

Dörfler-Dierken, Angelika, Ethische Fundamente der Inneren Führung. Baudissins Leitgedanken: Gewissensgeleitetes Individuum – Verantwortlicher Gehorsam – Konflikt- und friedensfähige Menschlichkeit, Strausberg 2005

Dörfler-Dierken, Angelika, Die Konzeption der Inneren Führung und das Luthertum im Nachkriegsdeutschland. In: Religion, Politik und Gewalt. Kongressband des XII. Europäischen Kongresses für Theologie. Hrsg. von Friedrich Schweitzer, Gütersloh 2006, S. 587-622

Handbuch Innere Führung. Hilfen zur Klärung der Begriffe, Bonn 1957

Kruse, Herbert, Kirche und militärische Erziehung. Der lebenskundliche Unterricht in der Bundeswehr im Zusammenhang mit der Gesamterziehung der Soldaten, Hannover 1983

Rautenberg, Hans-Jürgen, und Norbert Wiggershaus, Die »Himmeroder Denkschrift vom Oktober 1950«. Politische und militärische Überlegungen für einen Beitrag der Bundesrepublik Deutschland zur westeuropäischen Verteidigung, Karlsruhe 1977

Scheffler, Horst, Die Militärseelsorge in der Bundeswehr. In: Entschieden für Frieden. 50 Jahre Bundeswehr 1955-2005. Im Auftrag des MGFA hrsg. von Klaus-Jürgen Bremm, Hans-Hubertus Mack und Martin Rink, Freiburg i.Br., Berlin 2005, S. 409-424

Steuber, Klaus, Militärseelsorge in der Bundesrepublik Deutschland. Eine Untersuchung zum Verhältnis von Staat und Kirche, Mainz 1972

Eckart Hoffmann

Frieden in Freiheit.
Philosophische Grundmotive im politischen Denken von Wolf Graf von Baudissin

Komplexität und Konflikt

Ende 1982, in einer Zeit heftiger politischer Auseinandersetzungen um die atomare »Nachrüstung« der NATO und verbreiteter Krisenstimmung, kam der Abiturientenjahrgang der Detlefsenschule in Glückstadt auf die Idee, Persönlichkeiten des öffentlichen Lebens um einen Ratschlag oder ein wegweisendes Motto zum Abschluss der Schulzeit zu bitten. Wolf Graf von Baudissin, damals Direktor des Instituts für Friedensforschung und Sicherheitspolitik in Hamburg, antwortete mit einem ausführlichen handgeschriebenen Brief[1], in dem er aus seiner Lebenserfahrung eine Art Summe zog. Drei Dinge sind es, die er den Abiturienten nahelegte:

1. Eine grundlegende Einsicht in die Natur menschlichen Erkennens und eine daraus abgeleitete Maxime. Man solle stets im Auge behalten, »dass die Welt beängstigend vielschichtig und verflochten ist«, und entsprechend solle man allen vereinfachenden Patentrezepten misstrauen. Stattdessen empfahl Baudissin: »entwickeln Sie konsequent Sachkenntnis auf einem bestimmten Gebiet; damit gewinnen Sie auch Maßstäbe zur Beurteilung anderer Probleme – ›Generalisten‹ gibt es nicht mehr.«

2. Eine weitere grundlegende Einsicht und daraus abgeleitete Maxime betrifft das menschliche Handeln. Die Pluralität der Standpunkte sei unaufhebbar, und das bedeute, dass der *Konflikt* die fundamentale Realität des Handelns darstellt. Genau wie all diejenigen, die die Komplexität der Welt leugnen, Misstrauen verdienten, so auch jene, die glauben, Konflikte ließen sich entweder leugnen oder ein für alle Mal mit Gewalt lösen. Stattdessen riet Baudissin: »versuchen Sie, konfliktfähig zu werden«. Also eine Haltung zu erlernen, die die Bereitschaft verkörpert, »den jeweiligen ›Gegner‹ mit seinen Interessen und Positionen ernst zu nehmen und den eigenen Standpunkt zu relativieren«. Das erlaubt zwar keine endgültige Lösung, wohl aber eine schrittweise Regelung von Konflikten. Zugleich forderte er, im eigenen Verantwortungsbereich kein *Unrecht* zu dulden, eine Haltung, die bestenfalls auf die Leugnung von Konflikten hinausliefe.

3. Schließlich empfahl Baudissin eine bestimmte Einstellung zum Leben im Ganzen, nämlich die *Zuversicht*, für die er außer ihrer selbstverstärkenden Natur den Glauben an die Lernfähigkeit der Menschen ins Feld führt. Im Licht einer solchen Überzeugung ließen sich »die drohenden Gefahren als heilsamer Zwang zu ihrer Überwindung begreifen«, eine Deutung, der er erläuternd anfügt, theologisch ausgedrückt liege darin ein »Gnadenangebot«. Als Beispiel führt er an, erst die Atomwaffen hätten »uns endlich die Augen für die Unsinnigkeit jeden – auch eines konventionellen – Krieges geöffnet«.

Baudissins Empfehlungen wirken ein wenig wie Antworten auf die drei Kantischen Fragen[2]: Was kann ich wissen? Was soll ich tun? Was darf ich hoffen? Jeder, der mit Baudissins Wirken in Berührung gekommen ist, wird in ihnen entscheidende Züge seines Denkens und seiner Persönlichkeit wiedererkennen. Dazu gehört die Vermeidung von allzu expliziten Formeln, die dem Denken wenig Raum lassen und weniger der Verständigung als der Abgrenzung dienen. Wie ist es zum Beispiel zu verstehen, wenn Baudissin für die Deutung der drohenden politischen Gefahren eine theologische Kategorie wie die der *Gnade* bzw. des *Gnadenangebots* bemüht? Will Baudissin hier selber als Theologe zu einer politischen Frage Stellung nehmen? Für diese Ansicht scheint vieles zu sprechen, was wir über sein Leben und seinen Werdegang wissen. Er wuchs in einem lutherisch geprägten Elternhaus auf, dachte während seiner Zeit als britischer Kriegsgefangener in Australien ernsthaft über die Frage nach, ob er Pfarrer werden solle, und seine reformerischen Bemühungen in der Frühphase der Bundesrepublik spielten sich in einem Raum ab, der nicht unwesentlich von den Akademien und Kirchentagen der Evangelischen Kirche geprägt war. Es überrascht daher nicht, dass sich etliche Ideen, die in Baudissins Konzeption der *Inneren Führung* eingegangen sind, erfolgreich mit der Tradition lutherischen Denkens in Verbindung bringen lassen, wie das in jüngster Zeit geschehen ist. Und doch muss man Vorsicht walten lassen, wenn man von den lutherischen Wurzeln Baudissinscher Konzeptionen spricht und dabei nicht ein beängstigend vielschichtiges Denken auf eine vereinfachende Formel reduzieren will. Die Rede von den religiösen »Wurzeln« einer politischen oder ethischen Konzeption ist vieldeutig. Man kann damit sagen, dass die fragliche Konzeption im Licht einer religiösen Überlieferung verständlich wird, aber offenlassen, ob sie auch aus anderer Sicht verständlich gemacht werden kann. Sie hat diese Wurzeln, aber vielleicht auch andere.

Oder aber man meint, die fragliche Konzeption sei *nur* von einer bestimmten religiösen Überlieferung und keiner anderen hervorgebracht worden und daher ohne Beziehung auf sie nicht verständlich, lässt aber offen, ob sie auch unabhängig von dieser Tradition Geltung erlangen kann. Sie hat nur diese Wurzeln, ist aber vielleicht erwachsen geworden und nährt sich jetzt auf andere Weise.

Oder aber man will sagen, dass die fragliche Konzeption *nur* im Licht einer bestimmten religiösen Überlieferung verständlich wird und auch

Frieden in Freiheit

nur in ihrem Rahmen Geltung besitzt. Mit den Wurzeln stirbt sie selber ab.

Letzteres ist das, was charakteristischerweise ein Theologe sagen möchte. So schreibt etwa der Vertreter der Dialektischen Theologie, Emil Brunner, in seinem auf der Höhe des Zweiten Weltkriegs erschienenen Buch *Gerechtigkeit*:

> »Die Reformatoren betonen viel stärker als die mittelalterlichen und katholischen Lehrer die Tatsache, dass die Sünde die Erkenntnisfähigkeit der menschlichen Vernunft auch in solchen Gebieten verdunkle, die grundsätzlich der vernunftmässigen Erkenntnis zugänglich sind. Sie zogen daraus die Konsequenz [...], dass *nur* [m.Hv.] aus der Erkenntnis des Schöpfers und seines Schöpfungswillens, wie er uns in der biblischen Geschichte offenbart ist, eine sichere und klare Erkenntnis der Grundlagen weltlicher Gerechtigkeit gefunden werden könne[3].«

Brunner vertritt also im Effekt die These: Gerechtigkeitsnormen haben Geltung, *nur wenn* der Glaube (bzw. die christliche Offenbarung) gültig und nicht leer ist.

Baudissin las Brunners Buch gegen Ende seiner Kriegsgefangenschaft und verdankte ihm offenbar die Neuorientierung seines ganzen weiteren Lebens an der Thematik des Friedens. Brunners Werk vermittelte Baudissin sowohl die Einsicht, dass die Frage, wie der Frieden auf Erden dauerhaft gesichert werden kann, ein ungelöstes Problem darstellt, für das es nur völlig unzulängliche Lösungsvorschläge gibt, als auch das Urteil, dass es sich dabei um das dringlichste politische Problem überhaupt handelt. Doch trotz der großen Bedeutung, die Brunners Werk für ihn besaß, argumentierte Baudissin grundsätzlich nicht mit dessen These, sondern vertrat eine schwächere: Wenn der christliche Glaube nicht leer ist, dann haben Gerechtigkeitsnormen Geltung.

Eine solche These verkörpert eine Form der Toleranz, die die religiöse Position ernst nimmt, aber zulässt, dass für die Geltung von Gerechtigkeitsnormen auch andere Begründungen denkbar sind, und ermöglicht in diesem Sinne den Pluralismus. Und das ist ein wesentlicher Teil dessen, was Baudissin mit »Konfliktfähigkeit« meint. Ganz analog bringt er für die von ihm empfohlene Zuversicht den religiösen Glauben nur als hinreichende, nicht aber als notwendige Bedingung ins Spiel. Denn für Zuversicht reicht bereits der Glaube an die Lernfähigkeit der Menschen aus. Wer hingegen eine These wie Brunner vertritt, der will uns weismachen, dass mit seinem Glauben auch die Gerechtigkeitsnormen ihre Geltung verlieren. Wenn religiöse Überlieferungen unter Druck geraten, dann neigen sie zu solch extremen Auffassungen, die die Notwendigkeit ihrer Existenz unter Beweis stellen sollen. Dazu gehört auch der verbreitete kulturkritische Topos, der den Glaubensverlust im Gefolge der Aufklärung für die Schrecken der modernen Welt verantwortlich machen will.

Baudissin war diese Sicht auf die Moderne keineswegs fremd. Aber es gibt einen zwingenden Grund, warum er sich auf die schwächere These beschränkte. Denn er war sich völlig darüber im Klaren, dass religiöse Überlieferungen in der Regel sehr widersprüchlich ausgelegt werden können. In der Debatte um die Wiederbewaffnung Westdeutschlands etwa standen diejenigen Protestanten, die unter Berufung auf *Römer 13* die Wiederbewaffnung akzeptierten, denen gegenüber, die, so wie Martin Niemöller und Gustav Heinemann, in den Ergebnissen des Zweiten Weltkriegs den unmittelbaren Aufruf Christi an die Deutschen zur politischen Neutralität und zur Waffenlosigkeit erblickten. Zu Baudissins Methoden der Konfliktregelung gehörte es, seine religiös argumentierenden pazifistischen Gegner an die widersprüchliche Auslegbarkeit religiöser Traditionen zu erinnern. Ich denke, dass er genau das tat, als er in seiner Empfehlung für die Glückstädter Abiturienten im Zusammenhang mit den Atomwaffen von einem *Gnadenangebot* sprach. Denjenigen Theologen, die Atomwaffen als solche schon zu Teufelszeug erklärten, gab er zu verstehen, dass er ihre Position ernst nahm, denn auch ihm ging es um die Überwindung des Krieges. Auf der anderen Seite gab er zu bedenken, dass die Atomwaffen theologisch, wenn schon als Teufelszeug, dann doch als »Teil von jener Kraft, die stets das Böse will und stets das Gute schafft«, gesehen werden können, denn nur die Existenz dieser Waffen habe die Menschheit zur Einsicht in die Unsinnigkeit des Krieges gezwungen. Die Anspielung auf ein theologisches Argument ist also für Baudissin Teil eines komplexen Spiels von Perspektiven, die in aller Regel im Konflikt miteinander liegen.

Staatsbürgerlicher Humanismus und der Begriff des Krieges

Im Folgenden werde ich versuchen, zu den Deutungen von Baudissins Denken und Wirken, die seine theologischen Interessen betonen, einen Kontrapunkt zu setzen und für seine Konzeptionen der *Inneren Führung*, des *Staatsbürgers in Uniform* und des *Soldaten für den Frieden* andere Wurzeln namhaft zu machen.

Zu diesem Zweck möchte ich zwei Thesen formulieren.

(1) Baudissins Denken kann als eine Weiterentwicklung dessen gesehen werden, was gemeinhin als *republikanische* Tradition politischen Denkens bzw. als *staatsbürgerlicher Humanismus* bezeichnet wird und seinen Ausgang bei den italienischen Humanisten der Renaissance nahm.

Zentrales Thema dieser Tradition ist die Frage, unter welchen Bedingungen eine Republik bzw. ein freier Staat entstehen und unter welchen Bedingungen er seine Freiheit bzw. seine Unabhängigkeit und Autonomie bewahren kann. Charakteristischerweise werden die Antworten auf diese Fragen nicht länger mit Begriffen wie der göttlichen Vorsehung oder der

Frieden in Freiheit

überkommenen Sitten und Gewohnheiten formuliert, sondern mit Begriffen, die sich auf die handelnden Subjekte selber beziehen. Insbesondere der Grundgedanke der Tüchtigkeit bzw. der *virtù* (als Gegenbegriff zur Korruption), mit der das wechselnde Geschick bzw. die *fortuna* gemeistert wird, spielt hier eine Rolle. Machiavellis *Discorsi* über den Geschichtsschreiber der Römischen Republik Titus Livius gelten als eines der bedeutendsten Werke dieser Tradition. Baudissin las die *Discorsi* in der Kriegsgefangenschaft in einer Auswahlausgabe, die von Rudolf Zorn übersetzt und unter dem Titel *Gedanken über Politik und Staatsführung* herausgegeben worden war. In seiner Einleitung schreibt Zorn ausführlich über das »Unrecht der Verfemung« Machiavellis. Er kommt dabei auch auf die Schrift mit dem Titel *Machiavelli* aus dem Winter 1806/7 zu sprechen, mit der der Philosoph Johann Gottlieb Fichte den Versuch unternahm, die Deutschen zum Widerstand gegen Napoleon aufzurufen. In diesem Zusammenhang erwähnt Zorn einen brillanten Brief, den Clausewitz 1809 als Antwort an Fichte auf dessen Kampfschrift verfasst hat. Darin übt Clausewitz Kritik an Machiavelli, weil dieser sich in seinem Buch *Arte della Guerra* zu stark an antiken Modellen der Kriegführung orientiert habe. Im Vergleich damit rühmt er Machiavellis *Discorsi* und deren unabhängige Denkart. Der Brief an Fichte findet sich in der Clausewitz-Ausgabe, die Baudissin in der Kriegsgefangenschaft zur Verfügung stand[4]. Über diese Lektürebeziehungen sind wir unterrichtet durch die Frühschrift *Ost oder West*, die Baudissin zwischen Mai und August 1946 im vierzigsten Lebensjahr in der Kriegsgefangenschaft geschrieben hat. Baudissin nennt hierin die Clausewitz-Ausgabe genau wie die Machiavelli-Ausgabe als Quellen für den zweiten Teil seiner Schrift und zitiert sie mehrfach im Text. In dessen Schlussteil findet sich auch ein Zitat aus dem Vorwort zur Machiavelli-Ausgabe von Zorn.

Wir haben es also schon seit Baudissins Kriegsgefangenschaft mit einer komplexen Beziehung zwischen Baudissin, Clausewitz und Machiavelli zu tun. Sie erklärt, so scheint mir, den spezifischen Beitrag, den Baudissin zur Tradition des *staatsbürgerlichen Humanismus* geleistet hat[5]. Baudissins Ideen lassen sich als logische Fortsetzung der von Machiavelli und Clausewitz begonnenen Zivilisierung des Begriffs des Krieges verstehen:

1. *Machiavelli* zivilisierte den Begriff des im Krieg *handelnden Subjekts*.
Machiavelli entwickelte die Auffassung, dass nur der Bürger, der an den Entscheidungen des Gemeinwesens Anteil hat (also der »Staatsbürger« in Baudissins Sinn), ein guter Soldat sein kann, während Söldnerheere stets die Gefahr der Errichtung einer Tyrannei mit sich bringen. Die Diskussion über die Frage, ob die Armee ein stehendes Heer sein dürfe oder um der politischen Freiheit willen als Miliz organisiert werden müsse, ist ein wichtiges Thema dieser Tradition politischen Denkens. Sie fand ein Echo in den Debatten der preußischen Reformer nach 1806. Der Idee der allgemeinen Wehrpflicht liegt eine stärkere These zugrunde, die Machiavelli ebenfalls vertreten wollte, dass nämlich ein Bürger nur dann, wenn er auch die Rolle des Soldaten übernehme, ein guter Staatsbürger sein kön-

ne. Baudissin verlangte vom guten Staatsbürger zwar nicht, dass er selber zu dienen hat, wohl aber, dass er Mitverantwortung für die Verfassung der Streitkräfte übernimmt.

2. *Clausewitz* zivilisierte den Begriff der Kriegs*handlung*.

Clausewitz entwickelte die Auffassung, der Krieg habe keinen selbstständigen Charakter, sondern er sei selber eine bestimmte Form politischen Handelns bzw. nichts anderes als »die Fortsetzung der Politik mit anderen Mitteln«. Er nennt den Krieg sogar ein »Instrument« der Politik[6]. Diese These wird gern so missverstanden, als hätte Clausewitz gemeint, *das Militär* sei ein für beliebige Zwecke einsetzbares Instrument der an der Macht befindlichen Politiker. Tatsächlich gibt es nach Clausewitz' Auffassung durchaus illegitime Forderungen der Politik an das Militär. Das ergibt sich allein schon aus seiner Feststellung, der politische Zweck sei kein »despotischer Gesetzgeber«, sondern müsse sich der Natur des Mittels fügen und werde dadurch oft ganz verändert. Ferner leitet es sich aus dem ab, was er als *die wichtigste* Forderung beschreibt, der das Urteilsvermögen eines Staatsmanns oder Feldherrn im Hinblick auf den Krieg genügen müsse: dass er nämlich den Krieg, den er unternimmt, nach der spezifischen Natur der politischen Motive und Verhältnisse, aus denen er hervorgeht, »richtig erkenne, ihn nicht für etwas nehme oder zu etwas machen wolle, was er der Natur der Verhältnisse nach nicht sein kann«[7]. Ein Krieg, der diesen Forderungen nicht genügt, ist von vornherein irrational und somit nicht zu rechtfertigen, und zwar ganz unabhängig davon, ob er aus moralischen Gründen gerechtfertigt erscheint oder nicht. In Übereinstimmung damit wird Baudissin später sagen, Clausewitz habe den Krieg nur für gerechtfertigt gehalten, »sofern er dem politischen Frieden dient«[8]. Wenn man aber Clausewitz erst einmal in der genannten Weise missversteht, dann fällt es natürlich leicht, Fälle aufzuzeigen, in denen genau umgekehrt das Militär die Politik zu seinem Instrument machte, etwa die Situation im Deutschen Reich am Ende des Ersten Weltkriegs, und daraus scheint dann eine Widerlegung der These von Clausewitz zu folgen. Tatsächlich dürfte Clausewitz schon als Leser der *Discorsi* und damit von Machiavellis Warnungen vor den politischen Gefahren eines Söldnerheers das Bild eines gefährlichen »Staats im Staate« vor Augen gestanden haben.

Gewichtiger ist der Einwand, Krieg lasse sich historisch nur in seltenen Fällen als Fortsetzung von zwischenstaatlichen Konflikten begreifen, Clausewitz' These finde also nur sehr begrenzt Anwendung. Nun sagt Clausewitz selber gelegentlich viel allgemeiner, der Krieg gehöre »in das Gebiet des gesellschaftlichen Lebens«, und vergleicht den Krieg auch mit dem Handel[9]. Warum also betonte er so sehr die Beziehung des Krieges zur Politik?

Mir scheint, dass man Zugang findet zu dem Gedanken, der Clausewitz geleitet hat, wenn man sich die methodische Analogie zu einem verwandten Gedanken in Machiavellis *Discorsi* vor Augen führt. Machiavelli und seine humanistischen Kollegen gebrauchen für das wechselnde Geschick eines Gemeinwesens und für das Auf und Ab der politischen

Machtkämpfe das Bild vom Rad der Glücksgöttin Fortuna. Sie signalisieren damit einen Perspektivenwechsel. Es geht ihnen nicht länger darum, den abstrakten Sinn des politischen Geschehens aus einer religiös-metaphysischen Perspektive wie der göttlichen Vorsehung zu ergründen. Ins Zentrum rückt vielmehr die konkrete Perspektive der beteiligten Akteure selber. Die Politik stellt sich ihnen daher als ein Geschehen dar, in dem unkontrollierbarer Zufall und unvorhersehbare, neue Entwicklungen eine entscheidende Rolle spielen, für deren Verständnis auch das Wissen um die alten Sitten und Gewohnheiten bzw. um das, was es immer schon gab, nicht ausreicht. Zugleich geht es ihnen um den Beitrag, den die Akteure selber erbringen müssen, wenn sie sich in der Politik behaupten oder Neues durchsetzen wollen. Das ist gemeint, wenn die Politik als Reich der *fortuna* beschrieben wird, in dem sich der Politiker nur mit *virtù*, also seiner Tüchtigkeit bzw. Tugend (oder Mannhaftigkeit) behaupten kann. Der *virtù* des Einzelnen entspricht auf der Ebene des Gemeinwesens die Qualität seiner Verfassung. Machiavelli hat zwei Grenzfälle des politischen Lebens eines Gemeinwesens vor Augen.

Der eine ist der Zustand völliger Anarchie, in dem nur noch *fortuna* regiert. Der andere ist der Fall, in dem ein idealer Gesetzgeber sozusagen in *einem* Augenblick, ohne *fortuna* unterworfen zu sein, eine Verfassung schafft, die über unabsehbare Zeiten nahezu reibungslos funktioniert. Normal ist in der Politik weder der eine noch der andere Fall, im Normalfall lässt *fortuna* Raum für die Entfaltung von *virtù*. Wenn nun Clausewitz den Krieg als Fortsetzung der Politik mit anderen Mitteln bezeichnet, so hat er offenbar dieses Bild Machiavellis von der Politik vor Augen. Auch Clausewitz kennt zwei Grenzfälle des Krieges. Der eine ist das idealtypisch gedachte unberechenbare Chaos totaler Anarchie. Der andere Grenzfall ist der idealtypisch gedachte Fall einer Kampfhandlung, auf die keinerlei Zufälle, die sich im zeitlichen Ablauf einstellen könnten, irgendeinen Einfluss ausüben. Die also reibungslos bzw. ohne »Friktion« abläuft. Beide Grenzfälle sind nicht der Normalfall des Krieges. Zwar benennt Clausewitz einen Fall, der historisch dem Idealfall des »reibungslosen« Krieges sehr nahe kommt, nämlich Napoleons Kriegführung. Ganz ähnlich hatte Machiavelli mit Lykurg einen Fall benannt, der historisch dem des idealen Gesetzgebers nahe gekommen sei. Aber im Normalfall spielen Zufall und »Friktion«, die Gegenstücke zu Machiavellis *fortuna*, im Krieg eine entscheidende Rolle. Und zwar so, dass der »kriegerische Genius« in Mut und Seelenstärke Raum zur Entfaltung erhält, also das Gegenstück zu Machiavellis *virtù*. Baudissin wird später in seiner Schrift *Ost oder West* Clausewitz' Analyse der »Seelenstärke« zitieren und zugleich den Begriff der »Friktion« auf die Politik übertragen.

Wenn Clausewitz schließlich den Krieg mit dem *Handel* vergleicht, so vermutlich deshalb, weil im Laufe des 18. Jahrhunderts der aufstrebende Kommerz in der politischen Symbolik die Stelle von *fortuna* eingenommen hat. Es ist überaus charakteristisch, dass Clausewitz anders als Fichte über den Handel, diese Signatur der modernen Zeit, nicht geringschätzig spricht. Sein Vergleich des Krieges mit der Politik, dem Handel bzw. ganz allgemein mit dem gesellschaftlichen Leben zielt auf den Irrglauben, der Krieg sei eine Angelegenheit, die man wissenschaftlich-technisch beherrschen könne wie eine Maschine. Wer diesem Irrglauben anhänge, der wolle aus dem Krieg etwas machen, »was er der Natur der Verhältnisse nach nicht sein kann«, da er die Rolle von *fortuna* bzw. »Friktion« und von *virtù* bzw. von »Seelenstärke« gleichermaßen missachtet. Diese Kritik trägt bei Clausewitz aber nicht die Züge einer antimodernen Ideologie. Im Gegenteil ist in den Augen von Clausewitz gerade diejenige Auffassung modern, die den Soldaten als Individuum mit seinen besonderen Fähigkeiten würdigt und die den Krieg nicht als bloßes Teilgebiet der Technik oder der Naturwissenschaften sieht, sondern als Teil des gesellschaftlichen Lebens und insbesondere der Politik. Eine solche Auffassung ist nicht weit entfernt von dem, was Baudissin später *Innere Führung* nennen wird.

Wenn man so will, lieferten Machiavelli und Clausewitz frühe Versionen für Baudissins Konzepte des *Staatsbürgers in Uniform* und der *Inneren Führung*. Diese Konzepte reichten allerdings für sich genommen nicht aus, um eine auf »Sieg« bzw. auf die Vernichtung des Gegners angelegte Kriegführung als sinnlos zu erweisen. Dazu bedurfte es eines weiteren Konzepts, des *Soldaten für den Frieden*, in dessen Licht Baudissin die beiden anderen Konzepte erheblich weiterentwickelte.

3. *Baudissin zivilisierte den Begriff des Kriegsziels.*

Baudissin entwickelte die Auffassung, dass Streitkräfte keine andere sinnvolle Funktion mehr haben als die der Kriegsverhütung und der Konfliktbegrenzung. So sagt er 1981 in seinem Vortrag über *Aspekte der Friedens- und Konfliktforschung*: »Krieg ist weder ein Naturgesetz noch notwendiger Bestandteil des menschlichen Lebens. Krieg ist vielmehr das Ergebnis bestimmter Geisteshaltungen und daraus entspringendem Handeln; er müsste folglich genauso überwindbar sein, wie es Kannibalismus und Sklaverei waren[10].« Über Clausewitz' Definition des Krieges geht er hinaus, wenn er weiter sagt: »Krieg und Frieden ist nicht bloß eine rein zwischenstaatliche Angelegenheit, vielmehr wird über Krieg und Frieden auf vielen Ebenen entschieden[11].« Verallgemeinernd spricht er dann statt von Krieg und Frieden von *Formen und Mitteln des Konfliktaustrags*. Diese Verallgemeinerung erlaubte Baudissin zweierlei. Zum einen konnte er eine Geschichte unterschiedlicher Kriegsformen entwerfen, deren Rationalität nachweislich von den jeweiligen Veränderungen außermilitärischer Bedingungen abhängig ist, vor allem der technologischen, aber auch der ökonomischen und besonders der kulturellen Entwicklung. Und gestützt auf diese Korrektur an Clausewitz konnte er bezogen auf die Gegenwart zwar zugestehen, nach wie vor gelte »das Wort von Clausewitz, dass es das Ziel des Krieges ist, dem Gegner den eigenen politischen Willen aufzuzwingen«, dann aber einschränkend hinzufügen:

»Nur dass der politische Wille nicht mehr darauf abzielt, dem anderen etwas aufzuzwingen, was dessen politische Existenz bedroht. Es geht

heute darum, sich dem Willen des Angreifers nicht selbst zu unterwerfen; nicht mehr um Siegen geht es, sondern um ›Nicht-Besiegtwerden‹. Dieses politische Ziel hat den militärischen Einsatz bis in die Taktik hinein zu bestimmen[12].«
Und er ergänzt, genauso fragwürdig wie die These vom »Sieg« als unabdingbarem Ziel des Krieges sei die These vom Töten, Tötenlassen und Sterben als den Soldatenberuf auszeichnende Besonderheiten[13]. Feststellungen, deren Stärke darin liegt, dass sie nicht als bloß moralische Forderungen formuliert werden, sondern als unter genau benennbaren historischen Bedingungen entstandene Forderungen politischer Vernunft.

Frieden und Freiheit

Meine zweite These lautet:
(2) In Baudissins beruflichem Wirken kann man die Verkörperung eines humanistischen Ideals sehen. So wie seine Vorbilder in der italienischen Renaissance versuchte er, den Zukunftsproblemen des Gemeinwesens zugewandt sich weder auf die Rolle des Theoretikers noch auf die Tagespolitik zu beschränken, sondern die Grundlinien der Politik seines Gemeinwesens zu bestimmen und öffentlich nach Art des humanistischen Rhetors und Ratgebers durchzusetzen.
Genau diesem humanistisch-rhetorischen Ideal, für das die Zunge bzw. die Feder als Waffe an Rang dem Schwert nicht nachsteht, folgte Baudissin nicht nur im Amt Blank, sondern auch später noch als Friedensforscher, als er sein Selbstverständnis mit folgenden Worten als »praxeologisch« beschrieb:

»Wer die Welt friedlicher gestalten möchte, muß sie zu ändern trachten. Das kann in aller Regel nicht durch esoterische Arbeit im Elfenbeinturm geschehen. Veränderungen der unfriedlichen Welt sind nur zu erwarten, wenn sich politische Kräfte die wissenschaftlich erarbeiteten Modelle und Strategien zu eigen machen. Das setzt voraus, dass die Forscher die Entscheidungsträger bzw. die Öffentlichkeit in einer verständlichen und überzeugenden Art auf friedensrelevante Themen ansprechen. Sie benötigen hierfür nicht nur wissenschaftliche Qualifikation, Einfühlungsgabe und politisches Fingerspitzengefühl, sondern auch die Fähigkeit, komplizierte Prozesse ohne verfälschende Verflachungen und Vereinfachungen darzustellen[14].«

Baudissin war sich darüber im Klaren, dass sich damit die Rolle des von Machiavelli beschriebenen Innovators verband, der mit den unberechenbaren Folgen seines eigenen Handelns zu tun bekommt, welches in Gefahr steht, schon deshalb als illegitim bewertet zu werden, weil es ein bestehendes Gewebe von mehr oder weniger schlechten Sitten und Gewohnheiten angreift:

»Die Entwicklung friedlicherer Lebensbedingungen erfordert einschneidende Veränderungen auf allen Ebenen menschlicher Existenz. Veränderungen erzeugen aber zwangsläufig zusätzliche Konflikte, ohne die bisherigen zu lösen[15].«

Als Innovator tritt uns Baudissin zum ersten Mal in der Frühschrift *Ost oder West* von 1946 entgegen. Diese enthält ein umfassendes Memorandum für die zukünftige Westbindung Deutschlands und gab Baudissin die Gelegenheit »zum Durchdenken von Grundsätzlichem« (OW, S. 7), wie überhaupt zur Ordnung seiner Gedanken, für die er in einem Maß Quellen angab, wie das weder vorher noch später jemals wieder der Fall war. Zugleich ist diese Schrift in einer Form abgefasst, die auf politische Wirkung bedacht war – jedenfalls erprobte er sie an seinen Mitgefangenen. Sie liefert daher einen guten Test für meine beiden Thesen. Welches Licht werfen sie auf Baudissins Denken, wie es in dieser Schrift greifbar wird? Und finden sich hier auch direkte Belege?

Baudissin bezeichnete seine Kriegsgefangenschaft als »Gewächshaus-Dasein« (OW, S. 7). Damit meinte er, dass er ungestört vom »stark ablenkenden Milieu« von Heimat und Familie denken und schreiben konnte. Doch sicher dachte er auch an die nahezu vollständige kulturelle Isolation in der Haft. Die vielen Jahre in Australien darf man sich nicht als Chance zur gründlichen Auseinandersetzung mit angelsächsischem Schrifttum vorstellen. Man kann zwar sagen, dass Baudissin durch Bücher, die er vom Roten Kreuz erhielt, beispielsweise die von Brunner und Röpke, immerhin indirekt Zugang zu den angelsächsischen Debatten hatte, wenn man sich die Liste der von ihnen zitierten Autoren anschaut. Doch im Wesentlichen ordnete und prüfte Baudissin die mitgebrachten Gedanken, und zwar in Auseinandersetzung mit seinen Mitgefangenen, für die er gemeinsam mit anderen Kurse organisierte. Das gibt seinem Plädoyer für die Westbindung Deutschlands zweifellos besonderes Gewicht. Ein wenig fühlt man sich erinnert an Machiavellis Lage in der Verbannung auf seinem Landgut nach dem Untergang der florentinischen Republik von 1512, als er stark isoliert und von aller politischen Betätigung ausgeschlossen war. Immerhin hatte er später Anteil an den politischen Debatten im Freundeskreis der Rucellai in den Orti Oricellarii, während Baudissin auf Leute angewiesen war, über die er urteilte, sie lebten überwiegend »im Wolkenkuckucksheim von 1939«[16], also in völliger Verblendung über die Ursachen des Krieges und die Stellung Deutschlands nach seinem Ende. Wenn er in diesem Kreis politisch erfolgreich für etwas derart Neuartiges wie die entschiedene Westbindung Deutschlands tätig werden wollte, so bedurfte es dazu besonderer rhetorischer Mittel:

a) Die wichtigste rhetorische Entscheidung, die Baudissin in seiner Schrift traf, war der nahezu vollständige Verzicht auf eine auf die Vergangenheit bezogene Anklage- oder Verteidigungsrede zugunsten der auf die Zukunft bezogenen zu- oder abratenden Rede. Tatsächlich gehört zu den für heutige Leser erstaunlichsten Zügen von Baudissins *Ost oder West* der Umstand, dass er in einer Schrift, in der er sich anschickt, »die deutsch-europäische Schicksalsfrage« zu durchdenken, nur am Rande den Zweiten Weltkrieg und die Frage nach der deutschen Schuld behandelt, die zahlreichen seiner Zeitgenossen auf den Nägeln brannte. Stattdessen erklärt er eine Zukunftsangelegenheit, die Entscheidung zwischen der Westbindung Deutschlands oder seiner Anlehnung an die Sowjetunion, zur wichtigsten politischen Grundsatzfrage. Über den Ausgang dieser Entscheidung spricht er in Wendungen, die für die Tradition des *staatsbürgerlichen Humanismus* überaus charakteristisch sind: es gehe darum, ob Deutschland überhaupt weiter bestehen und seine Souveränität wiedererlangen oder bloß Schauplatz der kriegerischen Auseinandersetzungen anderer sein werde und ob es seine Autonomie zurückgewinnen oder zu einem Sklavendasein verurteilt sein werde (OW, S. 4, S. 85). Ähnlich wie Machiavelli den Untergang der florentinischen Republik historisch in der Analogie des Untergangs der Römischen Republik spiegelt, so vergleicht Baudissin Deutschlands Lage von 1945 mit der von 1648, aber auch mit derjenigen Preußens von 1807 nach der Niederlage gegen Napoleon (OW, S. 2). Für die Schroffheit, mit der er seine Alternative präsentiert und mit der er schon die Haltung abwartender Neutralität als Haltung »geduldiger Sklaven des späteren Siegers« verurteilt, beruft er sich ausdrücklich auf den Autor der *Discorsi*: »Nach Machiavelli ist der Mittelweg bei Entscheidungen über Schicksale besonders verderbenbringend« (OW, S. 86)[17] und betont, schon die Entscheidung als solche mache die Deutschen wieder zu Handelnden.

Wie ist die Ausklammerung der Schuldfrage in Baudissins Schrift zu verstehen? Für die Beurteilung von Baudissins Haltung ist zu bedenken, dass er mit dem Schreiben seines Buchs etwa zur gleichen Zeit begann, als er in einer Schweizer Zeitung eine ausführliche Artikelserie über den 20. Juli 1944 las. Ihm dürfte also das Erbe seiner hingerichteten Freunde aus dem Widerstand bei der Niederschrift wie ein Vermächtnis vor Augen gestanden haben. In der Zeit der Niederschrift aber erfuhr er aus Zeitungsausschnitten über die Nürnberger Prozesse und schrieb wenige Tage nach Abschluss des Manuskripts an Dagmar:

»Was mich aber so sehr erschüttert, ist die Tatsache, dass für die eigentlichen unentschuldbaren Taten gegen die Menschlichkeit *gar keine Entlastungsmöglichkeit* besteht [m.Hv.], da sie einfach aktenkundig. Die Gegenseite ist in der glücklichen Lage, gar keine »Propaganda« aufzäumen zu brauchen, wir liefern ihr all das Gewünschte in schrecklichster Fülle[18].«

Die Schuldfrage beschäftigt den gefangenen Generalstabsoffizier persönlich intensiv, und sie ist tatsächlich in seinen Augen entschieden, auch wenn er sich selbst durch den Vorwurf der Planung eines Angriffskrieges nicht belastet fühlt. Er begrüßt den Freispruch des deutschen Generalstabs, kommt dann aber ganz im Sinne von Clausewitz zu einem vernichtenden Urteil über die Unverantwortlichkeit des im Osten geführten Vernichtungskriegs:

»Unsereiner hat ja stets seine Bedenken wegen der Hemmungslosigkeit dieser zweckbestimmten absoluten Politik gehabt; aber dass sie so kurzsichtig – wenn man alles Ethische beiseite lassen will – arbeitete, war kaum vorstellbar; vor allem, da selbst ein Sieg, welcher ja im Kriege nur immer eine Möglichkeit, auf dieser Grundlage seine großen inneren Gefahren haben musste[19].«

Tatsächlich ließ sich Baudissin von zwei Motiven leiten. Zum einen sah er ein grundsätzliches Problem darin, andere mit der Forderung nach einem Schuldbekenntnis zu konfrontieren, zum anderen hatte er Zweifel an deren politischer Weisheit. Das zeigen seine Bedenken gegen die These von der Kollektivschuld nicht weniger als das Unbehagen, das er bei Niemöllers Schuldbekenntnis vom Sommer 1946 empfand, obwohl es ihn erschüttert hatte und er sich von der »seltenen Lauterkeit und Anständigkeit« Niemöllers »sehr beeindruckt« zeigte[20]. Baudissin entschied sich somit bewusst für die Ausklammerung der Schuldfrage, auch weil er bei seinen potentiellen Zuhörern – seinen Mitgefangenen – seine politische Wirksamkeit nicht aufs Spiel setzen wollte. Er kannte ihre Mentalität und ihm war klar, dass die offene Verwerfung des Dritten Reiches ihn in ihren Augen zum Verräter gestempelt hätte. Das wusste Baudissin spätestens seit der feindseligen Reaktion seiner Mitgefangenen auf sein Eintreten für die Verschwörer des 20. Juli am Morgen des 21. Juli[21]. Ferner aber muss man sagen, dass Baudissin nicht nur eine weit stärkere Leidenschaft für die Zukunft besaß, sondern dass er die Zukunftsfrage aus gutem Grund tatsächlich für die wichtigere Frage hielt, während er von der Erörterung der Schuldfrage unter den gegebenen Umständen wenig mehr als einen unlösbaren Bruderzwist erwartete.

b) Zu den wichtigsten Mitteln des Rhetors, der als Innovator agieren und somit die Affekte seiner Zuhörer regieren will, ohne sie bloß in Furcht zu versetzen, gehört es, dass er ihnen zunächst einmal einen gemeinsamen Boden zugesteht. Worin dieser gemeinsame Boden bestehen muss, ist nicht generell zu beantworten. Baudissin ging in *Ost oder West* so weit, dass er zum einen anerkennende Bemerkungen über den »Staatsmann« Hitler einflocht (vgl. etwa OW, S. 12 und S. 55) und zum anderen den Nationalsozialismus als »großartigen Versuch« beschrieb, eine Lösung des europäischen Hegemonialproblems herbeizuführen (OW, S. 82–84). Wir wissen aus einem Brief an seine Frau, dass solche Äußerungen klar kalkuliert waren[22]. Er war der festen Überzeugung, dass ihm ohne solche rhetorischen Zugeständnisse die meisten gar nicht erst zugehört hätten. Die enttäuschende Reaktion auf sein Opus unter seinen Mitgefangenen wirft zweifellos die Frage auf, ob der Preis für derlei Zugeständnisse nicht um einiges zu hoch war.

Es ist sicher auch seinen Erfahrungen im Kriegsgefangenenlager geschuldet, dass Baudissin später von seiner Haltung während der Zeit des Nationalsozialismus nur sehr zurückhaltend erzählt hat. Erst im hohen Alter berichtete er öffentlich, dass er 1938 nach der Fritsch-Krise mit Henning von Tresckow zu Witzleben gegangen sei, um aus Protest gegen das unehrenhafte Verhalten der Wehrmachtführung seinen Abschied einzureichen, sich dann aber von Witzleben um des Widerstands willen zum Bleiben überreden ließ. Genau wie er mit seinen im Zweiten Weltkrieg erworbenen militärischen Auszeichnungen niemals geprahlt hat, so bestätigte er auch erst im Alter Berichte über sein mutiges Auftreten im nationalsozialistischen Referendarlager von Jüterbog schon im Jahr 1933. Nicht ohne Stolz hat er dann auch berichtet, dass er bei einem Besuch in der Reichskanzlei, wo er mit Kameraden des Potsdamer Infanterieregiments 9 zu einem Vortrag Hitlers erschien, bei der Begrüßung den Hitlergruß verweigerte, unter Berufung auf die geltenden Vorschriften. Das habe Hitler irritiert und veranlasst, sich nach dem anschließenden Essen an seinen Tisch zu setzen und ein Gespräch über England zu beginnen, eine Gelegenheit, die Baudissin dazu genutzt habe, Hitler davor zu warnen, Englands Kriegsbereitschaft zu unterschätzen. In allen drei Geschichten kommt eine unbeirrbare, um nicht zu sagen unbestechliche Distanz zum Ausdruck, die gleichwohl um der praktischen Wirkung willen den radikalen, unmissverständlichen Bruch vermeidet. Diese Berichte sind von erheblicher Bedeutung, wenn man die rhetorischen Zugeständnisse an den Glauben seiner Mitgefangenen an den Nationalsozialismus in *Ost oder West* richtig beurteilen will. Ihre Glaubwürdigkeit verdankt sich nicht nur unserer Kenntnis des Briefwechsels mit Dagmar, sondern auch dem, was wir über den Charakter und die Motive Baudissins wissen.

Mit dem Thema »Lösung des europäischen Hegemonialproblems« bewegte sich Baudissin jedenfalls bei seinen Zuhörern, die er noch als in den Illusionen von 1939 gefangen erlebte, auf vertrautem Grund. Denn das war bei den Versuchen, den Zweiten Weltkrieg zu rechtfertigen, ein verbreiteter Topos gewesen. In diesem Zusammenhang findet sich gleich zu Beginn seiner Schrift ein kurzer Rückblick auf den Verlauf des Zweiten Weltkriegs, der bemerkenswert ist, weil er herausstellt, »dass die Politik in überraschenden Zügen, entgegen aller geopolitischen Bedingtheit, der Kriegsführung die Möglichkeit *für ein militärisches Nacheinanderschlagen der einzelnen Gegner* schuf« (OW, S. 3, m.Hv.). Es wird nicht ausdrücklich gesagt, ob darin Glück oder Tüchtigkeit lag. Diese Passage gleicht ziemlich genau dem Beginn des Zweiten Buchs der *Discorsi*, wo Machiavelli die Frage aufwirft, ob die Römer ihr Reich mehr ihrer *virtù* oder *fortuna* verdanken, und die Ansicht, Letzteres sei der Fall, auf den Umstand zurückführt, dass die Römer *niemals in zwei schwere Kriege gleichzeitig verwickelt waren*, dass es vielmehr den Anschein hatte, »dass beim Ausbruch des einen Krieges stets der andere zu Ende ging« (*Discorsi*, II,1). Baudissin zeigt dann, wie im Fall des »Dritten Reiches« zuerst eine hoffnungslos überdehnte Kriegsführung und dann eine Politik ohne *virtù* die Niederlage herbeiführte. Für seine Argumentation ist also charakteristisch, dass er für das Urteil über die Politik des NS-Staates seinen Zuhörern zunächst gemeinsamen Grund anbietet (der Versuch, das Problem der Hegemonie in Europa zu lösen), dann aber gestützt auf Machiavellis Analyse des

Aufstiegs Roms zu einem vernichtenden Urteil über diese Politik kommt. Das »Dritte Reich« teilte mit dem Aufstieg Roms nur den anfänglich glücklichen Erfolg, nicht in zwei schwere Kriege gleichzeitig verwickelt gewesen zu sein. Doch dies war nicht von Dauer. Obwohl das nationalsozialistische Deutschland tüchtige Soldaten besaß, so verfügte es weder über Roms Staatskunst noch über eine Verfassung von der Qualität der römischen.

In der Analyse des Aufstiegs Roms beschreibt Machiavelli drei unterschiedliche Methoden, die ein Gemeinwesen befolgen kann, wenn es seinen Bestand in der Zeit sichern und dabei seine Macht mehren will[23]. Die erste zielt darauf ab, andere Gemeinwesen bloß zu unterwerfen und zu abhängigen Untertanen zu machen. Dieser Weg, den Athen und Sparta beschritten hätten, sei völlig untauglich. Den zweiten Weg kann man als »römische Option« bezeichnen. Sie vollzieht sich schrittweise und verfährt dabei mit freien Gemeinwesen, die sich ihr in den Weg stellen, nach radikalen Alternativen: entweder werden sie völlig zerstört oder aber mit den römischen Bürgerrechten ausgestattet; ein Mittelweg wird strikt vermieden, aber es wird die Möglichkeit eröffnet, den neuen Bündnispartnern mit der Souveränität schließlich auch die Autonomie zu nehmen. Auf solche Weise entsteht ein Bündnis unter Führung eines Hauptstaats. Den dritten Weg kann man als »etruskische« Option bezeichnen, da sie nach Meinung Machiavellis von den Etruskern praktiziert wurde. Gemeint ist ein Bündnis Gleichgestellter ohne führenden Staat. Machiavelli hält sowohl die römische als auch die etruskische Option für erfolgversprechend, auch wenn er der römischen den Vorzug gibt. Immerhin gesteht er der etruskischen Option zu, dass sie dem Frieden am dienlichsten sei. Dass Baudissin diese Analyse bei seinem Plädoyer für die Westbindung Deutschlands tatsächlich vor Augen hatte, zeigt sich in *Ost oder West* besonders deutlich im dritten Kapitel und in jenem Abschnitt, wo es um die wahrscheinliche Strategie Russlands Deutschland und Europa gegenüber geht. Er bescheinigt Russland, dass es der von Machiavelli als am besten beurteilten »römischen« Option auf dem Weg zur Errichtung eines Imperiums folgt, wenn er zwei direkte Zitate aus den *Discorsi* bringt und schreibt:

»Zwei Gedanken Machiavellis über äußere Politik und Krieg treffen nur allzu genau die Problemstellung derzeitiger russischer Politik: ›Wenn man über das Schicksal mächtiger Staaten zu entscheiden hat, die an politische Freiheit gewöhnt sind, so muß man sie entweder vernichten oder besonders gut behandeln. Jede andere Entscheidung ist Unsinn. Man muß hier unter allen Umständen den Mittelweg vermeiden; denn er bringt Verderben.‹ ›Um ein Volk im Zaum zu halten, ist aller Zwang und alle Gewalt zwecklos, außer [...] man zerstört, ruiniert, verwirrt und zersplittert das Volk derart, dass es sich nicht mehr zusammenschliessen kann, um einem etwas anhaben zu können‹[24].«

Baudissin lässt keinen Zweifel daran, dass die Entscheidung gegen die Westbindung Deutschlands unter den gegebenen Umständen auf ein

»höriges Sklaventum« hinausliefe. Wie sehr es ihm um die Erhaltung der Freiheit in Europa ging, zeigt das dritte direkte Machiavelli-Zitat, das sich in seinem Memorandum findet und den *Discorsi* entnommen ist:

»Einem Staat ist es sehr schädlich, seine Untertanen durch fortwährende Strafen und Verletzungen in Furcht zu halten [...] denn fürchten die Menschen erst für ihr Leben, so suchen sie auf alle Weise, sich vor der Gefahr zu sichern [...] man soll ihnen Grund geben, an ihre Sicherheit zu glauben und ihre Angst loszuwerden[25].«

Die Analyse Machiavellis von Roms Aufstieg dient in der Schrift *Ost oder West* somit als Hintergrund zum einen für das Urteil über den desaströsen Charakter des vom »Dritten Reich« unternommenen Versuchs, in Europa die Vorherrschaft zu erringen, zum anderen für das Urteil über die Aussichten, dass Russland der gleiche Versuch gelingen könnte. Aber sie erfüllt noch einen weiteren Zweck. Die von Machiavelli beschriebene »etruskische« Option erweist sich nämlich als Muster der von Baudissin ins Auge gefassten europäischen Einigung, da der Zweite Weltkrieg alles Hegemonialstreben in Europa sinnlos gemacht habe[26]. Baudissin galt schon damals die Wahrung der staatlichen Einheit Deutschlands im Vergleich mit diesem Ziel als zweitrangig: »Es ist vielleicht unser deutsches Schicksal, unsere äußere Einheit und Großmachtstellung auf dem Altar dieser europäischen Einigung zu opfern«, ja er fürchtete nicht einmal den Gedanken eines möglichen »Bruderkriegs« von deutschen West- und Ostsoldaten (OW, Anm. 70d, S. 85 f.). Den Frieden wünschte Baudissin nur als einen Frieden in Freiheit. Man muss natürlich bedenken, dass seine Schrift entstand, bevor auch die Sowjetunion die Atombombe entwickelte. Wenn ich Baudissin richtig verstehe, dann wurde mit dieser Tatsache auch für die Sowjetunion das Hegemonialstreben eine sinnlose Option.

Der Geist der *Discorsi* von Machiavelli tritt uns freilich nicht nur in den Analysen und rhetorischen Mitteln von *Ost oder West* entgegen. Wir begegnen ihm schon in der methodischen Vorbetrachtung im zweiten Kapitel, wo Baudissin Clausewitz' Begriff der *Friktion* auf die Politik bezieht und schreibt:

»Die Politik wie alles Leben, folgt nicht statischen, sondern dynamischen Gesetzen von Spannung und Gegensatz; sie unterliegt ›Friktionen‹, mit welchen sie nicht nur rechnen muß, sondern die sie sogar braucht, um wirklich lebensnah und lebensfähig zu bleiben« (OW, S. 11).

Bei diesen Feststellungen wird Baudissin auch die These vor Augen gehabt haben, für die Machiavelli berühmt wurde, da kaum einer vorher ähnlich kühn gedacht hat: dass nämlich Konflikte nicht etwas sind, das ein Gemeinwesen fürchten muss, sondern dass sie im Gegenteil produktiven Charakter haben. Ja dass sie, wie die Geschichte der Römischen Republik beweist, unter der Voraussetzung, dass ein Gemeinwesen eine institutionalisierte Regelung für sie findet, seine Freiheit sichern helfen.

Es steht auch zu vermuten, dass der Schlussteil von *Ost oder West*, in dem Baudissin den Versuch unternimmt, auf kultureller Ebene ein identitätsstiftendes Ziel zu formulieren, von den Reflexionen Machiavellis über die von Numa Pompilius gestiftete Zivilreligion der Römer angeregt war. Das Programm, das Baudissin hier formuliert, nämlich die Ordnung des geistigen Erbes Europas und die Idee der großen Synthese ihrer Gegensätze, ist der konventionellste Teil seiner Schrift und wurde von Dagmar sogleich als langweilig und rückwärtsgewandt eingestuft. Tatsächlich löste Baudissin weder mit seinem politischen Projekt noch mit seinem kulturellen Programm bei seinen Mitgefangenen die gewünschte Wirkung aus. Unser angehender Innovator sprach vielmehr selbst seiner Braut gegenüber von einer »Pleite«, so dass er sich erneut in einer Krise fand, was seine Rolle nach dem Ende der Kriegsgefangenschaft anlangte. In dieser Situation beschäftigte er sich mit den Werken *Civitas humana* von Wilhelm Röpke und *Gerechtigkeit* von Emil Brunner. Es ist hier nicht der Ort, die Transformation, die der Anstoß durch diese Werke in Baudissins Denken ausgelöst hat, im Einzelnen zu untersuchen. Doch möchte ich zwei Punkte hervorheben:

1. Röpke lieferte Baudissin mit der Formel *liberaler Konservativismus* den Wegweiser aus den antimodernen Sackgassen »jungkonservativen« Denkens. In gewisser Weise wiederholt sich damit eine Denkfigur, auf die wir bereits bei Clausewitz gestoßen sind. Ganz ähnlich wie später bei Röpke wird bei Clausewitz der rationalistisch inspirierte Versuch, das menschliche Leben durch Wissenschaft und Technik beherrschbar zu machen, als schädliche Illusion zurückgewiesen, ohne dass diese Kritik Baustein einer gegen die moderne Welt gerichteten Ideologie würde.

2. Durch Brunner wurde Baudissin auf einen wesentlichen Mangel in der Begründung staatlicher Autorität durch das moderne Naturrecht aufmerksam. Dass nämlich der souveräne Staat durch die Machtmittel, die ihm für die Überwindung des Naturzustands zugebilligt werden, auf internationaler Ebene genau das wieder gefährdet, dem er seine Legitimität verdankt. Wenn ich richtig sehe, dann folgte Baudissin Brunner in der Auffassung, dass der Frieden durch nichts anderes auf den Weg gebracht werden kann als den Friedenswillen der Einzelnen. Der *konfliktfähige Friedenswille, der die institutionalisierte Regelung von Konflikten ermöglicht*: genau das scheint mir der Sinn zu sein, den Baudissin Machiavellis Begriff der *virtù* gegeben hat. An die Stelle einer die gesamte Kultur umfassenden Reform trat die Beschränkung auf ein bestimmtes fachliches Gebiet; die Idee der großen Synthese aller Widersprüche der abendländischen Zivilisation wurde abgelöst durch die Anerkennung der unaufhebbaren Pluralität der Standpunkte. Die für sein Denken charakteristischen Formeln drücken keine harmonischen Synthesen aus, sondern polare Gegensätze, für deren Zusammenleben eine fruchtbare Regelung gefunden wurde; ob es sich nun um den »*Staatsbürger* in Uniform«, die »*Innere* Führung« oder den »*Soldaten* für den Frieden« handelt. Zumindest drücken sie die Zuversicht aus, dass eine solche Regelung unter sich wandelnden Umständen immer wieder von neuem gefunden werden kann.

Zum Schluss will ich die Vermutung aussprechen, dass Machiavellis *Discorsi* für Baudissin auch bei der Entwicklung seiner späteren strategischen Ideen der »gegenseitigen Selbstabschreckung« und der »kooperativen Rüstungssteuerung« von Bedeutung geblieben sind. Der Gedanke, dass der Frieden nicht vereinbar ist mit dem Versuch, eine unüberwindbare Verteidigung zu errichten, dass der Frieden vielmehr nur erhalten werden kann, wenn die betreffenden Partner verwundbar bleiben, findet seinen Ausdruck in Machiavellis Polemik gegen den Festungsbau und in seiner Überlegung, dass Kriege aus zwei Gründen gegen einen Staat geführt werden: »erstens um ihn zu beherrschen und zweitens aus Furcht, von ihm unterjocht zu werden« (*Discorsi* II, 24; I, 6). Dass das ohnehin illusionäre Streben nach vollkommener Sicherheit die Freiheit beseitigt, leuchtet wohl ein. Aber es zerstört auch die Chance für den Frieden.

Anmerkungen

[1] Faksimiliert und transkribiert abgedruckt in: Abitur '83. Höre niemals auf anzufangen, Glückstadt o.J., S. 8-10.
[2] Immanuel Kant, Kritik der reinen Vernunft, A 804 f./B 832 f.
[3] Emil Brunner, Gerechtigkeit. Eine Lehre von den Grundgesetzen der Gesellschaftsordnung, Zürich 1943, S. 208.
[4] Carl von Clausewitz, Geist und Tat. Das Vermächtnis des Soldaten und Denkers. Hrsg. von Walther M. Schering, Stuttgart 1941, S. 74-81.
[5] Zum *staatsbürgerlichen Humanismus* vgl. die klassischen Darstellungen von J.G.A. Pocock, The Machiavellian Moment, Princeton N.J. 1975 und von Quentin Skinner, The Foundations of Modern Political Thought. Vol. I: The Renaissance, Cambridge 1978. Baudissin selber verweist auf Jacob Burckhardt und Ranke.
[6] Vom Kriege. Hinterlassenes Werk des Generals Carl von Clausewitz. Hrsg. von Werner Hahlweg, 19. Aufl., Bonn 1980, S. 210 und S. 990 ff.
[7] Vom Kriege (wie Anm. 6), S. 210 und S. 212.
[8] So in seinem Aufsatz Abschreckung mit Kernwaffen? In: Leidenschaft zur praktischen Vernunft. Helmut Schmidt zum Siebzigsten. Hrsg. von Manfred Lahnstein und Hans Matthöfer, Berlin 1989, S. 44.
[9] Vom Kriege (wie Anm. 6), S. 303.
[10] Aspekte der Friedens- u. Konfliktforschung. Vortrag, gehalten am 11.11.1981 am Institut für Friedensforschung und Sicherheitspolitik an der Universität Hamburg (archiviert im Baudissin Dokumentation Zentrum, BDZ), S. 4 f.
[11] Ebd., S. 3.
[12] Ebd.
[13] In seinem 1969 publizierten Vortrag Der Beitrag des Soldaten zum Dienst am Frieden. In: Wolf Graf von Baudissin. Soldat für den Frieden. Entwürfe für eine zeitgemäße Bundeswehr. Hrsg. und eingel. von Peter von Schubert, München 1969, S. 27-51, hier S. 39 und S. 41.
[14] Aspekte der Friedens- u. Konfliktforschung (wie Anm. 10), S. 6 f.
[15] Ebd., S. 5.
[16] Wolf Graf von Baudissin und Dagmar Gräfin zu Dohna, »... als wären wir nie getrennt gewesen«. Briefe 1941-1947. Hrsg. und mit einer Einf. von Elfriede Knoke, Bonn 2001, Brief Nr. 138 an Dagmar vom 6.4.47, S. 298.

[17] Vgl. Niccolo Machiavelli, Discorsi. Gedanken über Politik und Staatsführung. Hrsg. von Rudolf Zorn, 2. verb. Aufl., Stuttgart 1977, II, 23.
[18] Baudissin/Dohna, Briefe (wie Anm. 16), Brief Nr. 113, S. 152.
[19] Ebd., S. 152 f.
[20] Vgl. Baudissin/Dohna, Briefe (wie Anm. 16), Brief Nr. 113, S. 152 und Brief Nr. 102, S. 126 f.
[21] Brief Nr. 138 vom 6.4.47 und Nr. 139 vom 9.4.47 (archiviert im BDZ).
[22] Brief Nr. 138 vom 6.4.47 (archiviert im BDZ).
[23] Vgl. Machiavelli, Discorsi (wie Anm. 17), Bd II, S. 23.
[24] Wolf Graf von Baudissin, Ost oder West. Gedanken zur deutsch-europäischen Schicksalsfrage. MS Tatura 1947, mit Korrekturen von 1947, S. 85 und Machiavelli, Discorsi (wie Anm. 17), Bd II, S. 23 f.
[25] Baudissin, Ost oder West (wie Anm. 24), S. 76; Machiavelli, Discorsi (wie Anm. 17), Bd I, S. 45.
[26] Baudissin, Ost oder West (wie Anm. 24), S. 68 f. und S. 66 f.

Ausgewählte Literatur

Baudissin, Wolf Graf von, Abschreckung mit Kernwaffen? In: Leidenschaft zur praktischen Vernunft. Helmut Schmidt zum Siebzigsten. Hrsg. von Manfred Lahnstein und Hans Matthöfer, Berlin 1989

Baudissin, Wolf Graf von, und Dagmar Gräfin zu Dohna, »... als wären wir nie getrennt gewesen«. Briefe 1941–1947. Hrsg. und mit einer Einf. von Elfriede Knoke, Bonn 2001

Baudissin, Wolf Graf von, Aspekte der Friedens- u. Konfliktforschung. Vortrag, gehalten am 11.11.1981 am Institut für Friedensforschung und Sicherheitspolitik an der Universität Hamburg (archiviert im Baudissin Dokumentation Zentrum – BDZ)

Baudissin, Wolf Graf von, Ost oder West. Gedanken zur deutsch-europäischen Schicksalsfrage. MS Tatura 1947, mit Korrekturen von 1947

Brunner, Emil, Gerechtigkeit. Eine Lehre von den Grundgesetzen der Gesellschaftsordnung, Zürich 1943

Kant, Immanuel, Kritik der reinen Vernunft, Riga 1781 (= A), 2. Aufl. 1787 (= B)

Machiavelli, Niccolo, Discorsi. Gedanken über Politik und Staatsführung. Hrsg. von Rudolf Zorn, 2. verb. Aufl., Stuttgart 1977

Pocock, John Greville Agarol, The Machiavellian Moment, Princeton N.J. 1975

Röpke, Wilhelm, Civitas humana. Grundfragen der Gesellschafts- u. Wirtschaftsreform, Erlenbach–Zürich 1944

Skinner, Quentin, The Foundations of Modern Political Thought. Vol. I: The Renaissance, Cambridge 1978

Vom Kriege. Hinterlassenes Werk des Generals Carl von Clausewitz. Hrsg. von Werner Hahlweg, 19. Aufl., Bonn 1980

Dieter Krüger und Kerstin Wiese

Zwischen Militärreform und Wehrpropaganda.
Wolf Graf von Baudissin im Amt Blank

Vor dem Hintergrund des sich verschärfenden Kalten Krieges dachten amerikanische und britische Stellen über einen Beitrag des besetzten Westdeutschlands zur Verteidigung Westeuropas nach. Bereits zu Beginn des Jahres 1950 wurde ein begrenzter, integrierter und somit kontrollierter Verteidigungsbeitrag der eben gegründeten Bundesrepublik im Rahmen des nordatlantischen Bündnisses ins Auge gefasst. Im Mai 1950 begann General der Panzertruppen a.D. Gerhard Graf von Schwerin als Sicherheitsberater des Bundeskanzlers Konrad Adenauer, unter dem Dach des Bundeskanzleramtes einige ehemalige Wehrmachtoffiziere zu versammeln. Der als »Zentrale für Heimatdienst« gegenüber der deutschen Öffentlichkeit getarnte Stab entwickelte Pläne für eine Bundesgendarmerie als Gegenstück zu den seit 1948 in der nunmehrigen Deutschen Demokratischen Republik aufgestellten kasernierten Volkspolizeibereitschaften. Der Schock des am 25. Juni 1950 ausgebrochenen Korea-Krieges verlieh den Planungen Auftrieb. Im August 1950 forderte die Parlamentarische Versammlung des Europarates die Schaffung einer Europaarmee. Diese Forderung war nicht zuletzt durch den französischen Vorschlag einer Europäischen Kohle- und Stahlgemeinschaft motiviert, über die seit Juni 1950 verhandelt wurde. Adenauer reagierte sofort. Er forderte von der Hohen Kommission der drei Besatzungsmächte eine Sicherheitsgarantie und schlug ein deutsches Freiwilligenkontingent als Beitrag zu einer europäischen Armee vor. Die Außenminister der Vereinigten Staaten, Großbritanniens und Frankreichs beschlossen auf ihrer New Yorker Konferenz vom September 1950 zwar eine Sicherheitsgarantie für die Bundesrepublik. Deutsche Streitkräfte jedoch lehnte Frankreich strikt ab. Am 24. Oktober schlug Paris eine am Modell der Kohle- und Stahlgemeinschaft orientierte Europaarmee vor, in die deutsche Kontingente eingefügt werden sollten. Die Westmächte einigten sich, sowohl über das von Frankreich abgelehnte deutsche nationale Kontingent im Rahmen der NATO, als auch über den französischen Vorschlag einer deutschen Beteiligung an einer integrierten Europaarmee ohne deutsche Mitgliedschaft in der NATO zu verhandeln.

I. Die Himmeroder Denkschrift

Unter diesen Vorzeichen berief Schwerin am 26. September 1950 eine von der Hohen Kommission genehmigte, aber geheim gehaltene Konferenz ein. Unter dem Vorsitz des Generalobersten a.D. Heinrich von Vietinghoff gen. Scheel berieten meist hochrangige Offiziere der früheren Wehrmacht vom 6. bis zum 9. Oktober über »Die Aufstellung eines deutschen Kontingents im Rahmen einer übernationalen Streitmacht zur Verteidigung Westeuropas«, so der Titel der nach dem Tagungsort benannten »Himmeroder Denkschrift«. Neben Oberst a.D. Johann Adolf Graf von Kielmansegg als Sekretär der Kommission gehörten der Runde auch die Majore a.D. Achim Oster, Axel von dem Bussche-Streithorst und Wolf Graf von Baudissin an. Insbesondere mit den letzten zwei Namen verband sich ein Kerngedanke der Denkschrift, das »Innere Gefüge« künftiger westdeutscher Streitkräfte. Ziel der Sachverständigen war es, etwas grundlegend Neues zu schaffen. Namentlich sollten künftige Streitkräfte auf Europa und den demokratischen Staat verpflichtet werden. Einerseits wollte man sich nicht an der ehemaligen Wehrmacht ausrichten, deren zum Teil hochrangige Vertreter die Sachverständigen ja gewesen waren. Andererseits wollte man auch nicht radikal mit der Vergangenheit brechen. Damit war ein Spannungsfeld geschaffen, in dem künftige Konflikte zwischen Reformern und Traditionalisten angelegt waren.

Bei der Auswahl der Teilnehmer wurde nicht nur auf die militärische Expertise und die Billigung der jeweiligen Persönlichkeit durch die Besatzungsmächte geachtet. Auch die Verstrickung der Offiziere in das nationalsozialistische Regime war ein Kriterium. Sie sollten, wenn nicht zum militärischen Widerstand gegen Hitler, so doch wenigstens zu den Kritikern des Nationalsozialismus gezählt haben. Nicht immer erfüllten die Teilnehmer diese Anforderung. Durch seine direkte Beteiligung am militärischen Widerstand gegen Hitler qualifizierte sich von dem Bussche. Er war als Experte für Presseangelegenheiten berufen worden. Ihm wurde der Aufgabenbereich »Planungsarbeit in Hinsicht auf die innere Struktur des deutschen Kontingents« anvertraut. Oster war als Nachrichtenexperte hinzugezogen worden. Diesen Ruf verdankte er der Tatsache, dass er der Sohn des nach dem 20. Juli 1944 hingerichteten ehemaligen stellvertretenden Leiters des »Amtes Ausland/Abwehr« im Oberkommando der Wehrmacht war – einer Hochburg der militärischen Verschwörung gegen Hitler. Baudissin sprang auf Empfehlung von dem Busches für den zunächst vorgesehenen Oberst i.G. a.D. Bogislaw von Bonin ein, der aus persönlichen Gründen abgesagt hatte. Zwar gehörte Baudissin nicht dem näheren Kreis der Widerstandsbewegung an; er hatte die Jahre 1941 bis 1947 in britischer Kriegsgefangenschaft in Australien verbracht. Aber er hatte aus seinen Kriegserfahrungen geschlussfolgert, dass künftige Streitkräfte einer gründlichen Reform unter Abkehr vom Bisherigen bedurften.

Im »Allgemeinen Ausschuss« der Konferenz diskutierte der Major a.D. mit dem Ausschussvorsitzenden General der Infanterie a.D. Hermann Foertsch – er hatte den Krieg als Oberbefehlshaber der 1. Armee beendet – durchaus kontrovers die Leitlinien und Grundsätze des »Inneren Gefüges«. Denn trotz seiner Überzeugung, dass die künftigen Streitkräfte auf den demokratischen Staat zu verpflichten seien, dachte Foertsch hinsichtlich ihrer Binnenverfassung noch vorrangig in den traditionellen Kategorien von Pflicht und Gehorsam.

Im Ergebnis definierten Baudissin und Foertsch das »Innere Gefüge« als die politische und ethische Verfassung der deutschen Streitkräfte. Durch die demokratische Erziehung des Soldaten sollte das Militär sich die Werte des Grundgesetzes der Bundesrepublik aneignen und sie nach außen vertreten: »Das Ganze wie der Einzelne haben aus innerer Überzeugung die demokratische Staats- und Lebensform zu bejahen[1].« Dabei löste die Frage, wie weit die Vergangenheit zu überwinden und ein Neuanfang zu machen sei, Kontroversen unter den Sachverständigen aus. Baudissin als Vertreter der Reformer plädierte für die Orientierung an Gerhard von Scharnhorst, dem preußischen Militärreformer vom Beginn des 19. Jahrhunderts. Er wollte in dessen Geist den selbstständig denkenden und in Mitverantwortung erzogenen Soldaten in den demokratischen Staat und die pluralistische Gesellschaft integrieren. Gegen Foertsch konnte er sein Anliegen allerdings nur mit der Drohung einbringen, anderenfalls das Dokument nicht zu unterzeichnen.

Die endgültigen Formulierungen der Denkschrift stellen mithin einen Kompromiss dar. »Ohne Anlehnung an die Formen der alten Wehrmacht« sollte »grundlegend Neues« geschaffen werden. Das künftige deutsche Kontingent sollte einerseits nicht »Staat im Staate« sein und andererseits eine »überparteiliche Haltung« einnehmen. Einst war die vermeintlich überparteiliche Haltung der Reichswehr der Weimarer Republik auf die Formel »Staat im Staate« gebracht. Folgerichtig sah die Denkschrift dann auch erhebliche Einschränkungen der Grundrechte für Soldaten vor: aktives Wahlrecht der Soldaten uneingeschränkt nur bei Bundestagswahlen, Ruhen der Zugehörigkeit von Soldaten zu Parteien und Gewerkschaften, Ausscheiden der Soldaten aus dem Dienst bei Annahme eines politischen Mandats u.a.

II. Das Amt Blank

Unterdessen diskutierte die Öffentlichkeit die von Adenauer betriebene Sicherheitspolitik. Ihren Höhepunkt erreichte die Auseinandersetzung mit dem Rücktritt Gustav Heinemanns als Bundesminister des Inneren am 9. Oktober 1950. Zum Ende des Monats entließ Adenauer Schwerin und löste die »Zentrale für Heimatdienst« auf. An ihrer Stelle wurde Anfang November 1950 der CDU-Bundestagsabgeordnete Theodor Blank zum »Beauftragten des Bundeskanzlers für die mit der Vermehrung der Alliierten Truppen zusammenhängenden Fragen« ernannt. Die Ernennung eines jungen Abgeordneten und Gewerkschaftsführers war ein Signal. Die Verteidigungsplanung war zwar weiterhin direkt an den Bundeskanzler gebunden. Aber die Phase der Verschleierung gegenüber der Öffentlichkeit war ebenso vorbei wie das Konzept einer Bundesgendarmerie. Jetzt ging es um eine Wehrpflichtarmee, von deren Notwendigkeit die besonders skeptische Jugend und die Arbeiterschaft überzeugt werden mussten. Ein Jahr später war die nunmehr »Amt Blank« genannte Dienststelle bereits auf 140 Mitarbeiter angewachsen. Mittlerweile konzentrierten sich die Verhandlungen mit den Alliierten, den Benelux-Staaten und Italien in Paris auf die Gründung einer Europäischen Verteidigungsgemeinschaft (EVG), zu der die Bundesrepublik ein integriertes Kontingent stellen sollte. Aufgrund der immer komplexer werdenden Planungen wuchs das Personal in der Dienststelle von 1953 ungefähr 700 auf 1300 Bedienstete im Juni 1955 an. Erst jetzt sollte das Amt Blank de jure werden, was es de facto schon längst geworden war: das Verteidigungsressort der Bundesrepublik.

Kielmansegg, der in das Amt Blank übernommen worden war, sorgte dafür, dass Baudissin am 8. Mai 1951 als Referent für das »Innere Gefüge« eingestellt wurde. Bis zu diesem Zeitpunkt war noch nicht weiter zu diesem Thema gearbeitet worden. Daher nahm Baudissin die Himmeroder Denkschrift und eine Weisung des Leiters der Planungsabteilung, Oberst a.D. Kurt Fett, vom 8. März 1951 als Ausgangspunkt seiner konzeptionellen Überlegungen. Fett hatte gefordert, die frühere Rechtsstellung der Soldaten kritisch zu hinterfragen und das künftige Disziplinarwesen völlig neu zu regeln. Neben dem »Inneren Gefüge« gehörten der Unterabteilung »Militärische Planung« sieben weitere Referate mit sich teilweise überschneidenden zivilen und militärischen Zuständigkeiten an. Gemeinsam mit einer weiteren Unterabteilung »Organisation und Zentrale Fragen« bildete die Planungsabteilung die von Ernst Wirmer geführte Abteilung I des Amtes Blank. Nach der Unterzeichnung des EVG-Vertrages am 27. Mai 1952 wurde das Amt im Juni 1952 neu gegliedert. Jetzt wurde eine Militärische Abteilung gebildet. An deren Spitze wurde Generalleutnant a.D. Adolf Heusinger berufen, welcher der Dienststelle seit dem 1. Oktober 1951 angehörte und davor bereits als Gutachter für sie tätig gewesen war. Die Militärische Abteilung war von drei Abteilungen mit vorwiegend nicht-militärischen Zuständigkeiten eingerahmt. Im Gegensatz zu den ehemaligen Soldaten mit – teilweise befristeten – Angestelltenverträgen dominierten hier die klassischen Ministerial- und Verwaltungsbeamten. Die Militärische Abteilung bestand aus den vier Unterabteilungen Allgemeine Verteidigungsfragen, Organisation, Personal und Planung.

III. Traditionalisten versus Militärreformer

Die Umstrukturierung des Amtes war mit Einbußen für das Referat »Inneres Gefüge« verbunden. Die ebenso alten Referate für militärische Organisation und militärisches Personal hatten sich zu eigenen Unterabteilungen gemausert. Dagegen stand das »Innere Gefüge« plötzlich als elftes Referat der Unterabteilung Personal mit vergleichsweise bescheidener Ausstattung an Dienstposten da.

Die Unterabteilung Planung der Militärischen Abteilung leitete Oberst a.D. Bogislaw von Bonin, der seinerzeit als Chef der Operationsabteilung im Oberkommando des Heeres (1944/45) Heusinger nachgefolgt und nun von diesem ins Amt Blank geholt worden war. Bonin begann seine Arbeit in der Überzeugung, dass die neuen Ideen die Truppe und den einzelnen Soldaten nicht verweichlichen dürften. Ihr einzig denkbarer Gegner seien die Verbände des Ostblocks, deren Soldaten einem harten Drill unterzogen würden. Um ihnen gegenüber bestehen zu können, dürfe die Reform der inneren Struktur nicht zu weit gehen. Zwar seien menschenunwürdige Entartungen auszuschließen, aber gleichwohl sollte harte Manneszucht den Alltag des Soldaten prägen. Nur dann könnten deutsche Streitkräfte im westlichen Bündnis eine große Rolle spielen. Der Gedanke, die ›Tugenden‹ der alten Wehrmacht auf der richtigen Seite, also im Bündnis mit den Westmächten, wieder aufleben zu lassen, deckte sich im Übrigen mit der Vorstellung vieler amerikanischer und britischer Offiziere. Bonin versuchte vergeblich, verstärkt Anhänger der vermeintlich bewährten Führungspraktiken der früheren Wehrmacht für die Mitarbeit an den militärischen Vorbereitungen im Rahmen des deutschen EVG-Beitrages zu rekrutieren. Sein Vorschlag, dass letztendlich Heusinger über die Qualifikation militärischer Bewerber entscheiden sollte, wurde von der Amtsführung zurückgewiesen. Bonin galt bald als Protagonist der »Traditionalisten«.

Zwar fand Bonin unter den Militärs etliche Anhänger seiner Vorstellungen, geriet aber immer wieder mit anderen Mitarbeitern der Dienststelle in Konflikt. Mit Kielmansegg und Baudissin verband ihn beispielsweise eine regelrechte gegenseitige Abneigung, die noch aus gemeinsamen Wehrmachtzeiten stammte. Die von Kielmansegg geleitete Unterabteilung »Allgemeine Verteidigungsfragen« der Militärischen Abteilung, die sich mit militärpolitischen Fragen beschäftigte, empfand Bonin als überflüssig und wollte deren Einfluss eindämmen. Ebenso wenig konnte er für das Betätigungsfeld Baudissins Verständnis aufbringen. In seinen Augen trieben hier »Traumtänzer und Vortragsjodler«[2] ihr Unwesen. Entsprechend versuchte er, Baudissin auszubremsen. Am 1. Oktober 1952 verfügte Bonin, Fragen der Ausbildung und Erziehung künftig nur noch durch die Untergruppe Heer in seiner Unterabteilung bearbeiten zu lassen. Vorgeblich wollte er damit einen beschleunigten

Aufbau des deutschen Kontingentes sicherstellen, wenn der EVG-Vertrag durch den Bundestag am 19. März 1953 ratifiziert worden sei. Das Referat »Inneres Gefüge« hätte künftig der Unterabteilung Bonins nur noch gelegentlich einen Sachverständigen zur Verfügung gestellt. In der »Grundverfügung über die geplante Aufstellung des Lehrstabes Bonn«, die am gleichen Tag vorgelegt wurde, wurde das »Innere Gefüge« nicht einmal mehr erwähnt. Bonin beanspruchte damit faktisch die Federführung auf wesentlichen Feldern der Zuständigkeitssparte »Inneres Gefüge«. Wenngleich Wirmer diese Verfügungen aufhob, hatte das Vorgehen Bonins Konsequenzen. Die beiden Referenten für Öffentlichkeitsarbeit, von dem Bussche und Konrad Kraske, forderten den Rücktritt Bonins. Heusinger wollte jedoch auf Bonin nicht verzichten. Blank beschränkte sich auf die Zusicherung, dass Baudissins Referat nicht der Unterabteilung Bonins angegliedert werde. Das genügte weder von dem Bussche noch Kraske. In der Überzeugung, dass »auf die Dauer [...] eine Zusammenarbeit mit den alten Militärs doch nicht möglich« sei[3], so Kraske, nahmen sie den Hut. Das Presseecho vermittelte einer weiteren Öffentlichkeit erstmals den Binnenkonflikt, der zwischen den Militärplanern der Dienststelle schwelte.

Umso mehr Wert legte das Amt Blank auf Baudissins Außenwirkung. Obwohl die Kritiker die Konzeption des Grafen intern weiter als »Inneres Gewürge« schmähten, war sie vor der Öffentlichkeit geschlossen zu vertreten. Breite Kreise nicht nur der Bevölkerung, sondern auch der meinungsbildenden Eliten hegten ein anhaltendes Misstrauen gegenüber dem Amt Blank im Allgemeinen und den dort versammelten ehemaligen Wehrmachtsangehörigen im Besonderen. Dabei standen weniger die grundsätzlichen Vorbehalte gegen einen Beitrag der Bundesrepublik zur westlichen Verteidigung im Vordergrund, als vielmehr die Sorge vor der Wiederkehr des »Kommiss«-Betriebes, den namentlich die männliche Bevölkerung am eigenen Leib hatte verspüren müssen. Hans Hellmut Kirst bereicherte die Debatte um die »Wiederbewaffnung« 1954 mit seiner Romantrilogie »08/15«. Er setzte den Wehrmachtpraktiken vor dem, während und am Ende des Krieges ein zwar triviales, dafür aber massenwirksames literarisches Denkmal. Diese und ähnliche Erfahrungen mit dem Militär, das spätestens im Krieg seine professionellen und menschlichen Standards immer mehr eingebüßt hatte, prägten in vielen Fällen die Einstellung zur Aufstellung westdeutscher Streitkräfte. Folgerichtig suchte das Amt Blank den Dialog mit Repräsentanten der Gesellschaft, vornehmlich aus Kreisen der Gewerkschaften, Kirchen und Jugendorganisationen; zumal aus den Reihen der letzteren die künftigen Soldaten kommen sollten. Dabei galt die Militärreform als ausschlaggebendes Argument gegen die Skepsis der Öffentlichkeit. Schon seit 1952 stellten Baudissin und seine Mitarbeiter in Vorträgen und Tagungen die Ergebnisse ihrer Arbeiten zum inneren Aufbau der Streitkräfte zur Diskussion. Baudissin pflegte namentlich den Austausch mit Rechts- und Gesellschaftswissenschaftlern sowie mit Pädagogen. Das half ihm nicht nur, seine Erkenntnisse zu präzisieren und seine Reformvorstellungen wissenschaftlich zu untermauern. Er holte sich damit auch von außen den Rückhalt, den er in der Dienststelle eher begrenzt erfuhr. In der Konsequenz gelang es ihm, den Freunden früherer Wehrmachtpraktiken gut Paroli zu bieten. Freilich dachte der Graf nicht auf einer Einbahnstraße, wie die Armee Teil der Gesellschaft werden konnte. Vielmehr war er sich bewusst, dass die auf den wirtschaftlichen Aufbau konzentrierte Nachkriegsgesellschaft ein Jahrzehnt nach der moralischen Katastrophe des Nationalsozialismus kaum vom Ideal des aufgeklärten und aufgeklärt handelnden Bürgers durchdrungen war. Deshalb sollten die Soldaten auf die Werte der freiheitlich demokratischen Grundordnung hin erzogen werden, um diese Werte in die Gesellschaft hinein zu tragen. Mithin gerieten Baudissin die künftigen Streitkräfte auch zur ›Schule der Demokratie‹ in einem Zeitalter der globalen Auseinandersetzung mit totalitären Ideologien. Die geistige Zurüstung des Soldaten als Kämpfer für die demokratische Gesellschaft und der Gesellschaft als Trägerin der Demokratie galt ihm als wesentliche Voraussetzung der Kampfbereitschaft des Einzelnen gegen den Kommunismus. Militärfachliche Ausbildung oder gar Drill alleine konnten in seinen Augen diese Kampfbereitschaft nicht hervorbringen, die sich womöglich bald auch unter den Bedingungen der nuklearen Kriegführung zu bewähren hatte. Im Dreiklang »freier Mensch, guter Staatsbürger und vollwertiger Soldat«[4] gipfelte das Ausbildungs- und Erziehungsziel für den künftigen Soldaten.

Unterdessen hatte Blank die Bereiche Inneres Gefüge, Information, Erziehung und Truppenbetreuung zu einer Referatsgruppe »Innere Führung« zusammengefasst und Heusinger, dem Leiter der Militärischen Abteilung, direkt unterstellt. Die Gruppe hatte lediglich Richtlinienkompetenz; verbindliche Weisungen konnte sie nicht herausgeben. Obendrein koordinierte ein »Ausschuss Innere Führung« die Bearbeitung grundsätzlicher Fragen. Neben Vertretern der zivilen Abteilungen und drei Vertretern der Unterabteilung Militärische Planung gehörte Josef Pfister, Leiter des nach ihm benannten »Studienbüros«, dem Ausschuss an. Das Studienbüro Pfister war im September 1952 auf Veranlassung von Wirmer eingerichtet worden und gehörte jetzt ebenfalls zur Gruppe Innere Führung. Er wollte damit einen Gegenpol zu Baudissin schaffen. Ausschlaggebend dafür waren weniger die inhaltlichen Vorstellungen des Grafen, als die Skepsis des katholischen Spitzenbeamten Wirmer gegenüber dem Anspruch des protestantischen, aristokratischen Offiziers, die künftigen Soldaten weltanschaulich oder überhaupt zu erziehen. Das Studienbüro besaß keine genau definierten Aufgaben; seine beratende Zuständigkeit überschnitt sich mit der des Referates von Baudissin. Dabei bestanden keine konzeptionellen Gegensätze zwischen Pfister und dem Grafen. Dieser forderte dennoch eine Kompetenzabgrenzung. Heusinger lehnte das ab. Er wollte offenbar eine Auseinandersetzung mit dem durch seine frühere Tätigkeit bei Adenauer einflussreichen Wirmer vermeiden. Im November 1953 sollte der von Baudissin und Pfister gleichermaßen akzeptierte Generalmajor a.D. Erich Dethleffsen zum Leiter der dann zur Unterabteilung aufgewerteten Gruppe »Innere Führung« ernannt werden. Der Wortführer jüngerer, reformorientierter Offiziere hatte der ehemaligen Wehrmacht vorgeworfen, moralisch und ethisch versagt zu haben. In der Konsequenz versuchte er, den Aufbau der neuen Streitkräfte durch zahlreiche Anregungen und Diskussionsbeiträge zu beeinflussen. Der Kandidat teilte viele Vorstellungen Baudissins. Wohl nicht zuletzt deshalb lehnte Wirmer die Einstellung des Generalmajors aus finanziellen und organisatorischen Gründen ab. Viele Angehörige der Dienststelle, die Dethleffsens selbstkritische Sicht der Wehrmacht verwarfen, mögen diese Entscheidung begrüßt haben, wurde damit doch eine deutliche Aufwertung und Stärkung der Kompetenzsparte »Innere Führung« vermieden. Heusinger hielt dennoch weiter nach einer Persönlichkeit Ausschau, die Baudissin hätte unterstützen und den Einfluss Pfisters zurückdrängen können. Er fand jedoch niemanden, der nicht nur öffentlich für die Innere Führung eintreten konnte, sondern auch Gewähr dafür bot, sie im Alltag der künftigen Streitkräfte praktisch umzusetzen. Baudissin selbst registrierte diese Bemühungen seines Abteilungsleiters mit gemischten Gefühlen. Er fürchtete, entmachtet zu werden. Diese aufbauorganisatorischen Entwicklungen sind ein Indiz, dass die Führung des Amtes Blank sich des Stellenwerts bewusst war, den die Innere Führung in der öffentlichen Meinung hatte. Gleichzeitig wollte sie einen zu weitreichenden Einfluss der Unterabteilung auf die Streitkräfteplanung vermeiden, war diese doch mit dem Ruf behaftet, den künftigen Soldaten verweichlichen zu wollen. Nicht zuletzt dem Bundeskanzler – dem Wirmer einst als Persönlicher Referent gedient hatte – war Baudissin »zu intellektuell und deshalb ein bisschen zu verdächtig«[5].

IV. Die innere Verfassung der künftigen Streitkräfte

Im Sommer 1953 erläuterte Heusinger dem Bundestagsausschuss für Fragen der europäischen Sicherheit die Grundzüge der Militärreform. Baudissin und Kielmansegg schilderten den Abgeordneten in der sich anschließenden Grundsatzdiskussion die Aufgabenstellung des Referates. Dabei wurde deutlich, dass die »Innere Führung« Bestandteil der Wehrverfassung werden sollte. Die Abgeordneten des Ausschusses billigten die vorgetragenen Grundsätze und Richtlinien. Sie informierten im Spätsommer 1954 die Öffentlichkeit über die Ergebnisse. Auch in der Folgezeit genoss Baudissin mit seinem Arbeitsbereich die besondere Aufmerksamkeit des Bundestagsausschusses, was im Amt Blank mit durchaus gemischten Gefühlen aufgenommen wurde. Heusinger bekannte sich vor dem Ausschuss deutlich zur »Inneren Führung«, da sie so offenkundig die Arbeit der gesamten Militärischen Abteilung legitimierte. Gleichwohl

Zwischen Militärreform und Wehrpropaganda 107

war Baudissin überzeugt, dass sich Blank und Heusinger nicht mit seinen Vorstellungen identifizierten. Dagegen sprach schon die vehemente Ablehnung des Grafen durch viele Mitarbeiter des Amtes. Blank hielt denn auch die organisatorische Konsolidierung des Arbeitsgebietes »Innere Führung« in der Schwebe. Baudissin sah sich folglich immer mehr in der Rolle eines »Aushängeschildes«[6] des Amtes, mit dem der Öffentlichkeit Zweifel an der Wiederaufrüstung genommen werden sollten.

Am 30. August 1954 scheiterte der EVG-Vertrag, dessen Umsetzung die gesamte Arbeit des Amtes Blank gegolten hatte, am Votum der französischen Nationalversammlung. Die Idee der europäischen Verteidigungsgemeinschaft war vorläufig tot. Stattdessen knüpfte man da an, wo man im Juni 1951 aufgehört hatte, nämlich am Beitritt der Bundesrepublik zur NATO – der am 9. Mai 1955 vollzogen wurde – und an der Aufstellung einer nationalen »Bundeswehr«. Jetzt konnte das Amt Blank im nationalen Rahmen planen. Die Skepsis der verbündeten Militärs gegen die Innere Führung musste kaum mehr in Rechnung gestellt werden. In die Armeen anderer westlicher Staaten hielten entsprechende Vorstellungen allerdings erst ein Jahrzehnt später Einzug – bis dahin galten sie als zu fortschrittlich. Mit dem NATO-Beitritt wurde das Amt Blank zum Bundesministerium für Verteidigung und sein Leiter der erste Bundesminister für Verteidigung. Die damit einhergehende Umgliederung der Militärischen Abteilung machte Baudissin zum Leiter der Gruppe Innere Führung im Rahmen der Unterabteilung Militärisches Personal. Das Büro Pfisters hingegen wurde aus der Gruppe herausgenommen und direkt dem Unterabteilungsleiter unterstellt, womit die Gleichrangigkeit der beiden Organisationseinheiten faktisch gewahrt blieb.

Zunächst stand die weitere Entwicklung der Inneren Führung unter keinem guten Stern. Die Bundesregierung und die NATO hatten die Aufstellungspläne aus der EVG-Phase übernommen; in drei bis vier Jahren sollten zwölf Divisionen nebst Luftwaffe und Seestreitkräften mit insgesamt 500 000 Mann aufgestellt sein. Angesichts der unrealistischen Zeitvorgaben und des wachsenden Drucks der Amerikaner wie der NATO wollte Adenauer rasch Ergebnisse vorzeigen. Er war sogar bereit, dafür die Militärreform zu opfern. Dagegen sprach jedoch das von Demoskopen belegte wachsende Interesse der Öffentlichkeit an der inneren Verfassung der Streitkräfte. Parallel dazu gewann das Konzept der »Inneren Führung« fortlaufend an Bedeutung für die Ausbildung und Erziehung der künftigen Soldaten. Zwangsläufig rückte Baudissin damit immer stärker ins Rampenlicht. Die CDU/CSU-Bundestagsfraktion forderte im Dezember 1954 nahezu ultimativ die personelle Aufstockung des Arbeitsbereiches und verband diese Forderung mit massiver Kritik an Blank, der sich offenbar gegen die Kritiker der »Inneren Führung« in seiner Dienststelle nicht durchsetzen könne. Die »Innere Führung« galt somit unter Christdemokraten nicht mehr nur als Kern einer »volksnahen Wehrpropaganda«[7]. Vielmehr zeichnete sich in der Frage einer dem Grundgesetz gemäßen Gestaltung der inneren Verfassung der Streitkräfte auch eine enge Zusammenarbeit der Abgeordneten der regierenden CDU/CSU mit denen der oppositionellen SPD ab, trotz deren grundsätzlicher Kritik am westdeutschen Verteidigungsbeitrag. Tatsächlich verabschiedete der Bundestag am 6. März 1956 mit verfassungsändernder Mehrheit eine Wehrverfassung. In ihr ist der Grundsatz verankert, dass die Grundrechte auch in den Streitkräften gelten. Folgerichtig besitzt der »Staatsbürger in Uniform« entgegen früherer Praxis auch das aktive und passive Wahlrecht. Damit hatten sich auch Sozialdemokraten schwer getan. Allerdings entsprach dies genau dem einst von Baudissin angestimmten Grundakkord der »Inneren Führung« vom freien Menschen, guten Staatsbürger und vollwertigen Soldaten. Mit der im Juni 1955 vom Verteidigungsministerium herausgegebenen Schrift »Vom künftigen deutschen Soldaten« hatte sich freilich bereits eine Akzentverschiebung angekündigt. Baudissin sah den guten Staatsbürger und vollwertigen Soldat einst als Ergebnis der Erziehung und Ausbildung im Rahmen einer freiheitlich verfassten Armee. Jetzt galt der »Staatsbürger als Voraussetzung des Soldaten«[8], also der gute Staatsbürger als Voraussetzung für eine freiheitliche Binnenverfassung der Streitkräfte. Für die Schaffung dieser Voraussetzung hatten Politik und Gesellschaft zu sorgen. Die Armee war mithin nicht mehr in dem Maße ›Schule der Demokratie‹, wie Baudissin dies einst angedacht hatte. Im Januar 1956 startete die Aufstellung der Bundeswehr. Damit begann auch der andauernde Prozess der Umsetzung der »Inneren Führung« im militärischen Alltag. Er relativierte nicht selten die Verknüpfung von gutem Staatsbürger und vollwertigem Soldaten. Die Entwicklung der »Inneren Führung« als Kernelement der Militärreform in der von 1950 bis 1955 dauernden Planungsphase im Amt Blank wird gleichwohl auf immer mit dem Namen Wolf Graf Baudissins verbunden bleiben.

Anmerkungen

[1] Hierzu und zu den nachfolgenden Zitaten: Denkschrift des militärischen Expertenausschusses über die Aufstellung eines Deutschen Kontingentes im Rahmen einer übernationalen Streitmacht zur Verteidigung Westeuropas vom 9. Oktober 1950. In: Hans-Jürgen Rautenberg und Norbert Wiggershaus, Die »Himmeroder Denkschrift« vom Oktober 1950. In: Militärgeschichtliche Mitteilungen, 21 (1977), S. 135–206, hier S. 185.

[2] Zit. nach Georg Meyer, Zur inneren Entwicklung der Bundeswehr bis 1960/61. In: Hans Ehlert [u.a.], Die NATO-Option, München 1993 (= Anfänge westdeutscher Sicherheitspolitik 1945–1956, 3), S. 851–1162, hier S. 899.

[3] Im Zentrum der Macht. Das Tagebuch des Staatssekretärs Lenz 1951–1953. Bearb. von Klaus Gotto [u.a.], Düsseldorf 1989, S. 458.

[4] Dienststelle Blank, Regelung der ›Inneren Führung‹, 10.1.1953; zit. nach Frank Nägler, Muster des Soldaten und Aufstellungskrise (in Vorbereitung).

[5] So erinnerte sich Herbert Blankenhorn, enger Mitarbeiter Adenauers. Zit. nach Dieter Krüger, Das Amt Blank. Die schwierige Gründung des Bundesministeriums für Verteidigung, Freiburg i.Br. 1993, S. 59.
[6] Tagebuch Innere Führung, 10.6.1955, BA-MA, N 717/4; zit. nach ebd., S. 160.
[7] Parlamentarischer Bericht, Nr. 42-54/55. Zit. nach Hans Ehlert, Innenpolitische Auseinandersetzungen um die Pariser Verträge und die Wehrverfassung 1954 bis 1956. In: Die NATO-Option (wie Anm. 2), S. 235-560, hier S. 316.
[8] Vom künftigen deutschen Soldaten. Gedanken und Planungen der Dienststelle Blank. Hrsg. vom Bundesminister für Verteidigung, Bonn 1955, S. 27.

Ausgewählte Literatur

Ehlert, Hans, Innenpolitische Auseinandersetzungen um die Pariser Verträge und die Wehrverfassung 1954 bis 1956. In: Hans Ehlert [u.a.], Die NATO-Option, München 1993 (= Anfänge westdeutscher Sicherheitspolitik 1945-1956, 3), S. 235-560

Kraske, Konrad, Anfänge der Öffentlichkeitsarbeit in der Dienststelle Blank. In: Vom Kalten Krieg zur deutschen Einheit. Analysen und Zeitzeugenberichte zur deutschen Militärgeschichte 1945 bis 1995. Im Auftrag des MGFA hrsg. von Bruno Thoß, München 1995, S. 63-71

Krüger, Dieter, Das Amt Blank. Die schwierige Gründung des Bundesministeriums für Verteidigung, Freiburg i.Br. 1993

Meyer, Georg, Zur inneren Entwicklung der Bundeswehr bis 1960/61. In: Die NATO-Option, München 1993, S. 851-1162

Nägler, Frank, »Innere Führung«: Zum Entstehungszusammenhang einer Führungsphilosophie für die Bundeswehr. In: Entschieden für Frieden. 50 Jahre Bundeswehr 1955-2005. Hrsg. von Klaus-Jürgen Bremm, Hans-Hubertus Mack und Martin Rink, Freiburg i.Br., Berlin 2005, S. 321-339

Rautenberg, Hans-Jürgen, Zur Standortbestimmung für künftige deutsche Streitkräfte. In: Roland G. Foerster [u.a.], Von der Kapitulation bis zum Pleven-Plan, München, Wien 1982 (= Anfänge westdeutscher Sicherheitspolitik 1945-1956, 1), S. 737-879

Kai Uwe Bormann

Die Erziehung des Soldaten: Herzstück der Inneren Führung

Fernab der beginnenden Diskussion um einen westdeutschen Beitrag zur Verteidigung Westeuropas übte der 1947 aus australischer Kriegsgefangenschaft entlassene ehemalige Major i.G. Wolf Traugott Graf von Baudissin in der Werkstatt seiner Frau das Töpferhandwerk aus. Diese »glückliche[n], produktive[n] Jahre weitgehender Selbständigkeit«[1] unterbrach im September 1950 der überraschende Besuch seines ehemaligen Kameraden vom Potsdamer Infanterieregiment 9, Major a.D. Axel Freiherr von dem Bussche-Streithorst. Sein Gast überredete Baudissin, der zunächst ablehnend reagiert hatte, vom 6. bis 9. Oktober an einer geheimen, von Bundeskanzler Adenauer einberufenen Expertentagung im Eifelkloster Himmerod teilzunehmen. Deren Aufgabe bestand darin, die »militärischen Voraussetzungen zu klären, unter denen Westdeutschland in die europäisch-amerikanische Verteidigungsgemeinschaft eintreten kann«[2]. Baudissin reiste nach eigenem Bekunden »ohne große Zuversicht und ohne konkrete Vorstellungen« an den Tagungsort. Entwürfe, die Denkanstöße hätten geben können, fehlten[3]. Er wurde dem Allgemeinen Ausschuss unter Leitung des General d. Infanterie a.D. Hermann Foertsch zugeteilt; weitere Mitstreiter waren General d. Flieger a.D. Robert Knauss und Luftwaffenmajor a.D. Horst Krüger, in der Bundeswehr Generalmajor. Ihr Auftrag: Für die zukünftigen deutschen Soldaten ethische und moralische Grundsätze zu entwickeln und die Leitprinzipien für das Innere Gefüge der aufzustellenden Streitkräfte zu formulieren. In den Arbeitsergebnissen, die im Abschnitt V der »Himmeroder Denkschrift« ihren Niederschlag fanden, wurde als grundsätzlich festgehalten, dass Charakterbildung und Erziehung des Soldaten in ihrer Gewichtung der militärischen Ausbildung gleichrangig waren und daher dem Inneren Gefüge der aufzustellenden Streitkräfte eine große Bedeutung zukäme.

Da sich die Planungen und Maßnahmen auf diesem Gebiet auf den derzeitigen Notstand Europas gründeten, seien »die Voraussetzungen für den Neuaufbau von denen der Vergangenheit so verschieden, daß ohne Anlehnung an die Formen der alten Wehrmacht heute *grundlegend Neues* zu schaffen ist [...] Dabei ist es wichtig, daß Geist und Grundsätze des inneren Neuaufbaues von vornherein auf lange Sicht festgelegt werden und über etwa notwendige Änderungen der Organisation ihre Gültigkeit behalten[4].« Die Erziehung des Soldaten habe sich jedoch nicht nur auf das rein militärische zu beschränken, sondern auch der politischen und ethischen Erziehung müsse im allgemeinen Dienstunterricht größte Beachtung zuteil werden. Ausgehend von der Vermittlung eines europäischen Geschichtsbildes und der Einführung in die politischen, sozialen und wirtschaftlichen Fragen der Zeit wurde postuliert, dass die Truppe einen entscheidenden Beitrag zur Entwicklung des Staatsbürgers und europäischen Soldaten leisten könne. Innere Festigkeit gegen die Zersetzung durch undemokratische Tendenzen wurde ebenso angestrebt wie die Förderung des Bewusstseins des Soldaten für eine soziale Einbindung ohne Sonderrechte und unter Wahrung der Menschenrechte; mit dem Burschenwesen, den Kasino-Ordonanzen und dem Verbot des Zivil-Tragens außer Dienst sollte als überlebten Einrichtungen gebrochen werden.

Die Arbeit des Ausschusses und seine Ergebnisse waren von heftigen internen Auseinandersetzungen begleitet. Nach Auskunft Baudissins fanden bestimmte Formulierungen nur aufgrund seiner Drohung, vorzeitig abzureisen, Eingang in das Protokoll. In diesem Zusammenhang sollte erwähnt werden, dass Baudissin lediglich als Alternative zu dem aus persönlichen Gründen verhinderten Oberst i.G. a.D. Bogislaw von Bonin zu der Tagung gebeten worden war, was seine Position nicht gerade stärkte. Einfluss auf seine Stellung dürften aber ebenfalls sein niedriger Dienstgrad sowie die ihm später oft vorgeworfene fehlende Ostkriegerfahrung und die frühzeitige Gefangenschaft gehabt haben.

Wies der Inhalt der Denkschrift prinzipiell in die Zukunft, darf die Besetzung des Expertenausschusses nicht unberücksichtigt bleiben, handelte es sich bei den Teilnehmern schließlich um 15 Offiziere, davon zehn Generale und Admirale der ehemaligen Wehrmacht, deren militärische Biografien in der Reichswehr, der nationalsozialistischen Wehrmacht, bei den Älteren sogar im Heer oder der Marine des Kaiserreiches begonnen hatten und die im Rahmen ihrer militärischen Sozialisation den überlieferten Traditionen eng verhaftet waren. Einerseits einem Neuanfang hinsichtlich des Verhältnisses zwischen Streitkräften, Staat und Gesellschaft verpflichtet, dem in den Konzeptionen des Inneren Gefüges – seit 1953 Innere Führung – Ausdruck verliehen wurde, spiegelte die Zusammensetzung des Himmeroder Expertenausschusses mithin auch die personelle Kontinuität zwischen Wehrmacht und der zukünftigen Bundeswehr wider. Diese Kontinuität sollte sich mit der Einstellung ehemaliger Wehrmachtsoffiziere und -unteroffiziere in der Aufbauphase der Streitkräfte fortsetzen. Allein aufgrund der Sozialisation, Lebens- und Erziehungserfahrungen des zukünftigen Führungskaders kann von einem in der Denkschrift propagierten vollständigen Neuanfang – einer »Stunde Null« – im Bereich des Inneren Gefüges und der soldatischen Erziehung nicht die Rede sein.

Hatte die Himmeroder Tagung noch keine unmittelbaren Konsequenzen für Baudissins Alltag, trat er im Mai 1951 als Leiter des Referats Inneres Gefüge der Dienststelle des Beauftragten des Bundeskanzlers für die

Die Erziehung des Soldaten

mit der Vermehrung der alliierten Truppen zusammenhängenden Fragen (im Weiteren Amt Blank) bei. Angeworben durch den stellvertretenden Leiter, Ministerialdirigenten Wolfgang Holtz, tat er dies unter der Devise, dass ein anständiger Mann beim Krach in der Kneipe mitmache. Denn von seinem ehemaligen Regimentskameraden von dem Bussche-Streithorst am Portepee gefasst, wurde seine »angeborene, selbstverständliche Pflicht [...] geweckt«[5].

Mit seiner Anstellung begann die eigentliche Konzeptionsphase des Inneren Gefüges, dessen grundlegende Thesen in Himmerod formuliert worden waren. Baudissins Ziel war die Implementierung des Leitbildes vom Soldaten als ›Staatsbürger in Uniform‹. Dessen Realisierung stellte für ihn das primäre Ziel der soldatischen Erziehung dar, die somit als das Herzstück in den Mittelpunkt der Inneren Führung rücken sollte. Die hierzu erforderlichen konzeptionellen Grundlagen stellte Baudissin erstmalig im Dezember 1951 auf einer Tagung ehemaliger Soldaten in Hermannsburg vor. Im Weiteren vertraten er und seine Mitarbeiter die Ergebnisse ihrer Planungstätigkeit in unzähligen Artikeln, öffentlichen Vorträgen, auf zahlreichen Tagungen sowie in Anhörungen vor dem Ausschuss des Bundestages für Fragen der europäischen Sicherheit, dem Vorläufer des Verteidigungsausschusses. Dass es ihnen dennoch nicht gelang, das wesentliche Element auf dem Weg zum ›Staatsbürger in Uniform‹ – die Erziehung des Soldaten – allgemein verständlich zu machen, wird nachfolgend noch darzulegen sein.

Bereits frühzeitig bildeten sich in der Diskussion um das Innere Gefüge trotz genereller Reformbereitschaft zwei Fronten heraus. So war die Mehrheit der Konferenzteilnehmer in Himmerod zwar

»bereit dem Ruf nach möglichst schneller und effektiver Wiederbewaffnung zur Verhütung bzw. zur wirksamen Verteidigung gegen eine sowjetische Aggression zu folgen [...] Doch konnte kein Zweifel daran bestehen, daß eine schnelle Aufstellung, die primär auf baldige Kriegstüchtigkeit der Streitkräfte zielte, sowohl die Auswahl des Führerkorps wie auch seine Ausbildung im Sinne einer tiefgreifenden Reform negativ beeinflussen mußte. Die Eignung ergab sich ohne Federlesen aus ihrer Frontbewährung; die Weiterbildung konnte sich mit Waffentechniken und bündnispolitischen Fragen begnügen. Jede Veränderung früher geltender Normen und Verfahren bedeutete Sand im Getriebe, weil es das Aufstellungstempo und den Elan der Ehemaligen lähmen musste[6].«

Anders als in dieser 25 Jahre später erfolgten Reflexion Baudissins, orientierte er sich damals an der im Herbst 1950 deklarierten Forderung, Neues zu schaffen, indem er einerseits die Position des Soldaten in den Streitkräften, andererseits deren Verhältnis zur Gesellschaft von Grund auf neu zu definieren suchte.

Baudissin, der unter dem Inneren Gefüge »die Gesamtheit aller Bedingungen und Faktoren, die das Verhältnis des Soldaten untereinander und das Verhältnis der Soldaten zur Gemeinschaft formen«[7] verstand, strebte ein Integrationsmodell an, in dem der ›Staatsbürger in Uniform‹ ein guter Soldat, vollwertiger Staatsbürger und freier Mensch zugleich sein sollte. In der drohenden Auseinandersetzung mit dem Totalitären könne nur der vom Wert der Freiheit überzeugte »und handwerklich hochwertige Einzelkämpfer bestehen, der sich aus Einsicht ein- und unterordnet«[8]. Integriert in die demokratische Lebensordnung der Gemeinschaft, soll der Soldat – durch einschlägige Gesetze und Vorschriften vor einer Instrumentalisierung und Objektivierung seiner Person geschützt – die freiheitlichen Werte, die es zu verteidigen gilt, auch im Dienst erfahren. Gleichsam will der Staatsbürger in Uniform durch sein aktives Mitwirken Inhalt und Grenzen des Dienstes verantwortlich mitbestimmen, denn er wird alles vermeiden, was dem Rechtsgedanken und der Würde des Menschen widerspräche, verlöre er hierdurch doch gerade das, was er als verteidigenswert erachtet. Das Erlebnis dieser Werte und die Möglichkeit zur Mitgestaltung verschafften dem Soldaten den Anreiz zur Verantwortung, ließen ihn nicht nur wissen, wofür er kämpfen soll, sondern gäben ihm auch den Willen dazu.

Baudissins Bild vom Staatsbürger in Uniform ist also das eines »politisch aktiven, in die Gesellschaft integrierten, mündigen Soldaten, der die gesetzliche Pflicht des Wehrdienstes als Teil seiner politischen Verantwortung freiwillig übernimmt«[9].

Eine besondere Stellung nehme der Soldat gegenüber dem Krieg ein, denn dieser könne in seiner Totalität kein Feld ersehnter Bewährung mehr sein, wo Mannestugenden geweckt und betätigt werden. Im Gegenteil: Wo es um die letzte Verteidigung der Existenz geht, hat der Soldat mitzuhelfen, »diesen Krieg durch einen Höchstgrad abwehrbereiter Kriegstüchtigkeit zu verhüten«[10]. Er wird zwar im Notfall sein Leben zur Wahrung der erlebten freiheitlichen Werte aus Verantwortung der Gemeinschaft gegenüber in die Wagschale werfen: Die Heroisierung des Todes auf dem Schlachtfeld – eine Erziehung zum Sterben – hat hier jedoch keinen Platz mehr!

Von Baudissin nicht als abstrakt-utopisches Ideal, sondern als Wertmaßstab für Erziehung, Selbsterziehung und Bildung des Soldaten auf dem Weg zum ›Staatsbürger in Uniform‹ entworfen, zeigte seine Konzeption einen neuen Weg in Menschenführung und Erziehung auf, der den Realitäten in den pädagogischen Feldern Elternhaus, Schule und Betrieb in den 1950er Jahren keineswegs entsprach.

Seine neben der Töpferei im Auftrag der evangelischen Kirche und der Gewerkschaften übernommene Vortragstätigkeit über Menschenführung im Bergbau hatte ihm deutlich vor Augen geführt, »wie sehr die Qualität der Menschenführung und das Betriebsklima von der permanenten Weiterbildung des Führungspersonals abhängt«[11]. Nur durch deren Identifikation mit den Prinzipien des auf neuem Fundament stehenden Inneren Gefüges konnte diesem Erfolg beschieden sein. Hier musste insbesondere auf die ehemaligen Angehörigen von Reichswehr und Wehrmacht prägend eingewirkt werden.

Die Erziehung des Soldaten

Zur Umsetzung seines Leitbildes war Baudissin folglich gezwungen, eine militärpädagogische Theorie und Praxis zu begründen, die – basierend auf dem Integrationsgedanken – in die Allgemeine Pädagogik eingebunden sein musste. Hierzu verwendete er die pädagogischen Grundbegriffe Erziehung, Selbsterziehung und Bildung.

In militärischen Kreisen sollte dieses zum Teil als Idealvorstellung des Soldaten interpretierte Konzept bereits von Anbeginn der Planungen neuer Streitkräfte nicht nur auf Zustimmung, sondern auch auf Kritik, Ablehnung und – durch das Erziehungsverständnis Baudissins – auch auf Unverständnis stoßen. War der traditionelle Erziehungsbegriff an den umfassenden Herrschaftsanspruch des Vorgesetzten über die Persönlichkeitsentwicklung des Soldaten gebunden, wollte Baudissin die Erziehung auf die indirekte Erziehung begrenzt wissen. Die Armee stellte für ihn keine primäre Erziehungsinstitution dar – als Schule der Nation wäre sie überfordert und stünde im Gegensatz zur demokratischen Lebensordnung – sondern hatte durch ihr Dasein und die ihr aufgetragene Aufgabe eine indirekte erzieherische Wirkung. Forderte die traditionelle Erziehung eine direkte, auf das Innere der Person zielende pädagogische Intervention, stellte seine Konzeption die Gestaltung der Rahmenbedingungen des militärischen Dienstes in den Vordergrund pädagogischen Handelns. Diese Rahmenbedingungen – soldatische Ordnung und militärische Aufgaben – sollten vom Vorgesetzten so gestaltet werden, dass die Soldaten im und durch den Dienst Verantwortung erleben und in Folge dessen die Bedeutung von Vertrauen, Pflicht, Gehorsam, Disziplin und Kameradschaft erkennen: »Das Ziel der Erziehung ist der freie und selbstbewußte Mensch innerhalb der soldatischen Gemeinschaft, in der er aus Einsicht bewußt Pflichten auf sich nimmt[12].« Hierzu war dem Soldaten ein maximaler Raum an Freiheit zu gewähren, um die Bedingungen zur Bewährung in der Mitverantwortung zu schaffen. Sollte der Wehrdienst als Ort staatsbürgerlicher Verantwortung legitimiert werden, erforderte dies die Anerkennung der Selbstverantwortung des Soldaten für seine Persönlichkeitsentwicklung. Mit dieser Förderung der Persönlichkeit des Soldaten begründet Baudissin den Erziehungsauftrag und fordert vom Vorgesetzten eine pädagogisch-systematische Vorgehensweise. Sie hat dem Soldaten zunächst den Zweck der Aufgabe zu verdeutlichen, zu deren Erfüllung er aus Einsicht in die Notwendigkeit und aus Verantwortung sich und anderen gegenüber im Rahmen der ihm gewährten Freiheiten beiträgt. Dabei steht die militärische Auftragserfüllung durch den Vorgesetzten, der hierzu mit der notwendigen Amtsautorität ausgestattet ist, außer Frage. Nicht das ›Ob‹, sondern das ›Wie‹ der Auftragserfüllung steht im Zentrum der Inneren Führung. Die Methodik der Auftragsdurchführung wird also durch den Erziehungsauftrag bestimmt: »In dieser Hinsicht, *nicht* jedoch bezüglich der Auftragserfüllung, besitzt Erziehung das Primat vor Führung und Ausbildung [Hervorheb. d. V.)[13].« Besonders deutlich wird dieser Vorzug anhand der ›Leitsätze für die Erziehung des Soldaten‹ in deren endgültiger, als Zentrale Dienstvorschrift erlassenen

Fassung es heißt: »Sittliche, geistige und seelische Kräfte bestimmen, mehr noch als fachliches Können, den Wert des Soldaten in Frieden und Krieg. Diese Kräfte zu entwickeln, ist Aufgabe der soldatischen Erziehung[14].«

Die hierzu notwendigen Anforderungen an den Vorgesetzten werden durch den bei Baudissin im Schatten des Erziehungsbegriffes stehenden Bildungsbegriff beschrieben. Dieser müsse politisch und pädagogisch gebildet sein, um seine Aufgaben im Erziehungsprozess wahrnehmen zu können. Baudissin war sich sehr wohl bewusst, dass die in absehbarer Zeit in die Kaserne strömenden jungen Männer keine Staatsbürger in seinem Sinne sein konnten, dies aber in der Kaserne werden müssten, um ihre militärische Aufgabe erfüllen zu können. Ansonsten blieben ihnen Sinn und Grenzen des Dienstes verschlossen. Hierzu sollte auch der staatsbürgerliche Unterricht dienen, dessen Durchführung in den Händen der verantwortlichen militärischen Erzieher, den Einheitsführern und Kommandeuren, zu liegen habe. Nach Auffassung Baudissins seien nur sie in der Lage, »den Zusammenhang von Erlebnis [Dienst] und Deutung [Unterricht], von Lehre und Leben« herzustellen und somit den ganzen Menschen anzusprechen. Denn nur derjenige, »der die Erlebnistherapie durch Ansatz und Durchführung des Dienstes leitet, ist allein zur Deutung fähig und berechtigt.« Es dürfe kein Dualismus entstehen

»zwischen einem Soldaten, der taktisch, und einem anderen, der politisch führt, oder einem Soldaten, der taktisch-handwerklich ausbildet, und einem Zivilisten, der politisch erzieht. Es darf nicht wieder das politische Moment aus dem soldatischen Bereich ausgeklammert werden, sondern der militärische Erzieher und Führer muß sich mit dem identifizieren, was er notfalls mit seinen Untergebenen zusammen verteidigen soll. Eine abstrakte und lediglich emotionale Loyalität [...] wäre für den Führenden in dieser totalen Auseinandersetzung nicht genügend tragfähig[15].«

Die von seinen Kritikern oft prophezeite pädagogische Überforderung des Vorgesetzten teilte Baudissin nicht, da »das Schwergewicht der gesamten staatsbürgerlichen Bildung und Erziehung im Dienste liegt und [...] der Unterricht nur einen Teil der Arbeit ausmacht«[16].

Ist es die Aufgabe der Vorgesetzten, die indirekte Erziehung durch Gewährung des hierfür notwendigen Rahmens sicherzustellen und das Erlebte und Erfahrene bewusst werden zu lassen, muss es die Aufgabe des Soldaten sein, den Ball aufzugreifen und durch die vom Dienstgrad unabhängige gemeinsame Sinnermittlung in den Prozess der Selbsterziehung einzutreten. Hierzu solle der Soldat einerseits von seinem Vorgesetzten angeregt werden, andererseits resultiert die hohe Bedeutung, die Baudissin der Selbsterziehung beimaß, unmittelbar aus dem Leitbild des ›Staatsbürgers in Uniform‹ selbst.

Um dem zukünftigen Führerkorps ein Verständnis dieses Gesamtkonzeptes des Leitbildes vom ›Staatsbürger in Uniform‹ zu vermitteln, plante das Referat Inneres Gefüge, 35 Merkblätter zu erstellen und an die Lehrstäbe der Ausbildungseinrichtungen zu versenden, deren Themenbreite sich über alle Bereiche militärischen Lebens und somit auch über die Erziehung des zukünftigen Soldaten erstrecken sollte.

Thematisiert wurde das erzieherische Handeln im pädagogischen Feld zukünftiger Streitkräfte aber nicht mehr im »stillen Kämmerlein« militärischer »Experten« der Dienststelle Blank, sondern innerhalb der Gesellschaft und aller in ihr wirkenden Gruppen. Diese hatten im historischen Prozess bisher keinerlei Einfluss auf die Erziehungskonzeption und -wirklichkeit im deutschen Militär gehabt. In den Medien wurden zwar Missstände angeprangert sowie Erziehungs- und Bildungsverhältnisse oftmals mit beißendem Spott karikiert, regulierende Eingriffe aufgrund öffentlichen Drucks hatten die verantwortlichen Militärs hingegen nicht zu befürchten. Jetzt vollzog sich ein umfassender Wandel. Politik, Wissenschaft, Kirchen und Verbände – deren Bandbreite von den Soldatenverbänden bis zu den gewerkschaftlichen Jugendorganisationen reichte – nahmen, von den Planern im Amt Blank zur Unterstützung aufgerufen, regen Anteil an der Entwicklung des künftigen Inneren Gefüges. Ein nicht zu vernachlässigendes Gewicht in der Auseinandersetzung um die Gestalt der Inneren Führung und somit auch der Erziehung des künftigen Soldaten hatten auch die Medien inne. Ihre Vermittlerrolle diente nicht nur der Information, sondern ermöglichte es der Bevölkerung und Vertretern von Institutionen und Interessengruppen auch, sich in unzähligen Leserbriefen und Artikeln Gehör zu verschaffen. Deren Inhalte reichten von uneingeschränkter Zustimmung, Skepsis über die Realität der Verwirklichung und vollständiger Ablehnung der als ›weiche Welle‹ titulierten Erziehungspraxis bis hin zur Bitte um Erziehungshilfe im Falle ›missratener‹ Söhne.

Bestrebt, die Konzeption einer Erziehung des Soldaten voranzutreiben und ihre Arbeit auf ein Fundament größtmöglichen Verständnisses und allgemeiner Zustimmung zu gründen, hatten Baudissin und seine Mitarbeiter – parallel zur Zusammenarbeit mit anderen Abteilungen im Amt Blank – Verbindungen zu zahlreichen dieser Institutionen und Interessenverbände außerhalb der Dienststelle geknüpft.

Besonders hervorzuheben ist hier die Zusammenarbeit mit Vertretern der universitären Wissenschaft. So fand im April 1952 die erste von insgesamt fünf Tagungen an der Bundesfinanzschule in Siegburg zum Komplex des Inneren Gefüges statt, an der neben Vertretern der Dienststelle und ehemaligen Offizieren auch fünf Wissenschaftler aus den Fachbereichen Pädagogik, Psychologie und Soziologie teilnahmen. In zwei weiteren Veranstaltungen im Frühjahr 1953 sollten die Grundlagen für einen zu erstellenden Leitfaden für den Einheitsführer gelegt werden. Ziel dieser nie zustande gekommenen Schrift sollte es einerseits sein, dem Offizier ein Hilfsmittel für das Verständnis und die Anwendung der Disziplinarordnung der EVG-Streitkräfte an die Hand zu geben, andererseits die Probleme des Inneren Gefüges darzustellen und zu erläutern.

Die noch im Herbst selbigen Jahres stattfindenden letzten beiden Tagungen, die sich thematisch den ›Leitsätzen der Erziehung des Soldaten‹ zukünftiger Streitkräfte zuwandten, beeinflussten die weitere Entwicklung der praktischen Arbeit hingegen in einem weitaus größeren Umfang. Baudissin und seine Mitarbeiter hatten am 15. Juni einen ersten Entwurf der »Leitsätze für die Erziehung des Soldaten«[17] vorgelegt, gegliedert in Ziele, Träger und Wege der Erziehung. Dieser wurde Ende September mit dem Zweck der Überarbeitung vor einem Kreis aus Wissenschaftlern und Mitarbeitern der Dienststelle Blank zur Diskussion gestellt. Als alternativer Beitrag diente der von dem Göttinger Erziehungswissenschaftler Erich Weniger parallel verfasste Gegenentwurf »Vorschläge[n] für eine andere Fassung und Anordnung der ›Leitsätze für Erziehung‹«[18]. Seinen Ausführungen hatte er einen Abschnitt angefügt, der die politische Bildung und den staatsbürgerlichen Unterricht des zukünftigen Soldaten thematisierte[19].

Während dieser ersten Tagung über die »Leitsätze der Erziehung« wurden nach Aussage Baudissins alle wesentlichen Aspekte im Hinblick auf die Erziehung des künftigen Soldaten beleuchtet. Im Verlauf der Diskussion, die sich an die gehaltenen Vorträge anschloss, wurde der Erziehungsauftrag der Streitkräfte eindeutig befürwortet. Hervorgehoben wurde aber auch, dass nicht jeder Offizier ein guter Erzieher sein könne. Daher sei es entscheidend, dass die höheren Offiziere über pädagogische Fähigkeiten verfügten. Sie müssten ihr Wissen und Können weitergeben, wodurch der Auswahl der führenden Offiziere für den erzieherischen Aspekt eine ausschlaggebende Bedeutung zukomme. Bedingt durch seinen Erziehungsauftrag sei der Vorgesetzte verpflichtet, die ihm zur Verfügung stehenden Machtbefugnisse einzusetzen, um dem Untergebenen Raum für die Entwicklung seiner Persönlichkeit einzuräumen. Je höher seine Dienststellung, desto umfangreicher sein erzieherischer Einfluss.

Für den Fortgang der Arbeit wurden vier Arbeitsgruppen gebildet, deren Arbeitsgrundlagen die vorliegenden Entwürfe darstellten. Sie sollten die Leitsätze inhaltlich überarbeiten sowie eine Präambel unter der Themenstellung »Wofür dient der zukünftige europäische Soldat deutscher Nationalität«[20] ausarbeiten. Der von Weniger in die Diskussion eingebrachte Vorschlag eines gesonderten vierten Abschnitts zur politischen Bildung und dem staatsbürgerlichen Unterricht wurde mit der Begründung abgelehnt, »daß dadurch der Eindruck erweckt werden könnte, als sei die politische Bildung der Soldaten eine gesonderte Aufgabe, anstatt integraler Bestanteil der ganzen Erziehung zusammen«[21].

In einer abschließenden Zusammenkunft am 30./31. Oktober 1953 wurden die Ergebnisse der Arbeitsgruppen zu einem neuen, sprachlich gestrafften und inhaltlich eindeutigeren Entwurf zusammengefasst[22]. Vorangestellt wurde eine Präambel; angefügt ein Vorschlag von Weniger, der sich der »Erziehung zu politischer Verantwortung«[23] widmete.

Wie erfolgreich diese Zusammenarbeit zwischen den Vertretern des Amtes Blank und den universitären Erziehungswissenschaftlern von

Die Erziehung des Soldaten

Baudissin eingeschätzt wurde, machen zwei Schreiben deutlich, von denen er eines an Erich Weniger richtete: »Schon längst hätte ich Ihnen geschrieben und nochmals gedankt für die grosse sachliche Hilfe und persönliche Bestätigung, die sie mir wieder in Siegburg gaben. Es ist trostreich und erstaunend zugleich, wie man von verschiedenen Standpunkten aus zu gemeinsamer Schau der Dinge kommt[24].« Und ein zweites an den Flensburger Erziehungswissenschaftler Theodor Wilhelm: »Ich darf Ihnen nochmals sehr herzlich für die freundliche und fruchtbare Mitarbeit bei den ›Erziehungsgrundsätzen‹ danken, wir sind wohl gemeinsam ein gutes Stück vorangekommen. Persönlich bin ich ganz besonders dankbar für die vielfältige Bestätigung meiner Gedanken, die mir von Ihnen und den meisten Herren des Kreises gegeben wurde[25].«

Diese Schreiben können als Beleg dafür angesehen werden, »daß die pädagogische Grundlegung der Inneren Führung im Sinne der damals vorherrschenden Geisteswissenschaftlichen Pädagogik zu interpretieren ist. Gleichzeitig bringen diese Quellen zum Ausdruck, daß maßgebliche Vertreter der geisteswissenschaftlichen Pädagogik im militärpädagogischen Konzept keinen wesentlichen Widerspruch zu ihren Allgemeinen Pädagogiken feststellten[26].« – Die Integration des militärpädagogischen Ansatzes Baudissins in die Theorie und Praxis der Allgemeinen Pädagogik war gelungen!

Die im Oktober verabschiedete Fassung der Leitsätze wurde anschließend durch eine aus Angehörigen der Militärischen Abteilung gebildete Arbeitsgruppe »Grundsätze für die soldatische Erziehung«, die am 2. Oktober 1953 erstmalig tagte, für den Truppengebrauch weiter überarbeitet. Deren Arbeitsergebnisse wurden ohne Präambel mit Anschreiben vom 26. Mai 1954 u.a. an den Abteilungsleiter I (Zentralabteilung), Ministerialdirigenten Ernst Wirmer, mit Bitte um Stellungnahme versandt. Im Folgenden erreichte eine Kontroverse über das Verständnis des Erziehungsbegriffs ihren Höhepunkt, deren Beginn sich bereits im April 1952 ansatzweise abgezeichnet hatte. Wirmer hatte bereits zu diesem frühen Zeitpunkt Vorbehalte gegen das Erziehungsverständnis Baudissins und die von ihm befürchtete Überforderung der Ausbilder in pädagogischer Hinsicht zum Ausdruck gebracht, wie im Protokoll der Siegburger Tagung nachzulesen ist:

»Er selbst mache keinen grundsätzlichen Unterschied zwischen Erziehung und Ausbildung; habe aber die Empfindung, dass Graf Baudissin das erzieherische Moment allzu sehr in den Vordergrund stelle und daher von dem späteren Offizier viel zu große pädagogische Leistungen erwarte. Er bitte während der Tagung zu prüfen, wie weit man derartige Forderungen in den Streitkräften verwirklichen könne. Die Erziehungsaufgabe im grossen [sic!] sei nicht Sache der Soldaten, sondern all der Kräfte, welche man mit dem nebelhaften Begriff ›Demokratie‹ umschreibe. Wenn die Demokratie diese Arbeit nicht schaffe, dann gelänge es den Streitkräften auch nicht[27].«

Zur Beendigung der Kontroverse sah sich der Leiter der Dienststelle, Theodor Blank, schließlich genötigt, Wirmer mit einem Schreiben vom 8. Juli 1954 zurechtzuweisen: Wirmer möge von weiteren Stellungnahmen zur Frage der ›Leitsätze für die soldatische Erziehung‹ absehen, da er mit seiner Billigung der Erziehungsleitsätze in der Fassung vom 18. Mai 1954 und der am 22. Juni erfolgten Übergabe an den Bundestagsausschuss für Fragen der europäischen Sicherheit die Diskussion innerhalb der Dienststelle als vorerst abgeschlossen ansehe[28]. Bis dahin hatte Wirmer in zwei an Blank gerichteten Stellungnahmen eine umfassende Kritik an den überreichten Erziehungsleitsätzen zum Ausdruck gebracht. Die hierin erhobenen Einwände richteten sich im Wesentlichen gegen die teils sinngemäße, teils wörtliche Übernahme von Passagen aus der Ausbildungsvorschrift für die Infanterie (AVI) in der Fassung vom 1. Oktober 1938, ohne dass auf diese Quelle hingewiesen werde. Die Inanspruchnahme dieser Vorschrift aus der Zeit des Dritten Reiches unter Missachtung ihrer Fassung von 1922 gereiche den Leitsätzen in ihren sittlichen und politischen Grundlagen nicht zum Vorteil und könne gar zu deren vollständiger Diskreditierung in der Öffentlichkeit führen. Außerdem fehle auch die in der Fassung von 1922 enthaltene klare Stellungnahme, wofür der Soldat kämpfen solle. Abgelehnt wurde auch die Vorrangstellung der Erziehung vor Ausbildung und Führung, die mit ihrem allgemeinen Erziehungsanspruch weit über die in den früheren Fassungen der AVI aufgestellten Grundsätze hinausreiche. Dabei bestritt Wirmer nicht, dass im Rahmen von Ausbildung und Führung von Soldaten erzieherische Aufgaben anfallen, sieht Offiziere und Unteroffiziere jedoch mit der Erziehung des Soldaten als vorrangigem Postulat überfordert. Gleichsam impliziere die Inanspruchnahme einer allgemeinen Erziehung und ihrer Vorrangstellung deren Totalitätsanspruch und berge die Gefahr in sich, dass der Wehrdienst nicht nur erneut als ›Schule der Nation‹ angesehen werde, sondern als solcher auch wieder tätig sein wolle[29].

Diesen Vorwurf eines allgemeinen Erziehungsanspruchs und die Erweiterung der Leitsätze über die Grundsätze der AVI hinaus fasste Baudissin in seiner von Blank angeordneten Erwiderung als Anerkennung auf, hieße es doch

»die Konzeption vom ›Staatsbürger in Uniform‹ aufgeben, wenn man eine gesonderte soldatische Erziehung schaffen wolle. Dort, wo die allgemeinsten Erziehungsgrundlagen des bürgerlichen Lebens abgelehnt werden und Anspruch auf eine Autonomie des soldatischen Bereichs mit erzieherischen Sonderverfahren erhoben wird, werden die Wurzeln des Militarismus gelegt [...] Nur eine sinnvolle, umfassende Verschmelzung mit den öffentlichen Erziehungsbestrebungen kann eine erfolgreiche soldatische Ausbildung ermöglichen und verhindern, dass sich wieder ein ›Staat im Staate‹ bildet. Nicht die Streitkräfte dürfen die ›Erziehungsschule der Nation‹ sein, sondern umgekehrt sollte die Gemeinschaft den bestimmenden Anteil an der Erziehung ihrer Soldaten haben. Institutionell und pädagogisch ist *jede*

Die Erziehung des Soldaten

Sonderstellung der Streitkräfte – ob negativ oder positiv – eine Gefahr für Truppe und staatliche Gemeinschaft. Man würde aber den Streitkräften eine Sonderstellung geben, wenn man in 18 Monaten Dienstzeit die Erziehung zugunsten der dann technischen Ausbildung beiseite lassen oder aber eine besondere soldatische Erziehung losgelöst von den allgemeinen Erziehungsbemühungen, schaffen würde[30].«
Es kann im Weiteren nicht näher auf die umfangreichen Stellungnahmen Wirmers und Baudissins eingegangen werden, doch musste Wirmer in seiner Antwort auf Baudissins Rückäußerung eingestehen, dass ihm dessen Erziehungsbegriff nicht klar geworden sei. Er sah sich außerstande, »aus den Darlegungen [...] zu erforschen, aus welchen Quellen der Begriff ›Erziehung‹, der bei den Leitsätzen für die soldatische Erziehung Pate gestanden hat[31]«, komme. Für Uwe Hartmann, der sich in seiner Dissertation über die Erziehung Erwachsener am Beispiel des preußischdeutschen Militärs und der Bundeswehr sowie in nachfolgenden Schriften sehr ausführlich mit dem Erziehungsverständnis Baudissins auseinandergesetzt hat, stellt dieser Hinweis auf die Grundbegrifflichkeit den produktiven Teil der Kritik Wirmers dar. Diese in aller gebotenen Kürze vorgestellte Kontroverse sollte verdeutlichen, dass es Baudissin und seinen Mitstreitern trotz umfangreicher Bemühungen nicht gelungen war, ihr Verständnis von Erziehung im Rahmen des Reformkonzeptes in aller Deutlichkeit zu vermitteln. Ein klare Definition von Erziehung im Sinne der von Baudissin angestrebten Selbsterziehung lassen auch die Leitsätze für die Erziehung des Soldaten – gedacht als Handlungshilfe für den Vorgesetzten – vermissen.

Aber auch Baudissins Vorgesetzte, Theodor Blank und der Leiter der Militärischen Abteilung, Generalleutnant a.D. Adolf Heusinger, zeigten in ihren Stellungnahmen zu den Ausführungen Wirmers, dass ihnen der pädagogische Kern der Auseinandersetzung und die Intention Baudissins fremd geblieben waren. So lässt Blank seinem Abteilungsleiter I durch seinen persönlichen Referenten mitteilen, dass Erziehung und Ausbildung nicht zu trennen seien; die Reihenfolge der Begriffe aber nicht auf einen Totalitätsanspruch in Fragen der Erziehung schließen lasse, sondern lediglich eine Frage des Geschmacks darstelle[32]. Das Verständnis von Baudissins ausdrücklich hervorgehobener und sachlich begründeter Vorrangstellung der Erziehung im Rahmen der Inneren Führung gegenüber Ausbildung und Führung ist ihm verschlossen geblieben.

Heusinger trat in seiner Stellungnahme, die er nach Kenntnisnahme der Kritik Wirmers und Baudissins Antwort verfasste, zwar eindeutig für eine soldatische Erziehung ein, verharrte in seiner Argumentation jedoch in traditionellen Positionen, ohne die Zielsetzung und die daraus resultierenden Forderungen Baudissins zu berücksichtigen, wenn er »auf eine richtig und planvoll angelehnte erzieherische Einwirkung« nicht verzichten wollte und einen Vergleich zwischen militärischer Erziehung und handwerklicher oder industrieller Ausbildung als »fehl am Platze« bezeichnete[33].

Diesbezüglich hatte Wirmer in seiner Argumentation hervorgehoben, dass die handwerkliche und industrielle Ausbildung auch ohne ein Erziehungspostulat allseits anerkannte, charakterstarke Handwerksmeister und Werksmeister der Industrie hervorgebracht habe. Baudissin, der sich zur Untermauerung seines Konzeptes auch der Entwicklungen in der modernen Berufs- und Betriebspädagogik bediente, hielt dem jedoch entgegen, dass man

»die umfassenden Anstrengungen der modernen Betriebspädagogik und Betriebspsychologie [übersieht], wenn behauptet wird, dass sich der moderne Betrieb ohne ›allgemeine Erziehungspostulate‹ auf reine Fachausbildung beschränken würde. Tatsächlich ist gerade das revolutionäre Anliegen moderner Betriebsführung, sich über die rein fachliche Ausbildung hinaus an den ganzen Menschen zu wenden, um aus der Erwerbstätigkeit wieder einen Beruf zu machen, anstelle der Fließbandarbeiter im Apparat die verantwortliche Gruppe und Gemeinschaft zu entwickeln. Die übereinstimmenden statistischen Ergebnisse der modernen Betriebspädagogik zeigen, dass dort, wo die Beziehungen nicht nur technisch-rational, sondern menschlich, d.h. erzieherisch behandelt werden, überraschende Leistungssteigerungen die Folge sind und sich bald eine feste Belegschaft bildet [...] Mit reiner Fachausbildung und rationaler Organisation kann sich keine Betriebsführung heute mehr begnügen[34].«

Selbst einigen Mitgliedern des deutschen Ausschusses für das Erziehungs- und Bildungswesen – ein von 1953 bis 1965 existierendes unabhängiges Sachverständigengremium, das mit Gutachten und Empfehlungen Stellung zu grundsätzlichen Fragen des deutschen Bildungswesens nahm und auf die Schulpolitik und Meinungsbildung in der Bundesrepublik einen erheblichen Einfluss ausgeübt hat –, denen die Erziehungsleitsätze zur Stellungnahme vorgelegt wurden, um eine Empfehlung anlässlich des Aufbaus der Streitkräfte auszusprechen, war das Erziehungsverständnis Baudissins nicht deutlich geworden. Es sei nicht die Aufgabe der Truppenführung, »schon erzogene Menschen noch weiter zu erziehen; Erziehung im Bereich der Streitkräfte bedeutet vielmehr Selbsterziehung. Die Führung soll jedoch dazu beitragen, daß innerhalb der Truppe die richtigen Formen solcher Selbsterziehung entwickelt werden[35].« Dabei waren ihre Einwände und die daraus resultierenden Forderungen vollkommen identisch mit den erzieherischen Intentionen Baudissins; hier oblag es Weniger als Ausschussmitglied, Aufklärungsarbeit zu leisten.

Uneingeschränkte Zustimmung erhielten Baudissin und seine Mitarbeiter von Seiten der Politik, denn der Ausschuss für Fragen der europäischen Sicherheit fällte auf Antrag des Abgeordneten Hasso von Manteuffel (FDP), ehemals General d. Panzertruppen, ein einstimmiges Votum für die ihm vorgetragenen und in Niederschrift vorliegenden Erziehungsleitsätze. Darüber regte er an, »zu überlegen, welche Wege eingeschlagen werden sollten, um sicherzustellen, dass der Gedanke über die Erziehung der zukünftigen Soldaten Wirklichkeit würde. Dazu wurde von allen

Die Erziehung des Soldaten

Fraktionen einhellig die Verstärkung des Referates ›Inneres Gefüge‹ ins Auge gefasst«[36].

Obwohl Baudissin radikal mit der Armee als »Erziehungsschule der Nation« brechen und an die preußischen Heeresreformer um Scharnhorst anzuknüpfen gedachte, die die »Armee als Hauptbildungsschule der Nation für den Krieg« verstanden wissen wollten, behielt er – wo die Anwendung des Bildungsbegriffs nahe lag – den negativ tradierten Erziehungsbegriff bei. Bedingt durch seine apolitische und elitäre Bedeutung im deutschen Bildungsbürgertum erschien ihm der Bildungsbegriff wohl nicht geeignet. Damit setzte er sein Konzept aber der Gefahr aus, dass die Vorgesetzten – militärisch sozialisiert im Sinne des tradierten Erziehungsbegriffes – das Neue nicht erkannten oder erkennen wollten. Die genannten Beispiele zeigen bereits deutlich, wie notwendig es sein würde, den Vorgesetzten die veränderten Inhalte des neudefinierten Erziehungsbegriffes durch intensive Aufklärung zu vermitteln. Aber alle von Baudissin und seinem Referat erstellten Ausbildungsplanungen zum frühzeitigen Verständnis des neuformierten Inneren Gefüges wurden, wie die Wehrakademie, entweder nicht umgesetzt oder, wie seine detaillierten Überlegungen zu den Einweisungslehrgängen in Sonthofen, zugunsten des militärfachlichen Teils radikal beschnitten.

Geschlossen werden soll der Kreis der Betrachtungen mit dem Hinweis auf ein Schreiben des General d. Inf. a.D. Hermann Foertsch an Generalleutnant a.D. Adolf Heusinger und der darin geübten Kritik an den Leitsätzen. In ihr triumphiert die Wirkungsmacht des Tradierten: Denn wenn der Soldat in erster Linie ein Kämpfer sei und sich vom Staatsbürger darin unterscheide, dass rechtliches Denken und die Achtung der Menschenwürde zwar lohnende Ziele seien, aber vor der Aufzählung soldatischer Tugenden zurückstehen sollten, dann drohte der Geist der ›alten Zeiten‹ zu überdauern, aller Mitverantwortung Foertschs an den »*grundlegend Neues*« fordernden Entschlüssen des Himmeroder Ausschusses zu Fragen des Inneren Gefüges zum Trotz[37].

Dass seine Gedanken keine Utopien waren, erdacht in der Studierstube des weltentrückten Philosophen, konnte Baudissin in seiner Truppenverwendung als Brigadekommandeur der Kampfgruppe C2 – später Panzergrenadierbrigade 4 – in Göttingen unter Beweis stellen. Als er ein Vierteljahrhundert später Resümee zog, hob er noch einmal hervor,

»dass Güte und Erfolg der ›Inneren Führung‹ von der Aus- und Weiterbildung der Inneren Führer aller Ebenen abhängen. Dies – mit situationsbedingten Schwerpunkten – durchzusetzen, ist Sache des verantwortlichen Kommandeurs, dessen Verhältnis zu allen Fragen der ›Inneren Führung‹ das menschliche Klima des Verbandes prägt. Durch Entschlossenheit und Überzeugungskraft lassen sich Ton und Stil der Menschenführung in kurzer Zeit prägen bzw. ändern. Konzessionen an ›soldatische Härte‹ können nicht geduldet werden – die menschliche Würde auch der ›Schwierigen‹ ist peinlich genau zu beachten. Es lag in der Logik der Sache, als Kommandeur entscheidende

Teile der Führerweiterbildung selbst in die Hand zu nehmen. Ein Nachmittag in 14 Tagen gehörte den Kompaniechefs, ein anderer den übrigen Offizieren; in größeren Abständen wurden die Kompaniefeldwebel zusammengerufen. In kleinen Gruppen wurden bestimmte disziplinar- bzw. führungsmäßig aufschlußreiche Vorgänge ebenso wie innen-, außen- und sicherheitspolitische Entwicklungen methodisch verfolgt und im ›Plenum‹ vorgetragen und diskutiert. Auch legte ich Wert darauf, zu besonderen Vorkommnissen kritisch Stellung zu nehmen. Auf diese Weise bildete sich ein gemeinsamer Stil[38]«.
Der damalige Hauptmann und spätere General (Stellvertreter des Obersten Alliierten Befehlshabers in Europa) Günther Kießling, dessen Kommandeur Baudissin in Göttingen war, konnte dies nur bestätigen: »Am wohlsten fühlte er sich in der Offiziersweiterbildung. Hier konnte er nicht nur glänzen, hier war er mit Leib und Seele bei der Sache. Und auf diese Weise wirkte er erzieherisch[39]«.

Aber Baudissin konnte nicht überall sein: Fanden die Prinzipien der Inneren Führung in zahlreichen Einheiten in mehr oder weniger ausgeprägter Weise ihre Anwendungen, wurde in Unvereinbarkeit mit seinem Konzept anderswo aber gewiss auch dem Wunsch eines Vaters, »seinen Herren Söhnen bald einmal nach altbewährter preußischer Art die Hammelbeine« lang zu ziehen, ohne weiteres stattgegeben, denn das Militär, so sein Credo, »ist bisher immer noch die beste Schule des Volkes gewesen [und daran] sollte festgehalten werden[40]«.

Anmerkungen

[1] Abschiedsvorlesung vom 18. Juni 1986 an der Universität der Bundeswehr in Hamburg. Gekürzt abgedruckt in: Wolf Graf von Baudissin und Dagmar Gräfin zu Dohna, »... als wären wir nie getrennt gewesen«. Briefe 1941–1947. Hrsg. und mit einer Einf. von Elfriede Knoke, Bonn 2001, S. 258–280, S. 267.
[2] Die »Himmeroder Denkschrift« vom Oktober 1950. Politische und militärische Überlegungen für einen Beitrag der Bundesrepublik Deutschland zur westeuropäischen Verteidigung. Hrsg. von Hans-Jürgen Rautenberg und Norbert Wiggershaus, Karlsruhe 1977, S. 17.
[3] Baudissin, Abschiedsvorlesung (wie Anm. 1), S. 266.
[4] Himmeroder Denkschrift (wie Anm. 2), S. 53.
[5] Brief Baudissins an Dagmar Gräfin zu Dohna, 11.4.1943. In: Baudissin/Dohna, »... als wären wir nie getrennt gewesen« (wie Anm. 1).
[6] Baudissin, Abschiedsvorlesung (wie Anm. 1), S. 267.
[7] Vgl. Wolf Graf von Baudissin, Soldat für den Frieden. Entwürfe für eine zeitgemäße Bundeswehr. Hrsg. und eingel. von Peter von Schubert, München 1969, S. 151.
[8] Ebd., S. 25.
[9] Zit. n. Uwe Hartmann, Frank Richter, und Claus von Rosen, Wolf Graf von Baudissin. In: Klassiker der Pädagogik im deutschen Militär. Hrsg. von Detlef

Die Erziehung des Soldaten

Bald, Uwe Hartmann, Claus von Rosen, Baden-Baden 1999 (= Forum Innere Führung, 5), S. 210-226, S. 213.

[10] Baudissin, Soldat für den Frieden (wie Anm. 7), S. 208.
[11] Baudissin, Abschiedsvorlesung (wie Anm. 1), S. 265.
[12] Baudissin, Soldat für den Frieden (wie Anm. 7), S. 147.
[13] Hartmann/Richter/Rosen, Wolf Graf von Baudissin (wie Anm. 9), S. 220.
[14] ZDV 11/1 »Leitsätze für die Erziehung des Soldaten«, Bonn 1957, S. 7-15, hier S. 8; »Leitsätze für die Erziehung des Soldaten« und Erlass »Erzieherische Maßnahmen«, Bonn 1957, S. 1-8, hier S. 1.
[15] Baudissin, Soldat für den Frieden (wie Anm. 7), Zitate, S. 256 f.
[16] Ebd., S. 257.
[17] 1. Entwurf der »Leitsätze für Erziehung«, 15.6.1953, BA-MA, BW 9/2227, fol. 215-223.
[18] Siehe Vorschläge für eine andere Fassung und Anordnung der »Leitsätze für Erziehung«, 1.6.1953, BA-MA, BW 9/731, fol. 1-6.
[19] Siehe IV. Politische Bildung und staatsbürgerlicher Unterricht, BA-MA, BW 9/3569, fol. 99 f.
[20] Siehe Protokoll der Sachverständigentagung 25./26. September 1953 in der Akademischen Bundesfinanzschule Siegburg, BA-MA, BW 9/3569, fol. 18-33, hier fol. 31.
[21] Ebd., fol. 32.
[22] Leitsätze für soldatische Erziehung, handschriftlich Siegburg, 31.10.53, BA-MA, BW 9/2592, fol. 41-49.
[23] Siehe Erich Weniger, Vorschlag für die Leitsätze, Erziehung zu politischer Verantwortung, ebd., fol. 50 f.
[24] Schreiben Baudissin an Weniger, 16.10.1953, BA-MA, N 488/1, fol. 34.
[25] Schreiben Baudissin an Wilhelm, 3.12.1953, BA-MA, N 717.
[26] Hartmann/Richter/Rosen, Wolf Graf von Baudissin (wie Anm. 9), S. 219.
[27] Protokoll der Arbeitstagung Inneres Gefüge, Eröffnungsrede Wirmers, Akademische Bundesfinanzschule Siegburg, 19.-21. April 1952, BA-MA, BW 9/2528-2, fol. 1-101, hier fol. 3 f.
[28] Schreiben Blank an Wirmer, 8.7.1954, BA-MA, BW 9/2867, fol. 42.
[29] Siehe Schreiben Wirmer an Blank, Stellungnahme Wirmer zum Entwurf von »Leitsätze für die soldatische Erziehung«, 16.6.1954, BA-MA, BW 9/2867, fol. 19-23.
[30] Schreiben Baudissin an Blank, Rückäußerung zur Stellungnahme des Herrn Abteilungsleiters I vom 16.6.1954, 23.6.1954, BA-MA, BW 9/2867, fol. 27-36, hier fol. 30.
[31] Stellungnahme Wirmer zur Rückäußerung Baudissin, 30.6.1954, BA-MA, BW 9/2867, fol. 37-41, hier fol. 38.
[32] Schreiben Buksch an Wirmer, 19.6.1954, BA-MA, BW 9/2867, fol. 24.
[33] Schreiben Heusinger an Blank, 1.7.1954, BA-MA, BW 9/2867, fol. 25 f., hier fol. 25.
[34] Schreiben Baudissin an Blank, Rückäußerung zur Stellungnahme des Herrn Abteilungsleiters I vom 16. Juni 1954, 23.6.1954, BA-MA, BW 9/2867, fol. 29.
[35] Anlage 1 zum 18. Sitzungsbericht, Änderungsvorschläge zum II. Entwurf der Empfehlungen »anläßlich des Aufbaus der Streitkräfte«, BA-MA, N 488/10, fol. 46-48, hier fol. 46, zur endgültigen »Empfehlung des Deutschen Ausschusses für das Erziehungs- und Bildungswesen aus Anlaß des Aufbaues der Bundeswehr«, 5.7.1956 siehe ebd., fol. 2-5; ZDV 11/1, Leitsätze für die Erziehung des Soldaten, Anl. 1, S. 18-22.
[36] Vermerk Karst, 12.11.1954, BA-MA, BW 9/2867, fol. 44-45, hier fol. 44.

[37] Schreiben Foertsch an Heusinger mit Stellungnahme zu »Leitsätze für die soldatische Erziehung«, 1.7.1954, BA-MA, BW 9/2592-3, fol. 77-82.
[38] Baudissin, Abschiedsvorlesung (wie Anm. 1), S. 274.
[39] Günter Kießling, Staatsbürger und General. Hrsg. von Otwin Buchbender, Frankfurt a.M. 2000, S. 88.
[40] Der Spiegel v. 11.4.1956, S. 3.

Ausgewählte Literatur

Abschiedsvorlesung vom 18. Juni 1986 an der Universität der Bundeswehr in Hamburg. Gekürzt abgedruckt in: Wolf Graf von Baudissin und Dagmar Gräfin zu Dohna, »... als wären wir nie getrennt gewesen«. Briefe 1941-1947. Hrsg. und mit einer Einf. von Elfriede Knoke, Bonn 2001

Baudissin, Wolf Graf von, Soldat für den Frieden. Entwürfe für eine zeitgemäße Bundeswehr. Hrsg. und eingel. von Peter von Schubert, München 1969

Genschel, Dietrich, Wehrreform und Reaktion. Die Vorbereitung der Inneren Führung 1951-1956, Hamburg 1972

Hartmann, Uwe, Erziehung von Erwachsenen als Problem pädagogischer Theorie und Praxis. Eine historisch-systematische Analyse des pädagogischen Feldes Bundeswehr mit dem Ziel einer pädagogischen Explikation des Erziehungsbegriffs im Hinblick auf erwachsenpädagogisches Handeln, Frankfurt a.M. 1994

Die »Himmeroder Denkschrift« vom Oktober 1950. Politische und militärische Überlegungen für einen Beitrag der Bundesrepublik Deutschland zur westeuropäischen Verteidigung. Hrsg. von Hans-Jürgen Rautenberg und Norbert Wiggershaus, Karlsruhe 1977

Kießling, Günter, Staatsbürger und General. Hrsg. von Otwin Buchbender, Frankfurt a.M. 2000

Kutz, Martin, Deutsche Soldaten. Eine Kultur- und Mentalitätsgeschichte, Darmstadt 2006

Nägler, Frank, Die personelle Rüstung der Bundeswehr. Bedingungen, Anlagen und Wirklichkeit der Inneren Führung, Manuskript [erscheint 2007]

Helmut R. Hammerich

»Kerniger Kommiss« oder »Weiche Welle«?
Baudissin und die kriegsnahe Ausbildung in der Bundeswehr*

»Kern der militärischen Ausbildung ist der Gefechtsdienst und der technische Dienst und zwar unter wirklichkeitsnahen Bedingungen: nach langen Märschen, bei Nacht, unter Erschwerungen aller Art. Ihre Gesetze haben den Dienstbetrieb zu bestimmen[1].«

Diese klaren Worte aus dem Jahre 1966 wären unter Zeitzeugen dem so genannten Traditionalistenflügel innerhalb der Bundeswehr zugeordnet worden. Dieser setzte auf Einsatzbereitschaft, Härte und kriegsnahe Ausbildung und lehnte die Ansätze der Reformer als »Weiche Welle« ab. Doch das Zitat stammt von keinem Geringeren als von Wolf Graf von Baudissin, dem »Vater der Inneren Führung«. Baudissin maß sowohl in seinen theoretischen Grundlagen der Inneren Führung als auch in seiner Truppenpraxis der kriegsnahen Ausbildung der Soldaten stets eine hohe Bedeutung bei. Seinen Gegnern gelang es dennoch, den Namen Baudissin mit dem Schlagwort »Weiche Welle« zu stigmatisieren. Völlig zu Unrecht, wie die folgenden Ausführungen belegen.

Die Ausbildung des Soldaten soll ihm diejenigen Kenntnisse und Fertigkeiten vermitteln, mittels derer er seine militärischen Aufgaben im Frieden und im Krieg erfüllen kann. Um im Krieg bestehen zu können, bedarf es folglich einer kriegsnahen Ausbildung. Die Begründung dieser Forderung wurde bereits für die ersten Heeresoffizierlehrgänge der Bundeswehr in Sonthofen im Jahre 1958 niedergeschrieben: »Es handelt sich um die mit viel Blut im letzten Krieg (1939–45) erkaufte Erfahrung, daß im Frieden viel mehr als früher dafür gesorgt werden muß, daß jeder Soldat, gleich welcher Truppengattung, zunächst als Kämpfer schlechthin, als Kämpfer zu Fuß, ausgebildet wird, ehe er Spezialist seiner Truppengattung wird[2]«. Vor allem der Gefechtsdienst sollte deshalb der Kriegswirklichkeit angenähert werden. Das Kriegsbild wiederum, welches das Wesen eines zukünftigen Krieges und seiner möglichen Erscheinungsformen umreißt, war und ist entscheidend für eine kriegsnahe Ausbildung. Ist man sich über die Kriegswirklichkeit im Klaren, können Ausbildungsschwerpunkte gesetzt werden. Dabei sollten vier Forderungen berücksichtigt werden, die erst 1985 für das Heer der Bundeswehr

durch das Heeresamt in einer Art Vorschrift, den »Hilfen für den Gefechtsdienst aller Truppen«, formuliert wurden:
- Üben des Kampfes in ungewisser, rasch und ständig wechselnder Lage,
- Vermitteln glaubhafter Gefechtseindrücke,
- Gewöhnung an Dauerbelastungen,
- Üben des Kampfes, des Lebens und des Überlebens unter schwierigen Umweltbedingungen.

Durch die Einführung von Ausbildungssimulatoren und durch die Nutzung hochmoderner Ausbildungszentren der Bundeswehr und der NATO konnten diese Grundsätze berücksichtigt und eine deutliche qualitative Steigerung der einsatznahen Ausbildung in den letzten zehn Jahren erzielt werden.

Doch die Diskussion um die Bedeutung einer kriegsnahen Ausbildung für die Einsatzbereitschaft der Soldaten entsprang keineswegs den Grabenkämpfen der Gründerväter der Bundeswehr. Vielmehr loderte diese Auseinandersetzung immer dann auf, wenn sich das herrschende Kriegsbild veränderte oder eine lange Friedenszeit zur Vernachlässigung der kriegsnahen Ausbildung führte. Bereits im Mai 1860 erschien zum Beispiel »Die Methode zur kriegsgemäßen Ausbildung der Infanterie und ihrer Führer im Felddienste« in Berlin. Der Verfasser, der pensionierte preußische Generalleutnant Friedrich Graf von Waldersee, hatte bereits 1848 mit seiner Schrift über die Methode zur kriegsgemäßen Ausbildung der Infanterie für das zerstreute Gefecht großen Einfluss auf die Ausbildung der preußischen Armee, aber auch zahlreicher anderer Armeen genommen. Die darin niedergeschriebenen Empfehlungen für eine kriegsnahe Ausbildung wurden als so genannte Waldersee-Methode aufgenommen und weiterentwickelt. In den 1890er Jahren entflammte angesichts der militärtechnischen Neuerungen, wie dem rauchschwachen Pulver, der Brisanzmunition, den Schnellfeuergeschützen der Artillerie und nicht zuletzt dem Maschinengewehr, eine heiße Diskussion um das moderne Kriegsbild und damit verbunden über eine angemessene Gefechtsausbildung. Militärreformer, wie Friedrich von Bernhardi oder August Keim, der spätere Gründer des Deutschen Wehrvereins, forderten angesichts der französisch-russischen Annäherung die Schaffung einer Kriegsarmee. Neben der personellen und materiellen Aufrüstung wurde auch die Erhöhung der Kriegstüchtigkeit durch kriegsnahe Ausbildung für notwendig befunden. Statt des verbreiteten Parade- und Exerzierdrills sollte die Ausbildung der Soldaten vermehrt in das Gelände verlegt und unter »kriegsmäßigen« Rahmenbedingungen durchgeführt werden[3]. Die Reformer, darunter auch der spätere Generalfeldmarschall Colmar Freiherr von der Goltz, gingen dabei von den Realitäten eines zukünftigen Volkskrieges aus, während die Traditionalisten eher einem romantischen Kriegsbild nachhingen. Für ihren Kampf nach ehrenvollen Regeln war in erster Linie der Offizier gefordert, die unterstellten Soldaten hatten zu gehorchen und zu funktionieren. Die notwendige Disziplin sollte vor allem durch Drill erzielt werden. Im Gegensatz dazu plädierten die Reformer angesichts der Entgrenzung des Krieges für eine Aufwertung des einfachen Soldaten und des Unteroffiziers. Dieser dem Volkswehrgedanken nahe stehende Ansatz stieß auch bei den Sozialdemokraten durchaus auf Zustimmung. Nicht umsonst forderte die SPD seit den 1890er Jahren die Abschaffung des Paradedrills und die Betonung der kriegsmäßigen Ausbildung. Auch in der Reichswehr und in der Wehrmacht wurde die Forderung nach kriegsnaher Ausbildung gestellt. In der Reichswehr wurde auf die Kriegserfahrungen im Ersten Weltkrieg verwiesen. Doch die Friedensausbildung brachte erneut das Einüben so genannter Gefechtsbilder. Schematisch ablaufende Übungsabschnitte, die bei Besichtigungen durchaus Eindruck machten, waren allerdings nicht im Sinne der Befürworter einer kriegsnahen Ausbildung. In seiner Schrift »Das Bataillon im Gefecht« aus dem Jahre 1925 forderte der preußische Infanterieoffizier Felix von Frantzius das Einüben von Gefechtsabschnitten, die ständig zu variieren seien. Damit sollte eine Annäherung an die »Friktionen« (Clausewitz) erzielt werden, die den Krieg kennzeichnen. Die Darstellung des feindlichen Feuers war ein weiterer wichtiger Aspekt. Zahlreiche kleinere Schriften und Veröffentlichungen zu diesem Thema, die zumeist in einschlägigen Verlagen erschienen, lassen darauf schließen, dass in den zeitgenössischen Vorschriften das Thema kriegsnahe Ausbildung nicht hinreichend berücksichtigt wurde. Auch in der Kriegserinnerungsliteratur nach den beiden Weltkriegen des 20. Jahrhunderts lassen sich zahlreiche Hinweise finden, wie unvorbereitet der einzelne Soldat an die Front geschickt wurde. Dies galt nicht für jedes Regiment, im Gegenteil war die Ausbildung einzelner Regimenter, wie zum Beispiel des Infanterie-Regiments Nr. 9 in Potsdam, in welchem auch Baudissin diente, von ausgezeichnetem Ruf. Doch spätestens mit der verkürzten Kriegsausbildung galt es nur noch, rasch Personalersatz für die gelichteten Reihen der Einsatzverbände zu schaffen. Die Anforderungen der Praxis im Krieg hatten die Forderungen der Theorie überholt.

In Baudissins theoretischen Überlegungen war der Staatsbürger in Uniform sowohl der Soldat in der Demokratie als auch der Soldat in der sozialen Wirklichkeit, im permanenten Bürgerkrieg und im heißen Gefecht. Die Technisierung von Truppe und Gefecht, so Baudissin, fordere die Initiative einzelner Soldaten und Gruppen geradezu heraus. Nur so könne aus dem Bediener der Technik ein Beherrscher der Technik werden. »Jeder [...] sollte sich fragen, ob dort [an der Front, H.H.] noch das alte Leitbild von zackig strammen Soldaten und von der Paradekompanie [...] galt und ob nicht gerade dort der Wert der Truppe durch anderes bestimmt wurde als durch bloße äußerliche Disziplin[4].« Deshalb betonte Baudissin stets die Bedeutung der Schlagkraft der Truppe, die das Ziel der Ausbildung und Erziehung sein solle – so auch vor dem Ausschuss für Fragen der Europäischen Sicherheit im Juni 1954.

Nach Baudissins Überzeugung war der moderne Soldat an die Prinzipien des Rechtsstaates und an die Beachtung der Menschenwürde gebunden. Dies stand in keinem Gegensatz zu einer soliden und harten Ausbildung, die an den realen Bedingungen eines Atomkrieges auszurichten war. Er forderte »einen Höchstgrad abwehrbereiter Kriegstüchtigkeit«, ohne dass der Soldat damit zugleich im Krieg ein »Feld ersehnter Bewährung« sähe. Seinen Gegnern, die darin einen Widerspruch zwischen Kämpfenkönnen und Kämpfenwollen sahen, erwiderte er gelassen: »Die Spannung zwischen Friedenswillen und Kampfbereitschaft muß ertragen werden[5].« Diese Gelassenheit gründete sich auf der Einsicht, dass nicht nur die Wirklichkeit des heißen, sondern auch die des Kalten Krieges beachtet werden musste. Soldaten in der Ausbildung die Romantik des »Stahlbades« oder der »Feuertaufe« näher bringen zu wollen, sah Baudissin angesichts des geplanten Nuklearwaffeneinsatzes in einem zukünftigen Krieg als geradezu verbrecherisch an. »Die Streitkräfte [...] sind allein dazu da, dem Gegner durch ein Höchstmaß an Kampftüchtigkeit die Verlagerung der geistigen Auseinandersetzung in die Sphäre des heißen Krieges unratsam erscheinen zu lassen[6].« Dieses Höchstmaß an Kampftüchtigkeit stellte nach Ansicht Baudissins allein aufgrund der kaum vorstellbaren Belastungen eines Kampfes im Zeitalter moderner Waffen und ideologischer Auseinandersetzung weitaus höhere Anforderungen an Ausbilder und Auszubildende als in früheren Armeen. Allerdings wollte er die daraus abgeleiteten Ausbildungsmethoden nicht mit dem historisch belasteten Begriff »Härte« bezeichnen. Baudissin sprach lieber von der Konsequenz in Ausbildung und Erziehung oder von Erziehung zur Selbstdisziplin. Härte um der Härte willen war für ihn nichtssagend und inhaltslos. Zwar könne die Bundeswehr zur Härte ausbilden und erziehen, doch stelle diese keine absolute Größe dar. Konkret: Selbstdisziplin sei schwerlich durch Bettenbau oder Schrankordnung, sondern vielmehr durch peinlich genaue Ausführung der Vorschriften für die Beherrschung von Waffen, Ausrüstung und Gerät zu fördern. Mitdenkender Gehorsam sei durch planmäßiges Delegieren und kaum durch Formalausbildung zu erzielen. Auch über kriegsnahe Ausbildung hatte Baudissin klare Vorstellungen: Abhärtung gegenüber Kälte sollte weniger durch das Waschen und Rasieren im Freien bei Minus zehn Grad als vielmehr durch tagelanges Leben in selbstgebauten Iglus und ausgedehnte Gefechtsübungen erreicht werden. »Freiheitliche Härte und ihre Erziehungsmethoden«, so Baudissin, »sind beträchtlich härter, unbequemer und entsagungsvoller als ihre Gegenbilder«[7]. Trotz solcher wiederholt ausgesprochenen deutlichen Hinweise, dass die Innere Führung nicht die Auflösung der soldatischen Disziplin zur Folge habe, fanden sich sofort Kritiker. Forderungen nach Berücksichtigung des modernen Lebensgefühls, Rechtsschutz für den Soldaten, Freiheit in der Autorität und im Dienen usw. waren für viele ehemalige Wehrmachtsangehörige ein rotes Tuch.

Der frühere Mitarbeiter Baudissins und spätere General des Erziehungs- und Bildungswesens im Heer, Heinz Karst, kritisierte in zahlreichen Veröffentlichungen die vielen Sekundärzwecke, die durch die Innere

Führung in den Vordergrund geschoben und den Primärzweck der Streitkräfte, die hohe Einsatzbereitschaft und die harte Ausbildung, verdrängen würden. Als Sekundärzweck bezeichnete er zum Beispiel die »Zivilisierung« der Truppe, die seiner Meinung nach einer falschen Rücksichtnahme auf die Befindlichkeiten der Gesellschaft gegenüber ihren Streitkräften geschuldet war. Die großzügige Dienstzeitregelung oder die wohlwollende Disziplinarordnung trugen nach Karst dazu bei, den Verteidigungsauftrag der Bundeswehr aus den Augen zu verlieren. Die Verweichlichung der Truppe durch die vielen Zugeständnisse an die Soldaten einer modernen Armee in der Demokratie, oder besser der Wohlstandsgesellschaft, wurde zum Schreckgespenst. Im Dezember 1969 legte der Heeresinspekteur Generalleutnant Albert Schnez seine »Gedanken zur Verbesserung der inneren Ordnung des Heeres« dem Verteidigungsminister Gerhard Schröder vor. Die Bearbeiter kritisierten darin die sinkende Kampfkraft des Heeres trotz moderner und kostspieliger Rüstung. Die Bundeswehr, so war zu lesen, sei »in den zersetzenden Ruf einer unrationell ausbildenden ›Gammelarmee‹ geraten«[8]. Um dies zu ändern, wurde eine »Weiterentwicklung der Grundsätze der Inneren Führung« für ebenso dringend notwendig erachtet wie eine ständige Überprüfung der Zweckmäßigkeit von Formen und Bestimmungen im Gefolge dieser Grundsätze. Ohne den Schuldigen beim Namen zu nennen, musste jedem Leser klar sein, gegen wen diese Attacken gerichtet waren. Die Forderungen der Inneren Führung wurden als wirklichkeitsfremd und als Wurzel allen Übels angeprangert. Diese führten nur zu großer Verunsicherung im militärischen Führerkorps und schwächten den Zusammenhalt der Truppe. Das Ausbildungsziel der hohen Kampfkraft konnte hingegen nur durch einfache, soldatische »Maxime« und durch innere und äußere Disziplin erreicht werden. Bereits im April 1969 hatte der stellvertretende Heeresinspekteur, Generalmajor Helmut Grashey, an der Führungsakademie der Bundeswehr in Hamburg die Innere Führung als nicht mehr zeitgemäß kritisiert. Er bezeichnete die Innere Führung als »Maske« zur Tarnung und Anpassung an die Erwartungen der politischen Opposition und Öffentlichkeit während der Aufbauphase der westdeutschen Streitkräfte und forderte, diese endlich wieder vom Gesicht zu nehmen. Auch Grashey nannte den Namen Baudissin nicht. Deutlicher ging da der Journalist Winfried Martini vor. In einer Pressekampagne stürzte sich Martini auf alle für den Vater der Inneren Führung entlastend wirkenden Veröffentlichungen. Er sprach vom »Elend des Baudissinismus« und brandmarkte Baudissin als »ÖTV-Grafen«. Es waren solche persönlichen Anfeindungen, die dazu beitrugen, ein negatives Bild des Reformers zu verbreiten und den Namen Baudissin zu stigmatisieren. Die Auswirkungen der 68er Bewegung, die neuen Werte- und Normensysteme, die auch vor den Kasernenzäunen nicht Halt machten, konnten durch eine Personifizierung dingfest gemacht und publizistisch bekämpft werden. Veröffentlichungen interner Bundeswehrpapiere oder von Reden, wie die bereits angesprochenen, waren Ausweis dieser Taktik.

So ließ auch Ende 1970 die Niederschrift der Ergebnisse einer Arbeitstagung von Kompaniechefs der 7. Panzergrenadierdivision unter Billigung ihres Kommandeurs, Generalmajor Eike Middeldorf, aufhorchen. Zwar richtete sich die Hauptkritik der Basis in erster Linie gegen die militärische und politische Führung. Jedoch waren ebenso kritische Töne gegen das Konzept der Inneren Führung zu hören. Sätze wie »Die Integration in die Gesellschaft wird höher veranschlagt als der Kampfwert des Soldaten« oder »Der Soldat muss in erster Linie als Kämpfer anerkannt, nicht aber als militär-technischer Spezialist begriffen werden« mündeten in der Forderung, »die gesamten Reformpläne, insbesondere unter Berücksichtigung der Truppenbelange, zu überprüfen«[9]. Für eine einsatzorientierte Ausbildung fehlte es den Kompaniechefs an den materiellen, örtlichen und zeitlichen Voraussetzungen. Dass dies nicht unbedingt etwas mit den Grundsätzen der Inneren Führung zu tun hatte, zeigt ein Blick in die Erläuterungen der Niederschrift. Die schlechten Voraussetzungen wurden vor allem auf Personal- und Geldmangel und auf fehlende zweckmäßige Ausbildungsanlagen zurückgeführt. Zudem erschwerten bürokratische Hürden eine kriegsnahe Ausbildung. Die aus den praktischen Erfahrungen der Kompaniechefs gespeisten Kritikpunkte an den Grundsätzen der Inneren Führung ließen die Frage aufkommen, wie es mit der praktischen Umsetzung durch Baudissin selbst aussah. Frank Richter kam in seiner Lehrgangsarbeit »Baudissins Wirken als Brigadekommandeur« im Jahre 1997 zu bemerkenswerten Ergebnissen:

Als Baudissin im Juli 1958 als Kommandeur der Kampfgruppe C2 nach Göttingen versetzt wurde, war das Interesse an der Bewährung des »Vaters der Inneren Führung« in der Truppe sehr groß. Seine persönliche Leistung bei der Führung eines Verbandes sollte für viele der Lackmustest für die Durchführbarkeit der Inneren Führung insgesamt sein. Die Kampfgruppe befand sich demnach im Sommer 1958 noch in der Aufstellung. Zum Zeitpunkt der Umbenennung im Zuge der Heeresstruktur 2 im März 1959 waren erst zwei Grenadierbataillone, die späteren Panzergrenadierbataillone 43 und 42, und einige Brigadeeinheiten aufgestellt. Der Truppenalltag wurde wie in vielen anderen Verbänden des Heeres jener Zeit nicht von der Ausbildung geprägt. Baudissin fasste diese auch für ihn unbefriedigende Situation wie folgt zusammen: »Nicht eingespielte Einheiten, ständige Unruhe (Abgaben, Lehrgänge, Neuaufstellungen, Entlassungen), schlecht ausgebildete Unterführer, Fehl an Waffen, Gerät und Ausrüstung, neue ungewohnte Vorschriften, Unterbringungs-, Ausbildungs- und Wohnverhältnisse, kein stützendes Offizierkorps (Alter, Erfahrung, Zahl, Zusammensetzung)«[10]. Seine Bataillonskommandeure waren durchweg kriegs- und vor allem Ostfronterfahrene, hochdekorierte Wehrmachtsoffiziere. Auch zahlreiche Kompaniechefs waren Ritterkreuzträger und bildeten mit ihren Kommandeuren eine Gemeinschaft mit hohem Ansehen bei den Soldaten der Kampfgruppe. Zeitzeugen erinnern sich daran, dass gerade dieses Offizierkorps durchaus »moderne Menschenführung« pflegte, allerdings ohne bewusste Rückbindung

»Kerniger Kommiss« oder »Weiche Welle«? 133

an die Theorien Baudissins. Baudissin wiederum sah sich einem Offizierkorps gegenüber, das im Gegensatz zu ihm selbst über Kampferfahrung gegen sowjetische Truppen verfügte. Der neue Brigadekommandeur musste gerade diesen Makel durch die Ausrichtung der Ausbildung auf Kriegsnähe wettmachen. Dabei kamen ihm nicht nur seine Kriegserfahrungen in Frankreich und Afrika, sondern auch seine Zeit im Infanterieregiment 9 in Potsdam zugute. Als Regimentsadjutant war er von 1935 bis 1938 auch für die Dienstpläne und für die Aus- und Weiterbildung der Offizieranwärter und jüngeren Offiziere zuständig gewesen. Ein Kronzeuge für das Talent Baudissins im Bereich der Taktik und der Truppenführung ist Günter Kießling, damals als Kompaniechef und als Personaloffizier in der Brigade Baudissins. In seinen Erinnerungen »Versäumter Widerspruch« aus dem Jahre 1993 beschreibt er seinen Kampfgruppenbzw. Brigadekommandeur als Meister der Taktik. Immer wieder habe Baudissin in unterschiedlichen Aufgaben seine Umgebung durch Souveränität und handwerkliches Können überzeugt. Doch auch sein Führungsstil fand Anerkennung. Sein strenges Regiment, welches ihm wohl der ein oder andere Ostfrontveteran nicht zugetraut hatte, kam nicht von ungefähr. Stets forderte er eine wirklichkeitsnahe und somit harte Ausbildung. Im Gegensatz zu manchen Kompaniechefs oder Bataillonskommandeuren seiner Brigade, welche Härte forderten, aber selbst nicht bereit waren, diese vorzuleben, überraschte Baudissin durch nächtelange Dienstaufsicht. Waren ihm unterstellte Einheiten während des Gefechtsschießens im Biwak draußen auf dem Übungsplatz, so übernachtete der Brigadekommandeur schon einmal vor Ort im Zelt. Auch trug er im Gegensatz zu vielen anderen Vorgesetzten stets den befohlenen Anzug. Die Gewöhnung an das Tragen des Stahlhelmes und der gesamten Ausrüstung während der Ausbildung war für ihn dabei ausschlaggebend. Mit seinem Beispiel gab Baudissin dem Prinzip Befehl und Gehorsam Sinn. Nicht Härte um der Härte willen, sondern Härte aus Einsicht war gefordert. Dabei musste nach Baudissin der befehlende Vorgesetzte mit gutem Beispiel vorangehen und alle Härten ebenfalls auf sich nehmen. Seine Bataillonskommandeure und Kompaniechefs mussten anerkennen, dass es dem neuen Kommandeur ernst war mit der Forderung nach kriegsnaher Ausbildung. Das Militärische Tagebuch der Brigade 4 und die einschlägigen Brigadebefehle sprechen eine klare Sprache: Es gab zahlreiche Übungen, allein im Zeitraum von März 1959 bis August 1960 sechs Manöver bzw. Truppenübungsplatzaufenthalte und monatlich je eine Kompanieübung mit Biwak und Hin- und Rückmarsch. Immer wieder kamen zusätzliche Einlagen, wie das kriegsmäßige Versorgen der Brigade durch das Versorgungsbataillon 46 während eines Übungsplatzaufenthaltes, hinzu. Der Schwerpunkt der Ausbildung unter Baudissin lag eindeutig auf der Gefechtsausbildung[11].

Er selbst notierte über eine Brigade-Übung im März 1960: »Wir haben dann zunehmende Kälte, die bis minus 10 Grad sich steigert [...] So findet die Übung unter wirklich kriegsnahen Bedingungen statt. Viele Soldaten bekommen ihr Essen und die Getränke nur noch wenig warm in diesen Tagen [...] Die Grenadiere müssen viel graben und marschieren; die Stäbe sind Tag und Nacht eingespannt [...] Die Übungen vermitteln für alle gemeinsame Bilder und Erlebnisse, die die Ausbildung entscheidend befruchten und ein tragfähiges Zusammengehörigkeitsgefühl fördern[12].«

Baudissins Vorgesetzte sahen durchaus mit Erstaunen, welch fordernde Ausbildung in Göttingen durchgeführt wurde. Sein Kommandierender General, Generalleutnant Smilo Freiherr von Lüttwitz, war bei oben beschriebener Übung sogar eher über Umfang und Dauer der Übung irritiert. Abgesehen davon fanden die Übungsanlage und die Umsetzung jedoch seine volle Zustimmung. Kriegsnahe und strapaziöse Übungen führten zu sehr guten Ausbildungsergebnissen, befand auch der Kommandeur der 2. Panzergrenadierdivision, Generalmajor Ottomar Hansen. Hansen bescheinigte Baudissin bei seiner Versetzung Ende März 1961 denn auch, ein sehr fordernder Vorgesetzter zu sein, der selbst schwierige Bataillone auf Vordermann bringen konnte. Dabei wurde auch sein beispielgebender Stil im Umgang mit den Soldaten hervorgehoben. Auch bei seinen Offizieren und Unteroffizieren blieb die Wirkung nicht aus. Schnell erkannten diese das taktische und operative Talent ihres Kommandeurs und waren von seiner Menschenführung beeindruckt. Gerüchte über den »Weichmacher der Bundeswehr«, die seiner Versetzung nach Göttingen vorausgeeilt waren, konnten sich unter diesen Umständen nicht lange halten.

Auch Baudissin selbst sah seine dreijährige Kommandeurszeit in Göttingen als Gelegenheit, sein theoretisches Konzept in der Truppe umzusetzen. Er fühlte sich nach seiner Versetzung zum NATO-Hauptquartier (AFCENT) nach Fontainebleau 1961 in allem bestätigt: »Die dreijährige Kommandeurszeit gab willkommene Gelegenheit, das Konzept in die Praxis umzusetzen und von da her noch einmal zu überprüfen. Meine Erfahrungen in der Truppe bestätigen die These, dass Güte und Erfolg der ›Inneren Führung‹ von der Aus- und Weiterbildung der Inneren Führer aller Ebenen abhängen. Dies – mit situationsbedingten Schwerpunkten – durchzusetzen, ist Sache des verantwortlichen Kommandeurs, dessen Verhältnis zu allen Fragen der ›Inneren Führung‹ das menschliche Klima des Verbandes prägt. Durch Entschlossenheit und Überzeugungskraft lassen sich Ton und Stil der Menschenführung in kurzer Zeit prägen bzw. ändern. Konzessionen an ›soldatische Härte‹ können nicht geduldet werden – die menschliche Würde auch der ›Schwierigen‹ ist peinlich zu beachten[13].« Seine Gegner wurden so eines Besseren belehrt. Baudissins fordernde Ausbildung hatte die noch junge Brigade zu einem nachweislich schlagkräftigen Verband geformt. In einem Presseartikel war die prägnante Bewertung zu lesen: »Graf Baudissin hat während seines Göttinger Kommandos [...] gezeigt, dass der Begriff des ›Staatsbürgers in Uniform‹ nicht – wie seine Gegner oft meinten – eine ›weiche Welle‹ eingeleitet, sondern im Gegenteil, den militärischen Wert der Brigade erheblich steigerte. An der Härte der Ausbildung und den Anforderungen an

Offiziere und Mannschaften hat es in den beiden letzten Jahren in der Göttinger Ziethen-Kaserne nicht gefehlt[14].« Von der prognostizierten Verweichlichung der Truppe konnte also keine Rede sein. Praktizierte Innere Führung stand in keinem Widerspruch zu einer konsequenten, fordernden und kriegsnahen Ausbildung der Truppe. Auch eine Befragung zur inneren Situation der Bundeswehr stützte die praktischen Erfahrungen Baudissins: Generalinspekteur Heinz Trettner ließ im Herbst 1964 in der Truppe unter anderem nachfragen, ob die Innere Führung eine sachgerechte und harte Ausbildung verhindere und die Kampfkraft schwäche. 73 Prozent der befragten Generale, 45 Prozent der Stabsoffiziere, 33 Prozent der Offiziere und 48 Prozent der Wehrpflichtigen sprachen sich für ein klares Nein aus. Ja, aber nur in geringem Maße, antworteten 37 Prozent aller Befragten. Nur ein geringer Anteil antwortete mit Ja, aber entscheidend[15]. Insgesamt ein durchaus positives Ergebnis, welches angesichts der harschen Kritik an Baudissin überraschte. Doch diese Einsichten trugen nicht dazu bei, die »zornigen alten Männer« (Gero von Ilsemann) zu besänftigen. Vielmehr gingen die Traditionalisten über diese Erfolge hinweg und bauten weiter an der Legende von der unsoldatischen Streitmacht Bundeswehr. Unter dem Motto »Rettet die Bundeswehr!«, so ein Buchtitel aus dem Jahre 1967, war dieser Kampf jedoch nicht nur gegen Wolf Graf von Baudissin und seine Anhänger als Reformer gerichtet, sondern vielmehr gegen die Modernisierung der Gesellschaft insgesamt.

In der aktuellen Frage nach dem geeigneten Kämpfer für die Auslandseinsätze der deutschen Streitkräfte spielen die veränderten Anforderungen eine große Rolle. Im neuen Weißbuch der Bundeswehr wird betont, dass die Fähigkeiten stärker als bisher auf Einsätze zur Konfliktverhütung und Krisenbewältigung, einschließlich des Kampfes gegen den internationalen Terrorismus, im Rahmen von multinationalen Operationen ausgerichtet werden. Verteidigungsminister Jung stellte in diesem Zusammenhang vor jungen Offizieren der Universität der Bundeswehr in München fest: »Der Soldat muss im Einsatz kämpfen können[16].« Die strikt am Einsatz ausgerichteten Streitkräfte benötigten in erster Linie Kämpfer. Darüber hinaus soll der Soldat aber auch durchaus Helfer, Vermittler und Schlichter sein. Bereits zwei Jahre vorher hatte der Inspekteur des Heeres betont, dass der Staatsbürger in Uniform, der mit seiner Familie in der Nachbarschaft wohne und um siebzehn Uhr dreißig nach Hause käme, ausgedient hätte. Generalleutnant Hans-Otto Budde forderte vielmehr den archaischen Kämpfer und den, der den High-Tech-Krieg führen kann[17]. Auf die Ausbildung dieser Kämpfer bezogen hieße das die zwangsläufige Betonung der kriegsnahen, heute korrekt: einsatznahen Ausbildung. Die Betonung führte allerdings in Einzelfällen zum Überbetonen und Überschreiten von Regeln und Gesetzen. Die Misshandlungen von Rekruten in Coesfeld während einer Übung im Sommer 2004 oder die Totenkopfbilder auf den Titelseiten der Boulevardpresse im Herbst 2006 zeigen, wie schnell Grenzen überschritten werden, die durch die Grundsätze der Inneren Führung eigentlich deutlich gezogen sind. Die Frage nach der Vereinbarkeit der Inneren Führung mit der Einsatzausbildung wurde dennoch von allen Verantwortlichen, wie erwartet, bejaht. Der vom heutigen Anspruchdenken nicht berührte, unkritische Befehlsempfänger mit unbändigem Kampfeswillen ist ebenso wenig gewollt wie der von manchem General verachtete »Verteidigungsbeamte« mit Familienzuschlag. »Innere Führung im Einsatz« bildet geradezu die Grundlage für eine sinnvolle einsatznahe Ausbildung. Ausbildungsthemen wie »Geiselhaft und Gefangennahme« oder »Umgang mit Verwundung und Tod« werden daher auch für die militärischen Führer am Zentrum Innere Führung angeboten. Einen Widerspruch zwischen Innerer Führung und Einsatzbereitschaft der Bundeswehr zu sehen, geht also an der Realität vorbei. Vielmehr hätte auch Wolf Graf von Baudissin die Sätze im neuen Weißbuch der Bundesregierung unterschrieben: »Gut ausgebildete, gleichermaßen leistungsfähige wie leistungswillige Soldatinnen und Soldaten [...] sind Grundvoraussetzung für die Einsatzbereitschaft der Bundeswehr[18].«

Anmerkungen

* Für zahlreiche Hinweise bin ich meinem Kollegen und Kameraden Kai Uwe Bormann zu Dank verpflichtet.
[1] Wolf Graf von Baudissin, Der alte Kasernenhof ist tot. In: Frankfurter Allgemeine Zeitung, Nr. 84 vom 12.4.1966.
[2] BArch, BHD 1, BMVg, V-V A, Sonthofener Vorträge, Teil Heer, Lehrgang I (Mai/Juni 1958), S. 27.
[3] Bernhard Neff, »Wir wollen keine Paradetruppe, wir wollen eine Kriegstruppe ...«. Die reformorientierte Militärkritik der SPD unter Wilhelm II. 1890-1913, Köln 2004.
[4] Handbuch Innere Führung. Hrsg. vom Bundesministerium für Verteidigung, Bonn 1957, S. 40.
[5] Wolf Graf von Baudissin, Soldat für den Frieden. Entwürfe für eine zeitgemäße Bundeswehr. Hrsg. und eingeleitet von Peter von Schubert, München 1969, S. 195 und 208.
[6] BArch, N 488/7, Baudissin, Der Auftrag zukünftiger Streitkräfte (Vortragsmanuskript), 21.10.1953, S. 9.
[7] BArch, N 717/487, Baudissin, Härte im Dienst der Freiheit. In: Junge Stimme, 21.3.1964.
[8] BArch, BH 1/1686, Studie FüH betreffend »Gedanken zur Verbesserung der inneren Ordnung des Heeres«, Juni 1969, S. 20.
[9] BArch, N 626/156, Niederschrift der Ergebnisse einer Arbeitstagung von Hauptleuten (KpChefs) 7. PzGrenDiv im Dezember 1970, S. 6.
[10] Notiz Baudissin vom 8.8.1959, zitiert nach Frank Richter, Baudissins Wirken als Brigadekommandeur. Lehrgangsarbeit im Lehrgang Generalstabs-/Admiralstabsdienst 95 – Heer –, Hamburg 1997, S. 8.
[11] BArch, BH 9-4/116, MTB Panzergrenadierbrigade 4.

»Kerniger Kommiss« oder »Weiche Welle«? 137

12 BArch, N 717/14, Tagebuch Baudissin, Einträge 4.-9.3.1960.
13 Wolf Graf von Baudissin, Abschiedsvorlesung vom 18.6.1986 an der Universität der Bundeswehr Hamburg. In: Wolf Graf von Baudissin und Dagmar Gräfin zu Dohna, »... als wären wir nie getrennt gewesen«. Briefe 1941-1947. Hrsg. und mit einer Einführung von Elfriede Knoke, Bonn 2001, S. 258-280, hier S. 273 f.
14 Flensburger Tageblatt vom 29.3.1961, zitiert nach Richter, Baudissins Wirken als Brigadekommandeur (wie Anm. 10), S. 24.
15 BArch, N 626/155, Bericht des Generalinspekteurs über die Auswertung der Befragung »Zur inneren Situation der Bundeswehr«, 1.7.1965.
16 Zitiert nach dem Weißbuch 2006 zur Sicherheitspolitik Deutschlands und zur Zukunft der Bundeswehr. Hrsg. vom BMVg, Bonn 2006 (online-Ausgabe), S. 95.
17 Dazu, wenn auch sehr pointiert, Jürgen Rose, Hohelied auf den archaischen Kämpfer. In: Freitag 15, 2.4.2004 (www.freitag.de/2004/15/04150401.php).
18 Weißbuch 2006 zur Sicherheitspolitik Deutschlands und zur Zukunft der Bundeswehr (wie Anm. 16), S. 130.

Ausgewählte Literatur

Baudissin, Wolf Graf von, Soldat für den Frieden. Entwürfe für eine zeitgemäße Bundeswehr. Hrsg. und eingeleitet von Peter von Schubert, München 1969
Frantzius, Felix von, Das Bataillon im Gefecht, Berlin 1925
Innere Führung im Wandel. Zur Debatte um die Führungsphilosophie der Bundeswehr. Hrsg. von Andreas Prüfert, Baden-Baden 1998
Kießling, Günter, Versäumter Widerspruch, Mainz 1993
Kriegsnah ausbilden. Hilfen für den Gefechtsdienst aller Truppen. Hrsg. vom Heeresamt, Köln 1985
Neff, Bernhard, »Wir wollen keine Paradetruppe, wir wollen eine Kriegstruppe ...«. Die reformorientierte Militärkritik der SPD unter Wilhelm II. 1890-1913, Köln 2004
Richter, Frank, Baudissins Wirken als Brigadekommandeur. Lehrgangsarbeit im Lehrgang Generalstabs-/Admiralstabsdienst 95 - Heer -, Hamburg 1997
Storz, Dieter, Kriegsbild und Rüstung vor 1914. Europäische Landstreitkräfte vor dem Ersten Weltkrieg, Herford, Berlin, Bonn 1992 (= Militärgeschichte und Wehrwissenschaften, 1)
Studnitz, Hans-Georg von, Rettet die Bundeswehr! Stuttgart 1967
Waldersee, Friedrich Graf von, Die Methode zur kriegsgemäßen Ausbildung der Infanterie und ihrer Führer im Felddienste mit besonderer Berücksichtigung der Verhältnisse des Preußischen Heeres, Berlin 1860

Rudolf J. Schlaffer

Die Innere Führung. Wolf Graf von Baudissins Anspruch und Wahrnehmung der Wirklichkeit

I. Am Anfang war eine Fehleinschätzung

Der ehemalige Major im Generalstab (i.G.) der Wehrmacht Wolf Traugott Graf von Baudissin stammte aus einer preußischen Aristokratenfamilie. Er hatte bereits in der Reichswehr und Wehrmacht gedient, war schon 1941 in alliierte Gefangenschaft geraten und hatte den Zweiten Weltkrieg in einem britischen Kriegsgefangenenlager in Australien überstanden. In seinem Denken orientierte er sich stark an den Lehren der protestantischen Ethik. Dennoch stellte der Soldat Baudissin keinen typischen Vertreter seines Berufsstandes dar. Vielmehr war er von seinen Erfahrungen nachhaltig geprägt. Im Amt Blank zeichnete er als Referatsleiter »Inneres Gefüge« für die Entwicklung eines neuen, sich fundamental von den vorherigen deutschen Streitkräften unterscheidenden Binnengefüge verantwortlich. In der Konzeption dieses inneren Gefüges westdeutscher Streitkräfte forderte er vehement eine Abkehr vom Bisherigen. Wenn auch die Innere Führung der Bundeswehr, wie die Führungs- und Organisationsphilosophie prägnant genannt wurde, nicht auf Baudissin allein zurückgeht – so dürfen Ulrich de Maizière, Johann Adolf Graf von Kielmansegg oder sein späterer Gegenspieler Heinz Karst bei der Entwicklung, Einführung und Praxis der Inneren Führung nicht vergessen werden –, kann er doch ohne Übertreibung als deren geistiger Vater bezeichnet werden. Während de Maizière oder Kielmansegg die Implementierung der Inneren Führung als Lernprozess begriffen und Karst den Soldaten über den freien Menschen stellte, wollte Baudissin die Konzeption, die in einer Person den Soldaten mit dem Staatsbürger und freien Menschen vereint, schnell und vor allem möglichst eins zu eins umgesetzt sehen. In diesem Bestreben zeigten sich zuweilen dogmatische Züge und ein beinahe missionarischer Eifer. Jedoch bedachte er zu wenig die personelle Ausgangssituation beim Aufbau der Bundeswehr. Gerade diese Anfangshypothek, mit der nicht die Soldaten der ersten Stunde belastet werden können, und die eher bundeswehrkritischen gesellschaftlichen Rahmenbedingungen sollten zu erheblichen Herausforderungen bei der Umsetzung der Führungs- und Organisationsphilosophie in der Truppe führen. Die Innere Führung regelt sowohl den organisatorischen als auch wertorientierten Umgang der Vorgesetzten mit den Untergebenen unter Aufrechterhaltung des Gehorsamsprinzips sowie des Führens mit Auftrag im Rahmen der Wert- und Normenordnung des Grundgesetzes und der Ausführungsgesetze der Bundesrepublik Deutschland in der Bundeswehr.

Der Lernprozess, ausgehend von einer autoritär geführten und auf eine Person verpflichteten Armee im Nationalsozialismus hin zu kooperativ geführten und dem Parlament verpflichteten Streitkräften in der Bundesrepublik, hätte eigentlich einer sorgfältigen Phase der Implementierung bedurft. Erst danach konnte eine dauerhafte Konsolidierung erfolgen. Baudissin ging solch ein Prozess freilich zu langsam. Seine Ungeduld sollte schließlich zu mancher Überforderung, sowohl seiner eigenen Vorgesetzten in der Bundeswehr als auch vieler Soldaten in der Truppe führen.

Mit der Zusage der Bundesregierung, dem NATO-Bündnis innerhalb von völlig unrealistischen drei Jahren zwölf einsatzfähige Divisionen des Feldheeres zu assignieren, wurden der militärischen Führung von vornherein sämtliche Entscheidungsmöglichkeiten genommen. Nunmehr sollte es für einen militärisch geschulten Sachverstand klar sein, dass der Aufbau der Truppe vor einer sorgfältigen und mit helfender Dienstaufsicht zu versehenden Implementierung der Inneren Führung rangierte. Beides gleichzeitig leisten zu wollen, galt als unmöglich. Daher musste zwangsläufig eine interne Prioritätensetzung vollzogen werden, die zwar nach außen den Vorrang oder zumindest die Gleichsetzung der Inneren Führung mit dem schnellen Aufbau unterstrich, innerhalb der Streitkräfte aber dem Truppenaufbau uneingeschränkten Vorrang zuwies. Baudissin konnte und wollte diese Prioritätenverschiebung nicht akzeptieren. Er befürchtete vielmehr eine Aushöhlung der Konzeption bereits während ihrer Umsetzungsphase durch die Vorgesetzten im Ministerium, in den Kommandobehörden und schließlich auch dort, wo die Innere Führung eigentlich am meisten wirken sollte: in der Truppe.

Gerade diese Verschiebung spiegelt einen immanenten Dualismus zwischen theoretischer Konzeption und praktischer Anwendung wider. Die im Büro unter idealtypischen Konstellationen entwickelte geistige Dimension, die man ohne Übertreibung vor der Folie der deutschen Militärgeschichte und im Vergleich zu anderen Großorganisationen der Bundesrepublik auch als avantgardistische Führungs- und Organisationsphilosophie bezeichnen kann, musste sich nun in der Realität bewähren. Oftmals wird aber die Idealvorstellung vom Alltag oder von der Lebenswirklichkeit eingeholt bzw. überholt und schließlich modifiziert. Auch in der Inneren Führung scheint ein solcher Änderungsprozess abgelaufen zu sein. Ein Blick auf den Anspruch dieses Konzepts, so wie es Baudissin verstand, und ein Ausschnitt aus der Wirklichkeit seiner Umsetzung gibt auch einen Blick frei auf die Person Baudissins, der sein Wirken in der Truppe und seine Prägekraft auf die westdeutschen Streitkräfte sehr eng mit dem Konzept verbunden sah.

II. Zur geistigen Dimension der Inneren Führung

Anders als bei der Institution des Wehrbeauftragten – der Vorschlag, ein solches Amt in der Bundesrepublik einzuführen, ging auf eine Anregung des SPD-Abgeordneten Ernst Paul im Jahre 1951 zurück – stand nicht eine Person, sondern ein allgemeiner politischer Wille Pate für die Entwicklung einer neuen Organisationsphilosophie der künftigen westdeutschen Streitkräfte. Alle politisch maßgeblichen demokratischen Parteien stimmten darin überein, dass es eben keine Neuauflage der Binnenverhältnisse von Reichswehr oder Wehrmacht geben dürfe. Zwar sollten die zukünftigen Streitkräfte schlagkräftig werden, sich aber im Geiste, also der Orientierung an freiheitlichen Werten und Normen, fundamental von der Wehrmacht unterscheiden. Denn in ihr hatte die formale Disziplin absoluten Vorrang vor dem freien Willen des Menschen. Die Eidesbindung an Adolf Hitler stand über der Einhaltung von Menschenrechten. Die Befehlsgewalt war absolut und beinahe grenzenlos. Abschreckend und warnend versinnbildlicht wurden solche Zustände immer wieder in der politischen und öffentlichen Debatte, etwa mit dem Verweis auf Hans Hellmut Kirsts Roman »08/15« und auf die Reichswehr in der Weimarer Republik. Der Wachtmeister Platzek, mit dem in der gleichnamigen Verfilmung die unmenschliche Praxis des militärischen Schleifens ein Gesicht bekommen hatte, sowie der stets mit dem distanzierten Verhältnis der Reichswehrführung zur Weimarer Demokratie gleichgesetzte Ausspruch vom »Staat im Staate«[1] standen in der öffentlichen Wahrnehmung für ein autoritär organisiertes und geführtes Militär. Soldaten wie Platzek galten als potenzielle Gefahr für die junge Demokratie. Gerade sie sollten von der Bundeswehr ferngehalten werden. Es gab daher überhaupt keine Alternative zu dem Konzept, auch innerhalb der bewaffneten Macht die freiheitlichen Werte erfahrbar zu machen. Der ehemalige Wehrmachtssoldat musste jedoch erst zum »Staatsbürger in Uniform« in einer demokratischen Staats- und freiheitlichen Gesellschaftsordnung umgezogen werden. Für die Führungsebene, ab Oberst aufwärts, regelte man dies mit einem eigens hierfür installierten Personalgutachterausschuss, der die charakterliche und politische Eignung für eine Verwendung in der Bundeswehr feststellen sollte. Damit wurde einzig in der Bundesrepublik Deutschland das Spitzenpersonal der Streitkräfte einer exklusiven Prüfung unterzogen. Im Gegensatz zu Justiz oder Medizin beispielsweise, blieben ihr dadurch peinliche Skandale mit dem Führungspersonal weitgehend erspart. Für die untere Führungsebene dagegen galt diese spezielle Prüfung nicht; dies wäre auch aufgrund des Umfanges unmöglich gewesen.

Baudissin war bei der Formulierung seiner Kerngedanken von einem permanenten »Weltbürgerkrieg«[2] ausgegangen. Zwei antagonistische Systeme, in diesem Fall das totalitäre und das freiheitliche, stünden sich unversöhnlich gegenüber. Eine Konfrontation in der Zukunft schien beinahe unumgänglich, müsse aber so weit wie möglich verhindert werden. Jeder einzelne Soldat als zukünftiger Träger dieses Konfliktes, so Baudissin weiter, werde daher allein durch seine Einsicht motiviert. Nur wenn der Wehrpflichtige, unabhängig ob Berufs-, Zeitsoldat oder Grundwehrdienstleistender, vom Sinn und Zweck seines Auftrages überzeugt sei, könne er zum vollwertigen Kämpfer in diesem, durch die ultimative Wirkung der Atombombe erst eigentlichen »totalen Krieg«[3] werden.

Dieser vollwertige Soldat sollte ein Einzelkämpfer sein, der, hart und gut ausgebildet, selbstständig handeln und als Persönlichkeit überzeugen musste. So stellte man bereits 1952 in einer Studie im Amt Blank fest: »Diese Persönlichkeit ist der ›Staatsbürger in Uniform‹, der alle Härten, Entbehrungen und notwendigen Einschränkungen seiner persönlichen Freiheit auf sich nimmt für die Erhaltung der freiheitlichen Lebensordnung[4].« Die Innere Führung vereint also in einer Person den Soldaten und den in der freiheitlichen Ordnung lebenden Staatsbürger. Der »Staatsbürger in Uniform« war demnach im untrennbaren Kontext der politischen Ordnung der Bundesrepublik Deutschland zu verorten. In dieser inneren Ordnung sollte sich der Soldat selbst verwirklichen, das heißt als Spezialist seinen militärischen Auftrag einsehen und erfüllen können. Dieser bestand darin, innerhalb einer hoch technisierten Armee den Krieg in der »totalen Verteidigung«[5] des Atomzeitalters führen zu können.

In der frühen Konzeptionsphase westdeutscher Streitkräfte war von einer Integration in das NATO-Bündnis noch keine Rede. Vielmehr wurde ein europäischer Soldat deutscher Nation gefordert, der, in seinem Volk verwurzelt, in einem deutschen Kontingent der Europäischen Verteidigungsgemeinschaft (EVG) für ein vereintes Europa kämpfen sollte. In seiner persönlichen Freiheit durfte solch ein Soldat nur durch die als unbedingt notwendig angesehenen Forderungen hinsichtlich der Disziplin, Kameradschaft und des Ansehens des Kontingents in der Öffentlichkeit eingeschränkt werden. Eine an rechtsstaatlichen Maßstäben orientierte Militärgerichtsbarkeit, die, wie in der Ziviljustiz, eine Trennung zwischen Strafverfolgungsbehörde und Rechtsprechung aufweisen sollte, galt daher als eine unbedingte Voraussetzung für die Innere Führung. Die Bestrafung im Affekt wurde durch eine Verhängungsfrist verhindert, ein Beschwerderecht eingeführt und ein Vertrauensmann gewählt. Im Grunde genommen war weniger der militärische Vorgesetzte als vielmehr der zivile Jurist ein wesentlicher Garant für die Implementierung der Inneren Führung.

Das Konzept entwickelte sich schließlich von einem Soldaten in der EVG zu einem zwar in die NATO integrierten, aber weiterhin in einer nationalen Armee dienenden Soldaten. Der nunmehrige Bundeswehrsoldat musste im Idealfall erkennen, dass er durch mangelhafte Ausbildung nicht nur sich selbst, sondern auch, was viel schwerer wiegen würde, seine Kameraden im Einsatzfall gefährden konnte. Gehorsam und militärische Disziplin waren nicht mehr durch rein funktionale Ordnungsprinzipien zu erreichen, sondern resultierten aus der persönlichen Einsicht der Soldaten. Eine Armee in der Demokratie benötigt gleichsam existenziell die Berücksichtigung der persönlichen Freiheit, die Mitverantwortung des Einzelnen und die Fürsorge der Vorgesetzten für die Untergebenen. Wie sollte auch eine freie Gesellschaft wie die in der Bundesrepublik Deutschland mit weiterhin autoritär geführten und einzig an formalen Ordnungsprinzipien ausgerichteten Streitkräften vereinbar sein? Eine demokratische Staatsform fordert geradezu den »Staatsbürger in Uniform«. Freiheit ist aber nicht mit Nachlässigkeit gleichzusetzen. Der Auftrag, schlag- und kampfkräftig zu sein, blieb auch für die Bundeswehr uneingeschränkt bestehen. Es handelte sich also um einen ziemlich hohen Anspruch, den die deutschen Planer um Baudissin im Amt Blank hier vorgaben. Im Ausschuss für Fragen der europäischen Sicherheit, dem Vorgänger des Verteidigungsausschusses, referierten Baudissin und Kielmansegg zum Konzept für eine Innere Führung. »Aus ihren Ausführungen geht hervor, daß sie eine Festlegung der geistigen Grundlagen erwarten, und zwar gerade weil dem Soldaten seine Aufgabe aus einem größeren Bereich als dem eigentlich soldatischen gestellt werden sollte. Es müsse erreicht werden, daß der Soldat menschlich so angesprochen wird, daß er sich aus Einsicht ein- und unterordnet. Die gesuchte Formulierung über das Erziehungsziel soll kein dogmatisches Schema sein, sie soll jedoch eine Art Leitbild aufstellen. Dieses Leitbild ist zumindest erforderlich für die Auswahl der Vorgesetzten. *Graf Baudissin* nennt einige Züge dieses Leitbildes: Vom Negativen her gesehen stellt er fest, daß der Vorgesetzte und der Soldat keinesfalls reiner Militärtechniker sein soll. An positiven Seiten nennt er folgende: Ein lebendiger [sic!] Verantwortungsgefühl der freiheitlichen Ordnung gegenüber; ein echtes Verhältnis zu Mitmenschen, d.h. er soll im Soldaten nicht nur ein Kampfmittel, sondern auch den Mitbürger sehen; der Soldat soll im Leben seines Volkes verwurzelt bleiben; der Vorgesetzte muß ansprechbar sein für die Ideen der freiheitlichen Welt[6].« Ein intellektuell ziemlich anspruchsvolles Gedankengerüst, das es seit 1955 allen Vorgesetzten und Ausbildern in der Truppe zu vermitteln galt! Wie aber sah die Realität aus?

III. Baudissins Innere Führung und ihre Realität in der Truppe

Bereits der aus den Meldungen und Dienstaufsichtsnotizen im Verteidigungsministerium erstellte Jahresbericht Innere Führung von 1956 desillusionierte Baudissin. Seine Einschätzung der Situation war sehr ernüchtert und wenig optimistisch: »Insgesamt wurde die wichtigste *erste Aufbauphase* nicht hinreichend genutzt, um Offiziere, die für Fragen der Inneren Führung ansprechbar sind, zu überzeugen und genügend auf die

Praxis vorzubereiten; [sic!] um die weniger Bereiten vor vollendete Tatsachen zu stellen. Sicher ist damit keine endgültige Entscheidung gefallen. Die Entwicklung bleibt weiterhin offen[7].« Zwar sah er auch vereinzelt Fortschritte, insgesamt überwog aber seine negative Interpretation des Berichts sehr deutlich. Vor allem bewertete er folgende Tendenz als höchst bedenklich: »Die vielleicht negativste Belastung dürfte die Erfahrung mancher Offiziere sein, dass man nicht nur ungestraft gegen Vorschriften der Inneren Führung verstossen [sic!] kann, sondern dass die offene Ablehnung der Konzeption wie bestimmter Einzelregelungen ganz opportun, ja teilweise zum Stil wird[8].« Baudissin musste bereits nach kurzer Existenz der Bundeswehr eine beträchtliche innere Distanz zu »seinem« Konzept feststellen. Vor allem enttäuschte ihn die Haltung etlicher seiner Vorgesetzten und ehemaligen Weggefährten im Amt Blank. Kaum existierten wieder (west)deutsche Streitkräfte, glaubte man an die vergangene »gute alte Zeit«[9] anknüpfen zu können. Ernüchternd war diese Einschätzung auch unter dem Aspekt, dass die ersten Wehrpflichtigen bereits am 1. April 1957 in die Kasernen einberufen werden sollten, um die ambitionierten Aufstellungszahlen erfüllen zu können. Es stellte sich zu diesem Zeitpunkt bereits die Frage, wie die Vorgesetzten dann mit den jungen Grundwehrpflichtigen umgehen würden.

Bereits zwei Monate später, am 3. Juni 1957, geschah im Luftlande-Jägerbataillon 19 in Kempten/Allgäu bei einer Übung am Fluss Iller ein tragisches Unglück. Der eingesetzte Zugführer, ein Stabsunteroffizier, unterschätzte die Strömung des Flusses – mit dem Resultat, dass innerhalb weniger Minuten die Hälfte seiner Soldaten, immerhin 15 Mann, in der Iller ertranken. Dieser Vorfall war allerdings weniger ein Problem der Inneren Führung als vielmehr ein tragischer Unfall. Im Gerichtsverfahren sollte deutlich werden, dass die Soldaten ihrem Stabsunteroffizier blind gefolgt waren. Sie hatten auf die militärischen sowie charakterlichen Fähigkeiten ihres stellvertretenden Zugführers vertraut und sich nicht unwürdig behandelt gefühlt. Jedoch hätte der Vorgesetzte mehr Fürsorge walten lassen müssen – auch unter dem Aspekt, dass eine solche Ausbildung von der ausdrücklichen Genehmigung des Bataillonskommandeurs abhängig war. Eine solche Genehmigung lag aber nicht vor. Dieses Beispiel verdeutlicht die unteilbare Verantwortung des militärischen Vorgesetzten, der, ob ein Ergebnis gewollt war oder nicht, für seine Befehle einzustehen hatte.

Nach dem Iller-Unglück zeigte sich vor allem in den Jahresberichten des Wehrbeauftragten ab 1959, dass es, wie Baudissin 1956 schon prophezeit hatte, erhebliche Probleme mit der Inneren Führung geben sollte. Schon der erste Wehrbeauftragte Helmuth von Grolman stellte in seinem Jahresbericht 1959, sehr zur Verärgerung von Verteidigungsminister Franz Josef Strauß, fest: »Im Berichtsjahr zeigten sich deutlich alle zwangsläufig nachteiligen Folgen des zu schnellen Aufbaus der Bundeswehr. Die Überforderung der Truppenführer, der Mangel an erfahrenen Offizieren (Kompaniechefs), die zu geringe Zahl junger Offiziere und

Die Innere Führung. Anspruch und Wahrnehmung

Unteroffiziere, das Auseinanderreißen von Verbänden, hohe Abgaben zu Neuaufstellungen, verwaltungsmäßige Schwierigkeiten, unzulängliche Ausrüstung, ungenügende Ausbildungsmöglichkeiten (Standortübungsplätze usw.) wirkten sich teilweise fühlbar auf das innere Gefüge, auf Stimmung und Geist der besonders betroffenen Truppenteile aus. Mißmut und Resignation waren noch Einzelerscheinungen[10].« Diese treffende Analyse Grolmans nach seiner erst knapp halbjährigen Tätigkeit sollte für die Bundeswehr bis zum Ende der 60er Jahre gelten. Erst als eine personelle Konsolidierung und die von Verteidigungsminister Helmut Schmidt (SPD) ab dem Ende der 60er Jahre betriebene (Aus-)Bildungsreform erkennbare Wirkungen entfalteten, konnte auch von einer Konsolidierung der Inneren Führung gesprochen werden.

Aber der 1967 pensionierte Baudissin sollte diese Konsolidierung nicht mehr als aktiver Soldat erleben. Seine Frustration über die seiner Meinung nach mangelhafte Implementierung der Inneren Führung in der Bundeswehr gründete zu einem nicht unerheblichen Teil auf seine funktionale Kaltstellung. Diese war wohl auch auf die gegenseitige persönliche Abneigung zwischen ihm und dem rheinischen Katholiken Karl Gumbel zurückzuführen, der von 1955 bis 1959 und 1960 bis 1964 zuerst als Leiter der Personalabteilung und danach als Staatssekretär im Verteidigungsministerium eine zentrale Machtposition wahrnahm und nicht unbedingt zu den Befürwortern der Inneren Führung zählte. Baudissin gehörte zwar der Positions- und Funktionselite in der Bundeswehr an, konnte aber aufgrund seiner NATO-Verwendungen im Anschluss an seine Brigadekommandeurszeit in Göttingen nicht mehr zur Macht- und Herrschaftselite gezählt werden – in der Bundeswehr sind das vornehmlich Führungsverwendungen in der Truppe oder in der oberen Kommandoebene. Auch seine Kommandeursverwendung im NATO-Defence-College in Paris konnte nicht über seine Abseitsstellung, zumal noch im französischen Ausland, hinwegtäuschen. Eine Verwendung als Divisionskommandeur oder Kommandierender General blieb ihm ebenso verwehrt wie die als Inspekteur des Heeres oder gar als Generalinspekteur. Im Vergleich zu seinen Weggefährten de Maizière oder Kielmansegg fiel seine Karriere unter der Perspektive klassischer militärischer Laufbahnmuster nach unten ab. Für einen Soldaten, dessen geistiges Konzept immerhin als Aushängeschild der Bundeswehr galt, eine vermutlich kaum befriedigende berufliche Situation. Bereits Anfang 1963 beschrieb er dem damaligen SPD-Fraktionsvorsitzenden im Deutschen Bundestag, Fritz Erler, die aus seiner Sicht verhängnisvolle Entwicklung: »Mir ist es nie so deutlich geworden wie bei meinem Bonnbesuch, wie sehr sich die Entwicklung in der Bundeswehr zuspitzt. Die Gestrigen haben mit ihrem hierarchischen Übergewicht, der grösseren Einfachheit und Vordergründigkeit dessen, was sie anbieten, unter der schützenden Hand von Strauss und bis zum gewissen Grade auch Lübkes, mit dem deutlichen Concensus der politischen Provinz und bei erlahmender Wachsamkeit von Opposition und Oeffentlichkeit erheblich Boden gewonnen, sie fühlen sich jedenfalls eindeutig im Kommen und wirken entsprechend stark auf Attentisten und – sagen wir – die Freiheitlichen[11].«

Der Skandal um die Vorkommnisse im Fallschirm-Jäger-Standort in Nagold 1963, als ein junger Grundwehrpflichtiger starb und in der Folge etliche Schikanen von Untergebenen festgestellt wurden, sollte Baudissin weiter in dem Urteil bestärken, dass die Traditionalisten über die Reformer gesiegt hätten. Einen Kulminationspunkt stellte schließlich die Heye-Affäre von 1964 dar. Der Wehrbeauftragte Hellmuth Heye veröffentlichte seinen Jahresbericht sinngemäß noch einmal in journalistisch reißerischer Form in der Illustrierten »Quick«, weil er sich vom Deutschen Bundestag und der Führung der Bundeswehr nicht ausreichend angehört fühlte. Baudissin stellte sich zwar inoffiziell hinter Heye, bat ihn aber in einem Telegramm, seine Briefe an ihn nicht zu veröffentlichen. Er wollte sich in dieser Auseinandersetzung noch nicht positionieren: »Fällt jetzt Heye als Person bzw. versandet seine Aktion, halte ich die letzte Chance für vertan, das Rad vorwärts zu drehen. Die Reaktionäre fühlen sich als endgültige Sieger, die Reformer als Geschlagene [...] Doch bedrückt mich mehr und mehr der Gedanke, Heye im Stich zu lassen bzw. meine letzte Stunde zu versäumen. Falls es sich wirklich lohnen sollte, wäre ich zu allem bereit[12].« Offenbar schien es sich für ihn noch nicht zu lohnen, sich öffentlich für Heye auszusprechen. Somit entsprang seine Handlung eher einem rationalen Kalkül. Zwar hoffte er den Skandal für eine Umorientierung in der Bundeswehr nutzen zu können, wollte sich aber nicht voreilig mit den politischen Entscheidungsträgern anlegen, die ihn womöglich noch in wichtige Führungsfunktionen befördern konnten. Denn Heye schlug die breite Empörung vieler maßgeblicher Regierungspolitiker über seine als formale Verfehlung eingestufte Publikation »In Sorge um die Bundeswehr«[13] in der Zeitschrift »Quick« entgegen: »Liest man allerdings die hysterischen Reaktionen des Ministers [Kai-Uwe von Hassel, d. Verf.] wie des Generalinspekteurs [Heinz Trettner, d. Verf.] und zählt dazu die vielen Gespräche, dann wird immer deutlicher, wie recht Heye in der Sache hat [...] Solche Emotionalität entspringt dem schlechten Gewissen des Ertappten, vor allem aber der Ablehnung parlamentarischer Kontrolle wie öffentlicher Kritik [...] Ich meine, man sollte diese Nachlese in der Diskussion zu Heyes Gunsten nutzen und sich vor die Truppe stellen, die von ›oben‹ schlechter gemacht wird, als sie ist, bzw. die man krampfhaft in eine Gegenposition zum Wehrbeauftragten zu stellen sucht[14].«

Baudissin hoffte wie Fritz Erler, der Wehrexperte der SPD-Bundestagsfraktion, dass der ehemalige Vizeadmiral Heye dieses politische Gefecht bis zur Beendigung seiner Amtszeit überstehen würde, dennoch dachten beide strategisch schon über die als sehr realistisch eingeschätzte Entlassung Heyes nach. So riet Erler Baudissin, erst einmal noch im französischen Abseits auszuharren und sich vor allem nicht auf den vermutlich bald frei werdenden Posten als Wehrbeauftragter wegloben zu lassen: »Aber man muss natürlich sorgfältig abwägen, ob man einen Warteposten in der Armee in hoher Stellung, von dem man jederzeit in

Die Innere Führung. Anspruch und Wahrnehmung 147

noch wichtigere Funktionen geholt werden kann, mit einem Posten außerhalb der Armee vertauschen soll, von dem man anregen, kritisieren, wünschen, sehen, hören, riechen, aber nichts befehlen kann. Ich stelle die Frage ganz offen, damit Sie sehen, dass ich mir der Tragweite einer solchen Entscheidung voll bewusst bin[15].« Baudissin folgte dem Rat Erlers. Insgeheim hoffte er immer noch, eine wichtige Führungsfunktion wie beispielsweise als Inspekteur des Heeres oder Generalinspekteur übernehmen zu dürfen. Damit hätte er doch noch entscheidend auf die Entwicklung der Bundeswehr Einfluss nehmen können. Jedoch sollte er sich hier verkalkulieren, denn Heye trat bald darauf zurück, der CDU-Abgeordnete Matthias Hoogen wurde Wehrbeauftragter und Baudissin wurde im Jahr 1965 zu Supreme Headquarters Allied Powers Europe (SHAPE) als stellvertretender Chef des Stabes »Plans & Policy« abgeschoben. Vielleicht hatte Baudissin während der Heye-Affäre doch seine »letzte Stunde« verpasst?

IV. Baudissin: ein gescheiterter Reformer?

Die Innere Führung blieb in der Aufbauphase der Bundeswehr zu großen Teilen ein Placebo in der Truppe, aber gleichzeitig, um im medizinischen Sprachgebrauch zu bleiben, ein Antibiotikum für die Gesellschaft. Die Implementierung in der Bundeswehr erfolgte anfangs wenig erfolgversprechend, erst mit der Konsolidierung im Personal- sowie Ausbildungsbereich konnte auch die Innere Führung umfassend in der Bundeswehr verankert werden. Die Führungs- und Organisationsphilosophie entfaltete mehrere Wirkungen: einerseits als zunächst weitgehend wirkungsloses Sinnsystem für ein inneres Gefüge, andererseits als Placebo-Effekt für die Zivilgesellschaft, die mit deren Existenz in ihrer ablehnenden Haltung gegenüber der Bundeswehr beschwichtigt werden sollte; schließlich, nach der skandalträchtigen Implementierungsphase bis 1968, folgte eine Konsolidierung und somit eine hohe Integrationsfähigkeit des Militärs in die Zivilgesellschaft.

War Baudissin also gescheitert? Gemessen an seinen persönlichen Ambitionen in der Bundeswehr durchaus. Auch wenn seine Pensionierung als Generalleutnant im laufbahnrechtlichen Sinne einer Spitzenposition innerhalb der Bundeswehr entsprach, so war er doch nicht der Macht- und Herrschaftselite zuzurechnen. Eine Stellung, von der aus er seine Vorstellungen stärker zur Geltung hätte bringen können, blieb ihm genauso verwehrt wie die Anerkennung seines Reformwerkes in der und durch die Truppe. Dies sollte sich erst ändern, als sich die sozialliberale Regierungskoalition seit 1969 der Modernisierung – der Begriff Reform ist hier zu schwach – des Staates und seiner Institutionen verpflichtet fühlte. Baudissins Ansehen und das der Inneren Führung stieg, jedoch wurde sie die negative Zuschreibung nicht los, dass diese Führungs-Organisationsphilosophie lediglich für den Frieden tauge und den zum Kampf erzogenen Soldaten ausblende. Genau dieses war aber eben nicht Baudissins Anspruch während seiner Zeit im Amt Blank und als aktiver Soldat gewesen. Behauptungen solcher Art offenbarten lediglich, dass man weder Baudissin noch sein Werk verstanden hatte.

Für eine Qualifizierung Baudissins ist der Begriff Reformer unscharf und viel zu schwach. Baudissin war seiner Zeit weit voraus, er war ein militärischer Visionär und Avantgardist. Aber wie viele Visionäre war er einerseits zu ungeduldig gegenüber etlichen seiner Wegbegleiter, andererseits erwiesen sich diese wiederum als geistig zu unbeweglich, um die ganzheitliche militärische Dimension der Inneren Führung zu erkennen. Daher war er vielmehr ein Modernisierer, dessen Werk erst knapp 15 Jahre nach Einführung sowie nach seinem Ausscheiden aus der Bundeswehr Anerkennung fand und zur Wirkung kommen sollte.

Anmerkungen

[1] Archiv der sozialen Demokratie (AdsD), NL Erler, Mappennummer 11 (B), Stenographisches Protokoll der Sendung »Politisches Forum« des Nordwestdeutschen Rundfunks (NWDR) vom 24.7.1955, 19.30–20.00 Uhr: Während dieser Sendung wurde von den beteiligten Politikern des Öfteren auf die Gefahr der Isolierung der Streitkräfte von der Gesellschaft zum »Staat im Staate« hingewiesen.
[2] Vgl. Wolf Graf von Baudissin, Nie wieder Sieg. Programmatische Schriften 1951–1981. Hrsg. von Cornelia Bührle und Claus von Rosen, München 1982, S. 55.
[3] Vgl. zum »totalen Krieg« Jörg Echternkamp, Im Kampf an der inneren und äußeren Front. In: Das Deutsche Reich und der Zweite Weltkrieg, Bd 9/1: Die deutsche Kriegsgesellschaft 1939 bis 1945. Politisierung, Vernichtung, Überleben. Im Auftr. des MGFA hrsg. von Jörg Echternkamp, München 2004, S. 80–85 und bei Jutta Nowosadtko, Krieg, Gewalt und Ordnung. Einführung in die Militärgeschichte, Tübingen 2002 (= Historische Einführungen, 6), S. 213–221.
[4] BA-MA, BW 9/764, Studie »Das ›Innere Gefüge‹ der Streitkräfte« der Abteilung I Pl/W/G1/3 vom 30.6.1952, S. 3.
[5] Rudolf J. Schlaffer, Anmerkungen zu 50 Jahren Bundeswehr: Soldat und Technik in der »totalen Verteidigung«. In: MGZ, 64 (2005), Heft 2, S. 487–502.
[6] Deutscher Bundestag, Parlamentsarchiv, 1. WP, Verteidigungsausschuss (VtdgA), 1.–41. Sitzung, Kurzprotokolle, 15.7.1952–4.8.1953, Kurzprotokoll der 36. Sitzung des Ausschusses für Fragen der europäischen Sicherheit vom 24.6.1953, S. 6–7. Unterstreichung im Original.
[7] BA-MA, N 717/8, Tagebuch Baudissin, Eintrag vom 16.12.1956–10.1.1957, S. 2. Unterstreichung im Original.
[8] Ebd.
[9] Ebd.
[10] Bericht des Wehrbeauftragten des Deutschen Bundestages für das Berichtsjahr 1959 vom 8.4.1960, S. 10.

11 AdsD, NL Erler, Mappennummer 143 (A), Schreiben Graf Baudissin an Fritz Erler vom 18.2.1963.
12 AdsD, NL Erler, Mappennummer 143 (A), Schreiben Graf Baudissin an Evangelischen Wehrbereichsdekan IV Herrn Mittelmann vom 27.4.1964; Schreiben Graf Baudissin an Fritz Erler vom 24.6.1964.
13 Hellmuth Heye, In Sorge um die Bundeswehr. In: Quick, 17 (1964), S. 27.
14 AdsD, NL Erler, Mappennummer 143 (A), Schreiben Graf Baudissin an Fritz Erler vom 6.7.1964.
15 AdsD, NL Erler, Mappennummer 143 (A), Schreiben Fritz Erler an Graf Baudissin vom 29.6.1964.

Ausgewählte Literatur

Baudissin, Wolf Graf von, Nie wieder Sieg. Programmatische Schriften 1951–1981. Hrsg. von Cornelia Bührle und Claus von Rosen, München 1982

Baudissin, Wolf Graf von, Soldat für den Frieden. Entwürfe für eine zeitgemäße Bundeswehr. Hrsg. und eingeleitet von Peter von Schubert, München 1969

Krüger, Dieter, Das Amt Blank. Die schwierige Gründung des Bundesministeriums für Verteidigung, Freiburg i.Br. 1993

Maizière, Ulrich de, In der Pflicht. Lebensbericht eines deutschen Soldaten im 20. Jahrhundert, Herford, Bonn 1989

Nägler, Frank, Innere Führung. Vom Entstehungszusammenhang einer Führungsphilosophie für die Bundeswehr. In: Entschieden für Frieden. 50 Jahre Bundeswehr 1955–2005. Im Auftrag des MGFA hrsg. von Klaus-Jürgen Bremm, Hans-Hubertus Mack und Martin Rink, Freiburg i.Br., Berlin 2005, S. 321–339

Schlaffer, Rudolf J., Anmerkungen zu 50 Jahren Bundeswehr: Soldat und Technik in der »totalen Verteidigung«. In: MGZ, 64 (2005), S. 487–502

Schlaffer, Rudolf J., Kontrolle zum Schutz der Soldaten: Der Wehrbeauftragte des Deutschen Bundestages. In: Militärgeschichte. Zeitschrift für historische Bildung, (2004), Heft 3, S. 8–11

Schlaffer, Rudolf J., »Schleifer« a.D. – Zur Menschenführung im Heer in der Aufbauphase. In: Das Heer 1950 bis 1970. Konzeption, Organisation und Aufstellung. Von Helmut Hammerich, Dieter H. Kollmer, Martin Rink und Rudolf J. Schlaffer unter Mitarbeit von Michael Poppe, München 2006, S. 615–698

Schlaffer, Rudolf J., Der Wehrbeauftragte – Kontrolleur der inneren Entwicklung der Bundeswehr. In: Entschieden für Frieden. 50 Jahre Bundeswehr 1955–2005. Im Auftrag des MGFA hrsg. von Klaus-Jürgen Bremm, Hans-Hubertus Mack und Martin Rink, Freiburg i.Br., Berlin 2005, S. 397–407

Schlaffer, Rudolf J., Der Wehrbeauftragte 1951–1985. Aus Sorge um den Soldaten, München 2006

Frank Nägler

Zur Ambivalenz der Atomwaffe im Blick auf Baudissins frühe Konzeption der Inneren Führung

I. Vernichtungsdrohung und Friedenswahrung – Dimensionen der Ambivalenz aus der Perspektive von 1962

Wer der Nuklearwaffe eine ambivalente Rolle *in* Baudissins Konzeption zuschreiben möchte, kann sich zunächst einmal auf die eigenen Worte des Vordenkers der *Inneren Führung* berufen. Am 7. April 1962 handelte Wolf Graf von Baudissin in Heidelberg vor der *Deutschen Atlantischen Gesellschaft* über *Das Kriegsbild*. In dem noch im gleichen Jahr in einer Druckfassung publizierten Vortrag[1] sprach Baudissin namentlich im Blick auf die Atomwaffe von der »Ambivalenz der Technik, mit der man entweder die Welt zerstören kann oder den Frieden sichern«[2]. Zusammen mit der weltweiten ideologischen Konfrontation, dabei allerdings auf schon zureichend eigene Weise, zogen nach Baudissin die Nuklearwaffen »die Völker und mehr und mehr die Erde als Ganzes in das Kriegsgeschehen mit hinein«. Damit verliehen sie »dem heutigen Kriege eine Totalität [...], die ihn aller früheren Sinngebung« beraube. Der Krieg tauge nicht mehr zu religiöser oder ideologischer Missionierung; weder ließen sich mit ihm ideologische Systeme verbreiten noch »verlorengegangene Freiheit oder Territorien zurückgewinnen«. Der Krieg sei »heute nur noch ein Weg in die gegenseitige Vernichtung«[3].

Die Vernichtungsdrohung des »total-atomare[n] Krieg[es]« erstreckte sich auch auf die minder intensiven Formen eines heißen Krieges, die ihm lediglich in der logischen Skalierung, nicht aber im erwarteten zeitlichen Ablauf vorauslagen. Denn bei einem Versagen der Abschreckung – und träfe dies auch nur regional begrenzt ein – galt Baudissin »die Entwicklung zum Äußersten [als] mehr als wahrscheinlich«. So erschien jeder mit Waffen geführte Krieg unter das Risiko atomarer Auslöschung gestellt, gleichviel ob der noch knapp unterhalb offener Gewaltanwendung ausgetragene »subversive Krieg« den Auftakt bildete oder dem »nicht-atomaren Kriege« diese Position zufiel, oder ob die Feindseligkeiten mit einem »begrenzt-atomaren Kriege« eröffnet wurden[4].

Diese Ambivalenz der potentiell so vernichtenden und genau deswegen zugleich abschreckenden, also – so die Hoffnung – friedenswahrenden Atomwaffe spiegelte sich sodann in der »paradoxe[n] Aufgabe« des (westlichen) Soldaten wider: »um bewahren zu können, muß er seine feste Entschlossenheit bekunden, jeden Aggressor mit sich in die totale Zerstörung zu reißen«. Genauer ging es darum, jene dem Gegner unterstellte Absicht zu durchkreuzen, »die Welt vor die Wahl zu stellen, sich entweder dem Despotismus zu unterwerfen oder aber den Untergang der Menschheit zu wagen«. Überlegene militärische Fähigkeit sollte dazu verhelfen, diese »unmenschliche Alternative« gar nicht erst zu einer politischen Wirklichkeit werden zu lassen[5]. Die Erfüllung der vorrangigen militärischen Aufgabe der Kriegsverhinderung diente dazu, den Systemkonflikt auf den politischen Bereich zu begrenzen, in welchem überdies dem freien Westen auch »echte Siegeschancen« gegeben seien[6].

Schließlich fand die »Ambivalenz« der Nuklearwaffe ihren Niederschlag in den veränderten Anforderungen, die das moderne Gefecht an den Soldaten stellte. Der Einsatz atomarer Mittel verengte zunächst auf der oberen Führungsebene die Entscheidungsspielräume, weil er die Verantwortlichen wesentlich fester an verregelte Führungsvorgänge band und die Technik wesentlich strengere Handlungsabläufe vorgab. Auf der unteren und untersten Führungsebene erweiterten sich hingegen die Entscheidungsspielräume, weil der unter atomarer Bedrohung gegebene Zwang zur taktischen Auflockerung zu kleinen, im hohen Maße mobilen und auf sich allein gestellt kämpfenden Einheiten führen würde, deren Zusammenhang in einer Front nicht mehr gegeben wäre. Die Atomwaffe wirkte hier als zentrales Element einer militärischen Technik, die zwangsläufig »partnerschaftliche« Elemente in den militärischen Führungsprozess einfließen ließ, sowie Initiative und Verantwortung »auf die unteren Ebenen« verschob. Parallel dazu erhöhte sie die Führungsverantwortung »der Soldat[en] aller Ebenen« in einem bislang ungekannten Maße[7].

Um den westlichen Soldaten für diese Belastungen zu rüsten, musste er über eine handwerklich-technische Ausbildung hinaus vor allem vertrauen können, einmal seiner militärischen Umgebung einschließlich der Vorgesetzten und sodann dem politischen Zweck seines militärischen Dienstes. Gleichzeitig musste er zu einem »mitdenkenden, verantwortungsfreudigen Gehorsam« und zur Entscheidungsfreude erzogen worden sein. Namentlich der militärische Führer konnte aufgrund der von der Technik vorgegebenen Bedingungen des Gefechtsfeldes nur noch bestehen, sofern er eine Erziehung erfahren hatte, »die das Gewissen schärft und zur Freiheit begeistert«[8].

Im Kontext dieses von Baudissin gezeichneten Kriegsbildes entfaltete die Technik der Atomwaffe sonach in vierfacher Hinsicht eine ambivalente Wirkung: Sie drohte mit der am Ende eines jeden Griffes zur Waffe stehenden ungeheuerlichen »Kirchhofsruhe«[9] und wirkte dadurch friedenswahrend, dass eine solche Aussicht jeder kriegerischen Auseinandersetzung den politischen Sinn verwehrte. Sie verlangte vom Soldaten die

Zur Ambivalenz der Atomwaffe

glaubwürdigste militärische Vorbereitung mit dem erklärten Zweck, damit der Notwendigkeit einer Anwendung zu entgehen. Sie reduzierte außerdem Entscheidungsräume der höheren Führung und erweiterte diese auf den nachgeordneten Ebenen bei gleichzeitiger Steigerung des Verantwortungsdruckes, der auf allen Soldaten lastete. Und weil das militärische Handeln auf allen Ebenen Folgen bislang ungekannter Dimensionen nach sich ziehen mochte, verlangte die atomare Technik bei aller Bindung an verregelte Prozesse die gewissenhafte und damit auch freie Entscheidung. Sicherlich wird man die Ausführungen Baudissins als das Zeugnis einer »Nuklearkritik« lesen können, welche sich gegen eine deutsche »Nuklear-Fraktion« gerichtet habe, deren Vorstellungen ihren authentischen Niederschlag in der allein noch um den Einsatz nuklearer Waffen kreisenden Heeresdienstvorschrift (HDv) 100/2: *Führungsgrundsätze des Heeres für die atomare Kriegführung* (April 1961) fänden[10]. Allerdings verweist die von Baudissin selbst so bezeichnete Ambivalenz der Atomwaffe auch auf Chancen, welche diese Technik dem von Baudissin entwickelten Konzept Innere Führung bieten mochte. Verbreitet gilt Baudissin mit seinem Konzept als Protagonist der »Demokratiefähigkeit der neuen Armee«[11]. In diesem Zusammenhang ist es bemerkenswert, dass Baudissin Eigenschaften des westdeutschen Soldaten, die doch eigentlich im Bereich der ideologischen Konfrontation und der damit einhergehenden Demokratiebindung anzusiedeln waren, davon gleichsam losgelöst aus der namentlich nuklearen Technik des modernen Krieges ableitete – so etwa, wenn er beim Vorgesetzten die Begeisterung für die Freiheit einforderte. Auffällig erscheint es zudem, dass der Vordenker der Inneren Führung zuerst und ausgedehnt vor allem die atomare Technik unter den das Kriegsbild prägenden Faktoren abhandelte und erst anschließend auf demgegenüber gedrängtem Raum den weltanschaulichen Gegensatz thematisierte.

Im Folgenden wird es darum gehen, auch die Chancen auszuloten, welche die Atomwaffe der Konzeption Innere Führung bot. Zweckmäßig wäre es dabei, wenn sich die Waffe von dem Konzept isolieren ließe, um anschließend Unterschiede ausmachen zu können, die sich dann mit ihrem Hinzutreten einstellten. Dieser Weg lässt sich angesichts des historischen Befundes jedoch nicht mit der gewünschten Trennschärfe beschreiten. Denn als die Innere Führung in der Dienststelle Blank konzipiert wurde, war der Welt und demnach auch dem Vorläufer des westdeutschen Verteidigungsministeriums die Atomwaffe längst schon bekannt. Allerdings standen die deutschen militärischen Planungen geraume Zeit noch unter dem Vorzeichen einer konventionellen Kriegführung. Bei dem Versuch, die Bedeutung – und damit vielleicht auch die Ambivalenz – der Atomwaffe nicht nur (wie soeben umrissen) *in* dem Konzept, sondern überdies *für* das Konzept der Inneren Führung näher zu bestimmen, könnte es sich also doch noch lohnen, den Blick auf die frühen Jahre zu richten, als in den deutschen Vorstellungen die Atomwaffe noch nicht in die dominante Position gerückt war, die der Baudissinsche Text von 1962 bezeugt.

II. Kriegsbild und Innere Führung vor der Dominanz der Atomwaffe

Noch im Rahmen der Verhandlungen zur Europäischen Verteidigungsgemeinschaft hatte sich ein auf zwölf eigene und 18 alliierte Divisionen gestütztes deutsches »Konzept der beweglichen Verteidigung« herauskristallisiert, das auf der einen Seite als eine »Art konventioneller Abschreckung« fungieren, auf der anderen Seite im Kriegsfalle die Aufnahme der Verteidigung so weit ostwärts wie möglich erlauben sollte. Solche Vorstellungen durften sich noch durch die in Lissabon 1952 von der Allianz verabredeten Streitkräfteziele bestätigt sehen[12]. Diese konventionellen Kriegsszenarien wurden jedoch im Bündnis angesichts des damit verbundenen Aufwandes bald schon fragwürdig. Mit dem Amtsantritt von Präsident Dwight D. Eisenhower setzte die Vormacht der NATO auf einen »New Look« in den Planungen, in dessen Gefolge vermeintlich kostengünstigere Atomsprengkörper nicht auf die strategische Verwendung begrenzt, sondern auch auf taktischer Ebene vorzusehen waren, um dort an die Stelle konventioneller Verbände zu treten. Das Ausmaß der ins Auge gefassten Nuklearisierung der Bündnisstrategie lässt sich an der 1953 in einem amerikanischen Grundlagenpapier erhobenen Forderung ablesen, nach welcher atomare Sprengkörper für den Einsatz wie konventionelle verfügbar sein sollten[13]. Gegenüber dieser zunehmend ausschließlich auf nukleare Einsatzmittel setzenden Strategie beharrten die deutschen Planer noch lange zumindest auf konventionellen Optionen. Adolf Heusinger, zusammen mit Hans Speidel der erste militärische Berater in der Dienststelle Blank, erkannte am 10. Februar 1955 vor dem außenpolitischen und dem Sicherheitsausschuss des Deutschen Bundestages in dem geplanten deutschen Beitrag den Ausweg der NATO aus dem Dilemma, aufgrund eigener konventioneller Schwäche doch zu den »taktischen atomaren Waffen« greifen zu müssen[14]. Zu solchem strategischen bzw. operativen Konservativismus hatte fraglos die überaus zurückhaltende anglo-amerikanische und NATO-Informationspolitik beigetragen. Ihr ist es zu guten Teilen zuzuschreiben, »dass die deutschen Militärplaner [...] mit ihren nuklearstrategischen Einsichten [noch] 1955 den Realitäten im Bündnis erheblich hinterherhinkten«. Erst die Einblicke, die Speidel im Sommer 1955 bei Supreme Headquarters Allied Powers Europe (SHAPE) erhielt, brachten »Präziseres« zu den Einplanungen atomarer Gefechtsfeldwaffen durch die Allianz im Rahmen der Verteidigung der bzw. in der Bundesrepublik[15].

Wenn demnach erst mit der Unterrichtung Speidels Mitte 1955 – für viele sogar noch zu einem späteren Zeitpunkt – die deutschen militärischen Planungen von dem konventionellen Szenario abzurücken begannen, dürften die Überlegungen, die Baudissin 1954 im Blick auf den künftigen deutschen Soldaten angestellt hatte, ebenfalls noch im Zeichen eines

Zur Ambivalenz der Atomwaffe

konventionell ausgelegten Kriegsbildes gestanden haben. Seine konzeptionellen Vorstellungen finden sich in prägnanter Verdichtung in einem Vortrag, den er am 29. Oktober 1954 in Essen vor der *Studiengesellschaft für praktische Psychologie* gehalten hat. Der noch im selben Jahr abgedruckte Vortrag bietet sich überdies als Vergleichsgrundlage auch an, weil er sich gleich dem Beitrag von 1962 über das fachliche Publikum hinaus an eine in der Regel akademisch vorgebildete Öffentlichkeit gewandt hat und somit einen ähnlichen Zuschnitt erwarten lässt. Auch wenn Baudissin 1954 nicht in erster Linie über das Kriegsbild sprach, kam er doch in seiner Abhandlung über die Erziehung des Soldaten nicht am Krieg vorbei. So bekannte er sich gleich eingangs zu einem sehr politischen Verständnis des Krieges, indem er seine Epoche unter das prägende Vorzeichen »permanenter Bürgerkrieg« stellte, der »keine räumlichen, zeitlichen oder sachlichen Grenzen« kenne, der in einer »Welt der aufgeklafften, begrifflichen, staatlichen, politischen und taktischen Fronten« ausgefochten werde und bei dem das »*moderne [...] Gefecht,* auf das hin nun einmal der Soldat erzogen und ausgebildet werden muß«, nur einen – obschon sehr bedeutsamen – Ausschnitt bildete[16]. Die Grenzenlosigkeit des modernen Krieges war in diesem sehr umfassenden Verständnis allein Folge des ideologischen Ringens, nicht gleichzeitig und zu großen Teilen auch (wie im Zeugnis von 1962) Ergebnis der technischen Entwicklung.

Das heißt nicht, dass die Technik 1954 keine Berücksichtigung gefunden hätte. Wie in der späteren Argumentation auch waren »Waffentechnik und Waffenwirkung« dafür verantwortlich, dass das Geschehen auf dem Gefechtsfeld geprägt erschien durch »Teams und kleine Gruppen« und deren Zusammenwirken. Atomare Gefechtsfeldwaffen spielten dabei allerdings noch keine erkennbare Rolle. Dessen ungeachtet hatte aber auch in der Sicht von 1954 die Auflösung des Gefechtes zur Folge, dass Entscheidung und Verantwortung auf unterste Führungsebenen verlagert wurden und so »die Auftragstaktik zur allgemeinen Führungsmethode« geriet. In dem Maße, wie der überwachende Vorgesetzte in diesem Kriegsbild keinen Platz mehr haben konnte, wurde das »Verantwortungsbewusstsein« des Einzelnen zur zentralen Voraussetzung für das Bestehen der Gruppe. Gleichzeitig sorgte auch nach diesen frühen Überlegungen die moderne Technik »von Waffe, Fahrzeug oder Gerät« Hand in Hand mit der Organisation für den Kampf für eine Neubestimmung militärisch zweckmäßiger Hierarchie. Die Stichworte waren hier wie später auch ein der Technik gemäßes Führungsverhalten mit ausgeprägten partnerschaftlichen, kooperativen Zügen sowie die Erziehung zu Selbständigkeit und Verantwortungsfreude[17]. Deutlicher indes als in den späteren Betrachtungen Baudissins waren die Anforderungen des Gefechtsfeldes eingebettet in den Bedingungsrahmen, der durch den *permanenten Bürgerkrieg* für den Soldaten gegeben war. In der weltweiten Konfrontation, in welcher »die Menschheit [...] durch das Totalitäre« existentiell bedroht sei, galt Baudissin nur jener Soldat als »kriegstüchtig«, der, weil er auch im Dienst die rechtsstaatlich verbürgte eigene Freiheit hatte erfahren können, sich mit der freiheitlichen Ordnung identifizierte. Die »Schlagkraft« der westdeutschen Armee war abhängig von ihrer so freiheitlich wie nur möglich zu gestaltenden Binnenverfassung[18]. Weil die Gegebenheiten des weithin konventionell gedachten Gefechtsfeldes den sich im Sinne des Auftrages selbst bestimmenden Soldaten verlangten (die Zugriffsmöglichkeiten der Vorgesetzten schränkte dieses Gefechtsfeld schließlich immer weiter ein), erschien in dem maßgeblich durch den ideologischen Konflikt charakterisierten Krieg, dessen enormen Politisierungsgrad der Begriff *Bürgerkrieg* auf den Punkt brachte, nur der konsequent gerade auch durch die Verhältnisse innerhalb der Streitkräfte für den freiheitlichen Rechtsstaat geworbene Soldat noch verlässlich.

Welche Rolle fiel der Atomwaffe in der den Zuschnitt des westdeutschen Soldatenmusters prägenden globalen ideologischen Konfrontation zu? Baudissin erwähnte einmal am Anfang des Textes »die atomaren Vernichtungsmittel«, welche die Vorstellungskraft sprengten und die Führungskunst überforderten, um sich sogleich dem die Zeit kennzeichnenden Weltbürgerkrieg als Ausgangsbedingung seiner Überlegungen zuzuwenden. Abschließend spielte er dann noch einmal zwischen den Zeilen auf sie an, als er das »Verhältnis des Soldaten *zum Krieg*« aufgriff. Die nukleare Drohung stand fraglos im Hintergrund, als er – darin den späteren Ausführungen fast gleich – es als die einzig verbliebene »Aufgabe« des Soldaten bezeichnete, »durch ein Höchstmaß an Kriegstüchtigkeit« der Politik dazu zu verhelfen, »die geistigen und politischen Auseinandersetzungen nicht in die Unabsehbarkeit des heißen Krieges ausufern zu lassen«. Der »absolute Krieg« ende, so Baudissins Warnung, »mit weitgehender Vernichtung des Lebens«. Diese Situation lasse »die Streitkräfte zum *notwendigen Übel* einer freiheitlichen Lebensordnung« werden. So nahezu gleichlautend die Botschaften von 1954 und 1962 zu dem denkbaren Sinn eines Krieges und zur Aufgabe des Soldaten auch ausfielen, bestanden doch noch Unterschiede, die über die Nuance hinausgingen, die der spätere Verzicht auf die Wendung vom *notwendigen Übel* bedeutete. Denn immerhin setzte Baudissin 1954 noch eindeutig im Blick auf die Katastrophe des absoluten Krieges hinzu, *gerechtfertigt* erscheine dieser »als Verteidigung letzter menschlicher, d.h. freiheitlicher Existenz«[19]. Will man nicht die von Baudissin 1962 im nicht-atomaren und begrenztatomaren Krieg doch mit äußerster Skepsis behandelten Ausstiegsmöglichkeiten aus dem Krieg, also die in den Krieg verlängerte Abschreckung, als Entsprechung solcher Rechtfertigung lesen, dann fällt der Einspruch, den die Atomwaffe 1954 gegen die Politik des Weltbürgerkrieges erhob, merklich schwächer aus als die Aussage von 1962, nach der mit dem Krieg keine Freiheit zurückgewonnen werden könne[20]. Es darf zunächst wohl vermutet werden, dass Baudissins ausdrückliche Legitimation des Krieges, die von der Dominanz einer auf menschheitliche Dimensionen ausgelegten Ideologie zeugte, der noch fehlenden Einsicht in die von der NATO bereits ins Auge gefasste großflächige Verwendung taktischer Atomwaffen auf dem bundesrepublikanischen Gefechtsfeld zuzuschreiben ist. Gleichzeitig fügte sich die Atomwaffe aber auch nur zu gut in jene Rolle, die in Baudissins Profilierung des westdeutschen Soldaten schon der konventionellen militärischen Technik zugefallen war. Deren Gewicht erschließt sich dem Betrachter, wenn er sich die Anforderungen vor Augen führt, die Baudissins Muster des westdeutschen Soldaten an die Veteranen stellte, und wenn er sich deren Reaktionen darauf zuwendet.

III. Die Zumutung der Inneren Führung

Baudissins Konzept eines Soldaten verneinte die gerade einmal ein Jahrzehnt zuvor noch gepflegte Vorstellung von der – anzustrebenden – Bewährung im Kriege. Der westdeutsche Soldat bewährte sich vor dem Kriege, wobei ihm mit der Rede vom *notwendigen Übel* auch die kritische Distanz zur eigenen Aufgabe nahegelegt wurde. Das Konzept setzte an die Stelle der soeben noch mit der Gewalt des totalitären Systems sichergestellten militarisierten Gesellschaft als Voraussetzung des militärischen Erfolges das entsprechend der umgebenden gesellschaftlichen und staatlichen Ordnung freiheitlich verfasste Militär. Und es verlangte mit dem *Staatsbürger in Uniform* unter dem Vorzeichen des Weltbürgerkrieges den ausgesprochen politischen, den verfassungspatriotischen Soldaten.

Ein solches Konzept musste in den 1950er Jahren mit Widerstand rechnen. Auch wenn in der Mitte des ideologischen Zeitalters die Vorstellung von dem notwendig politischen Soldaten keineswegs fremd war – die Wehrmacht war diesbezüglich auf ein ähnliches Muster zugesteuert –, stellten die freiheitlichen Bezüge des gewollten westdeutschen Soldaten sowie die geforderte kritische Distanz zu früherem beruflichen Selbstverständnis – für die Veteranen zur eigenen beruflichen Biographie – einen gründlichen Bruch mit dem Bisherigen dar. Innerhalb der Dienststelle Blank bzw. des Verteidigungsministeriums war dieser Neuanfang auch nicht unumstritten. So beeilte sich die amtliche Broschüre, die im Sommer 1955 die geplanten Streitkräfte der Öffentlichkeit präsentierte, den Soldaten von dem »notwendigen Übel« freizusprechen. Allerdings tat sie dies, ohne dabei auf den von Baudissin in den Blick genommenen Zusammenhang zwischen dem freiheitlichen Rechtsstaat und der Zumutung des Dienstes und der von ihm selbst vorgenommenen Unterscheidung von militärischer Organisation einerseits und Würde des Soldaten andererseits einzugehen[21]. Und noch 1969 sah der Führungsstab des Heeres Anlass, sich deutlich von dieser Baudissinschen Charakterisierung der Streitkräfte zu distanzieren[22].

Die Rechtfertigung des militärischen Dienstes, die den Geist eines ausgesprochenen Verfassungspatriotismus atmete, prägte Baudissins

Konzeption und wandte sich überdies nicht nur ganz entschieden gegen das *Totalitäre*, gleich welcher Couleur. Baudissins Abneigung gegen die Vereinnahmung durch Kollektive, welche ihn zugunsten des selbstbestimmten Individuums noch 1946 gegen den gefürchteten gewerkschaftlichen Einfluss an eine ständestaatliche Ordnung des öffentlichen Lebens denken ließ[23], erstreckte sich auch auf ältere, eher traditionelle Legitimationsgrundlagen. So hatte er sich gleich zu Beginn seiner Tätigkeit in der Dienststelle Blank unmissverständlich – wenngleich zurückhaltender – auch gegen die Verwendung von »Vaterland« und »Nation« als Antworten auf die »Frage des Wofürs« des militärischen Dienstes ausgesprochen. An deren Stelle bot er als einzige Auskunft wiederum den »Hinweis auf die [freiheitliche] Lebensordnung«[24]. Demgegenüber erschienen in der amtlichen Vorstellung des künftigen deutschen Soldaten »Vaterland und Heimat« doch wieder in herkömmlicher Manier als tragende, sinnstiftende Instanzen[25].

Solche offiziösen Verlautbarungen, die auf vertraute Begründungsmuster verwiesen und die von Baudissin vorgenommene Einordnung des Militärs relativierten, kamen zweifellos der im Aufbau befindlichen Truppe entgegen, in der das nur zu nachvollziehbare Bemühen mit Händen zu greifen war, an die eigene berufliche Vergangenheit wieder anknüpfen zu können. Dies begann bei Äußerlichkeiten wie der vorgeschriebenen »Handhaltung«, deren Nichtbeachtung zugunsten der früheren Form den darüber sehr verärgerten Baudissin zu Interventionen bei General Adolf Heusinger veranlasste[26]. Es setzte sich in einem vordergründig unpolitischen Traditionsverständnis fort, wie es der Inspekteur der Marine, Vizeadmiral Friedrich Ruge, 1957 in einem Erlass zum Ausdruck brachte, nach welchem er die in der Auseinandersetzung mit den Naturgewalten geformte »Kameradschaft« als »beste Marinetradition« auswies, die sich »auch unter verschiedenen Flaggen [!] bewährt [habe] im Frieden und im Krieg«[27]. Es äußerte sich sodann in dem »Wildwuchs« von Traditionsübernahmen früherer Verbände durch Einheiten der Bundeswehr[28]. Und es schlug sich auch nieder in der offenen Anknüpfung an das Vorbild der Wehrmacht. So hatte am 20. Mai 1957 Oberst Bern Oskar von Baer als Kommandeur der 1. Luftlande-Division einen Tagesbefehl herausgegeben, in welchem er den Jahrestag der deutschen Luftlandeoperation gegen Kreta (1941) zum Anlass nahm, das »Vorbild der alten deutschen Fallschirmtruppe« zu einem verpflichtenden Erbe für die Bundeswehr zu erklären[29]. Vor diesem Hintergrund verwundert nicht, dass ein pensionierter General der Aufbaugeneration in der Rückschau keinen Unterschied zwischen der Inneren Führung der Bundeswehr und ihrer Entsprechung in der Wehrmacht zu erkennen wusste[30].

Derartige Anknüpfungen an die Vergangenheit und herkömmliche Begründungsmuster lagen quer zum Konzept der Inneren Führung. Ihnen eigen war die Tendenz, die Kontinuität im scheinbar bewährten Militärischen höher zu veranschlagen als den 1945 eingetretenen Bruch im Politischen. Von daher lag es umso näher, dass Baudissin deren argumentative Überwindung nicht nur auf dem politisch-ideologischen Feld versuchte, sondern hierfür auch die im engeren Sinne militärischen Neuerungen bemühte. Das Argument des Gefechtsfeldes und der dort wirksamen militärischen Technik ergab sich zwar aus der Logik des von Baudissin gewählten Ansatzes, nach welchem die Innere Führung die Bedingungen eines – weit gefassten – Kriegsbildes reflektieren musste. Aber es kam ihm gerade angesichts der zu erwartenden Widerstände ein besonderes Gewicht zu. Was für die moderne Technik ganz allgemein galt, traf indes mit noch größerer argumentativer Durchschlagskraft auf die Atomwaffe zu.

IV. Die Ambivalenz der Atomwaffe im Rahmen der Begründung der Inneren Führung

Etwa zur gleichen Zeit, als Speidel bei SHAPE in die Verteidigungsplanungen des Bündnisses eingewiesen wurde, vermittelte das Ende Juni 1955 abgehaltene Luftkriegsmanöver *Carte Blanche* erschreckende Eindrücke von den nuklearen operativen Szenarien, wie sie die NATO für die Zukunft ins Auge fasste. In dessen Verlauf waren 345 Atomsprengkörper vor allem über dem Bundesgebiet fiktiv zum Einsatz gelangt, was nach den Berechnungen unter der Bevölkerung den Tod von etwa 1,7 Millionen und die Verwundung von 3,5 Millionen Menschen zur Folge gehabt hätte[31]. Gleichwohl hielt sich noch in weiten Teilen des militärischen Führungsapparates die Hoffnung, dass ein Krieg in Europa nicht zwangsläufig den großflächigen Einsatz von Atomwaffen mit sich bringen werde. Mit diesen Vorstellungen räumte die im Frühjahr 1957 abgehaltene Stabsrahmenübung *Lion Noir* nachhaltig auf. Erstmals wurde deutsches militärisches Führungspersonal umfassend mit den von der NATO erwarteten »Bedingungen einer möglichen Kriegslage« konfrontiert[32]. Ungeachtet eines bereits angenommenen substantiellen konventionellen deutschen Verteidigungsbeitrages – die vom 21. bis zum 27. März 1957 laufende Übung der Allianz rechnete mit fünf Divisionen zweier deutscher Korps, Truppen der Territorialen Verteidigung sowie Einheiten des Kommandos der Seestreitkräfte der Nordsee (der Luftwaffe war auf Grund ihres Aufstellungsstandes noch keine Beteiligung möglich)[33], – unterstellte das Übungsgeschehen den beiderseitigen Einsatz von etwa 208 Atomsprengkörpern, in erster Linie auf deutschem Gebiet[34]. Damit war auch unter Einbeziehung der geplanten deutschen Verbände von einem umfassenden Rückgriff auf atomare Gefechtsfeldwaffen im Kriegsfalle auszugehen. Mit Baudissins Formulierung war nunmehr »auch für den Letzten [klar], dass ein Krieg ohne Atomwaffen nicht mehr denkbar ist«[35]. Seine Reaktion offenbarte hierbei beides – sowohl den Eindruck von dem Schrecken, den diese Waffen verbreiteten, als auch die kaum verhohlene Befriedigung über deren argumentativen Nutzen. Mit *Lion Noir* würden »all die Probleme deutlich, die wir vergeblich bisher als die zentralen unserer Lage aufzuzeigen versuchten«. Da er sich hiervon einigen Fortschritt im Sinne seines Konzeptes versprach[36], drängte Baudissin nicht ohne Erfolg auf eine stärkere Beteiligung seiner Unterabteilung an der Auseinandersetzung mit der Stabsrahmenübung[37].

Die Gültigkeit des die Übung kennzeichnenden nuklearen Kriegsbildes verfocht er dabei mit einer nachgerade kompromisslosen Vehemenz. Einen Gradmesser hierfür bildete sein Umgang mit der zuvor veröffentlichten, gleichwohl aber einschlägigen Kritik des Generalleutnant Hans Röttiger, der Ende 1956 noch vor seiner Wiederverwendung unter dem Schlagwort der »Atomdienstverweigerung« ein Plädoyer für die Wahrung einer konventionellen Option gehalten hatte. In der Auseinandersetzung um die von Franz Josef Strauß wenig später unter dem Vorzeichen der Umrüstung in Angriff genommene Verkleinerung der geplanten Bundeswehr (bei gleichzeitiger Ausrichtung auf die Gegebenheiten eines nuklearen Krieges) war Röttiger so weit gegangen, dass er eingedenk der durch die Nürnberger Prozesse eingeschärften Verantwortung des die politische Entscheidung vollziehenden militärischen Führers starke konventionelle Truppen verlangte, um der Zwangslage entrinnen zu können, als Unterlegener zuerst »Massenvernichtungswaffen« einsetzen zu müssen oder zu kapitulieren[38]. Dieser Artikel des 1957 an die Spitze der Abteilung »Heer« berufenen Röttiger hatte im Umkreis von *Lion Noir* für einige Unruhe gesorgt. Baudissin notierte zu dem Papier des von ihm wenig geschätzten Röttiger, dass entweder dieser selbst oder das Ministerium »Konsequenzen für seine Verwendung ziehen müsste« (was dann allerdings weder von der einen noch von der anderen Seite vorgenommen wurde). Mehr noch aber beeilte er sich, eine ministerielle Stellungnahme auf den Weg zu bringen, welche angesichts der Kernwaffen die prinzipielle Kontinuität hinsichtlich der Situation des Soldaten, im Kriegsfalle selbst töten zu müssen, feststellte – »dieser Konflikt hängt jedoch nicht mit einer speziellen Waffe zusammen, man kann Gewissensbisse haben, jemand mit blossen Händen zu erwürgen, mit dem Dolch zu erstechen, auf ihn mit herkömmlichen oder atomaren Waffen zu schiessen[39].«

Was stand hinter einem solchen Eifer zugunsten einer Bekräftigung der nuklearen Verhältnisse? Einen Fingerzeig gibt Baudissins eigene Analyse zu *Lion Noir*, die er dem Erfahrungsbericht der federführenden, von Brigadegeneral Ulrich de Maizière geleiteten Unterabteilung IV A beifügte. Dort nämlich hatte Baudissin sich vorgenommen, die nach eigenem Befund bislang nur mit begrenztem Erfolg der Spitze der Bundeswehr vermittelten zentralen Probleme seines Sachgebietes im »erhellende[n] Licht« des Spielverlaufes einmal mehr auszubreiten[40]. Wie 1954 wurde der »Charakter heutiger Kriege« konsequent als »Bürgerkriegssituation« umschrieben. Es waren die »ideologischen Spannungen«, welche die Grenzenlosigkeit moderner Kriege bewirkten: Handelte es sich doch

Zur Ambivalenz der Atomwaffe

»um eine totale Auseinandersetzung zweier Lebensanschauungen, die mit allen Mitteln, auf allen Lebensgebieten und jenseits aller gewohnten Unterscheidungen und Grenzen ausgetragen wird«. Der Einsatz der Atomwaffe verschärfte in dieser Analyse die ideologische Zuspitzung. Nicht so sehr deren Auswirkung auf dem Gefechtsfeld würde die Truppe belasten, denn damit käme sie wohl »noch am ehesten« zurecht, sondern die Einbeziehung »von Heimat, Heim und Familie« in die Schlacht, die sogar noch der »eigene[n] Gefechtsführung« ausgesetzt seien. Ein Schutz des heimischen Bodens und der Bevölkerung sei »illusorisch«. Genau dies stelle jene »Verteidigungsbereitschaft« in Frage, die »im nationalstaatlichen Zeitalter noch selbstverständlich« gewesen sei. In der Isolierung auf dem Gefechtsfeld könne der einzelne Soldat, von dessen selbständigem Handeln nach der bereits 1954 vorgetragenen Argumentation immer mehr abhänge, den »notwendigen *Halt* [...] nur« noch gewinnen durch »die feste Überzeugung vom Wert und der Kraft dessen [...], was es zu verteidigen gilt, nur [durch] das Wissen um die Bedrohung der menschlichen Existenz durch das Totalitäre«[41].

Baudissins Analyse spiegelte bis in einzelne Formulierungen hinein noch ganz das Verständnis vom Kriege, das er 1954 zu erkennen gegeben hatte. Und ganz gemäß dem zuvor entwickelten Konzept war als Folgerung daraus die außer- wie innerhalb des Militärs konsequent geübte freiheitlich-rechtsstaatliche Praxis zentrale Bedingung der *Kriegstüchtigkeit* des Soldaten[42]. Die Einbeziehung der Atomwaffe mit ihren katastrophalen Auswirkungen auf das Bundesgebiet demonstrierte auf drastische Weise die Untauglichkeit aller vor der ideologischen Konfrontation gelegenen soldatischen Muster und Begründungen mit allen Konsequenzen für die Ausgestaltung des militärischen Dienstes. Was hingegen auch 1957 blieb, war der 1954 neben dem Zweck der Kriegsverhinderung als einzig noch taugliche Rechtfertigung ausgewiesene Rückgriff auf die Verteidigung der Freiheit. Die Lektüre von Baudissins Auswertung von *Lion Noir* hätte ohne weiteres folgende Verkürzung nahe gelegt: Weil der nicht zuletzt von den eigenen Truppen vorgenommene Einsatz der Atomwaffe auf eigenem Territorium die klassischen Begründungsmuster geradezu im Wortsinne hat nichtig werden lassen, steht nur noch der Rekurs auf die der Situation des Weltbürgerkrieges entsprechende ideologische Legitimation zu Verfügung.

Einen derartigen Zusammenhang hat Baudissin zwar angedeutet, in dieser Verkürzung jedoch nicht ausdrücklich formuliert. So durchschlagend die Atomwaffe sich im Sinne des Konzeptes der Inneren Führung argumentativ gegen eine vorideologische Vorstellung vom Kriege wenden ließ, so ungeheuerlich musste die Zumutung erscheinen, der menschlichen Freiheit wegen dabei mitzuwirken, dass selbst noch die eigenen Angehörigen unter das atomare Feuer der NATO-Truppen genommen wurden. Darin lag wohl nicht zum Geringsten die Ambivalenz der Atomwaffe *für* die Innere Führung. Wenn nicht alle Anzeichen trügen, hat Baudissin später diese argumentative Instrumentalisierung der

Atomwaffe, die zugunsten des auf die Bedingungen des Weltbürgerkrieges hin zu modellierenden Soldaten vorgenommen wurde, abgeblendet. Jedenfalls hat er 1962 dem umfassenden Krieg den politischen Zweck versagt, den er 1954 noch einzuräumen bereit war. Gleichzeitig löste er tendenziell die politische Wirkung der Atomwaffe von der ideologischen Konfrontation. Zugespitzt formuliert, ließ im Denken von 1957 die Atomwaffe die Ausschließlichkeit des Weltbürgerkrieges in erschreckender Deutlichkeit zu Tage treten, während sie 1962 in letzter Konsequenz als Negation dieser Konfrontation vorgestellt wurde, was den Soldaten eindeutiger noch als zuvor auf die Bewährung in der Abschreckung verwies. An die Stelle der »Bürgerkriegssituation«, die 1957 noch »einen möglichen Krieg der Zukunft bestimm[te]«[43], war 1962 im Blick auf den *heißen Krieg* in erster Linie die Eigengesetzlichkeit der Atomwaffe getreten, während die aus der ideologischen Konfrontation abgeleiteten Elemente des Profils des Soldaten im Wesentlichen auf das »kalte Gefecht« zurückgenommen erschienen[44] (obschon der verantwortbare Umgang mit der Atomwaffe vom militärischen Führer die Begeisterung für die Freiheit verlangte). Der Zusammenhang zwischen dem Vernichtungspotential der Atomwaffe und der Verteidigung menschlicher Freiheit schlechthin war wohl zu brisant, um ihn für das Profil des Soldaten der Inneren Führung nutzen zu können.

Anmerkungen

[1] Wolf Graf von Baudissin, Das Kriegsbild. In: Wehrwissenschaftliche Rundschau. Zeitschrift für die Europäische Sicherheit, 12 (1962), S. 363-375; unter gleichem Titel mit geringfügigen Änderungen ebenfalls abgedruckt als Beilage zu: Information für die Truppe, 7 (1962), 9, S. 1-19; im Folgenden wird nach der Veröffentlichung in der Wehrwissenschaftlichen Rundschau zitiert.
[2] Baudissin, Das Kriegsbild (wie Anm. 1), S. 369.
[3] Ebd., S. 364, 370 f.
[4] Ebd., S. 372-374 (Hervorhebungen im Original).
[5] Ebd., S. 375.
[6] Ebd., S. 371.
[7] Ebd., S. 366-369.
[8] Ebd., S. 367 f.
[9] Ebd., S. 374.
[10] Vgl. Axel Gablik, »... von da an herrscht Kirchhofsruhe.« Zum Realitätsgehalt Baudissinscher Kriegsbildvorstellungen. In: Gesellschaft, Militär, Krieg und Frieden im Denken von Wolf Graf von Baudissin. Hrsg. von Martin Kutz, Baden-Baden 2004 (= Forum Innere Führung, 23), S. 45-60, hier S. 50 f.
[11] Vgl. Ute Frevert, Die kasernierte Nation. Militärdienst und Zivilgesellschaft in Deutschland, München 2001, S. 333-335 (Zitat).
[12] Anfänge westdeutscher Sicherheitspolitik 1945-1956. Hrsg. vom MGFA, Bd 3, München 1993, S. 604 (Beitrag Greiner).

13 Vgl. Bruno Thoß, NATO-Strategie und nationale Verteidigungsplanung. Planung und Aufbau der Bundeswehr unter den Bedingungen einer massiven atomaren Vergeltungsstrategie 1952 bis 1960, München 2006 (= Sicherheitspolitik und Streitkräfte der Bundesrepublik Deutschland, 1), S. 57.
14 AWS, Bd 3 (wie Anm. 12), S. 622 (Beitrag Greiner).
15 Thoß, NATO-Strategie (wie Anm. 13), S. 123-126.
16 Wolf [Graf] von Baudissin, Probleme praktischer Menschenführung in zukünftigen Streitkräften. In: Aus Politik und Zeitgeschichte: Beilage zur Wochenzeitung Das Parlament, 1954, 48, S. 635-639, hier S. 635, S. 637 (Hervorhebungen im Original).
17 Ebd., S. 637 f.
18 Ebd., S. 635, S. 639.
19 Ebd., S. 635, S. 639 (Hervorhebungen im Original).
20 Vgl. Baudissin, Das Kriegsbild (wie Anm. 1), S. 370, S. 373 f.
21 Vom künftigen deutschen Soldaten: Gedanken und Planungen der Dienststelle Blank, Bonn 1955, S. 27.
22 BA-MA, BW 1/17333, Führungsstab des Heeres, Studie: Gedanken zur Verbesserung der inneren Ordnung des Heeres, Juni 1969, fol. 33.
23 Vgl. den Brief von Baudissin an Dagmar Gräfin zu Dohna, 23.9.46. In: Wolf Graf von Baudissin und Dagmar Gräfin zu Dohna, »... als wären wir nie getrennt gewesen«. Briefe 1941-1947. Hrsg. und mit einer Einf. von Elfriede Knoke, Bonn 2001, S. 148-150.
24 Vortrag Baudissins auf einer Tagung in Siegburg, 28.4.1953. In: Wolf Graf von Baudissin, Soldat für den Frieden. Entwürfe für eine zeitgemäße Bundeswehr. Hrsg. und eingel. von Peter von Schubert, München 1969, S. 140-151, hier S. 142.
25 Vom künftigen deutschen Soldaten (wie Anm. 21), S. 11.
26 Vgl. BA-MA, N Graf Baudissin, N 717/9, fol. 17, 25, Tagebuch Baudissin, Vermerke zum 8. und 11.7.1957.
27 BA-MA, N v. Wangenheim, 493/v. 27, BMVtdg VII A3 v. 27.2.1957: Zur Pflege der Tradition, 4 S., gez. Ruge, dort S. 2.
28 Vgl. Donald Abenheim, Bundeswehr und Tradition. Die Suche nach dem gültigen Erbe des deutschen Soldaten, München 1989 (= Beiträge zur Militärgeschichte, 27), S. 124-129, Zitat S. 128.
29 BA-MA, BW 2/1147, Kommandeur 1. Luftlande Division, Tagesbefehl, 20.5.1957, gez. von Baer (Abschrift).
30 Vgl. Klaus Naumann, Nachkrieg als militärische Daseinsform. Kriegsprägungen in drei Offiziersgenerationen der Bundeswehr. In: Nachkrieg in Deutschland. Hrsg. von Klaus Naumann, Hamburg 2006, S. 444-471, S. 457 f.
31 Vgl. AWS, Bd 3 (wie Anm. 12), S. 616; mit geringfügig veränderten Zahlen auch Thoß, NATO-Strategie (wie Anm. 13), S. 102 f.
32 BA-MA, BW 2/2574, BMVtdg IV A 3, Erfahrungen aus Stabsübung LION NOIR – Landesverteidigung (Vortragsnotiz für Bundeskabinett), 30.4.1957, S. 1.
33 BA-MA, BW 2/2574, BMVtdg IV A 2, Erfahrungen LION NOIR, 25.7.1957, S. 4.
34 AWS, Bd 3 (wie Anm. 12), S. 744; nach Thoß, NATO-Strategie (wie Anm. 13), S. 353, allerdings 128 Atomsprengkörper.
35 BA-MA, N Graf Baudissin, N 717/8, fol. 151, Tagebuch Baudissin, Vermerk zum 22.3.1957.
36 BA-MA, N Graf Baudissin, N 717/8, fol. 152, Tagebuch Baudissin, Vermerk zum 23.3.1957 (dort auch das Zitat).
37 Vgl. BA-MA, N Graf Baudissin, N 717/8, fol. 137, 140, Tagebuch Baudissin, Vermerke zum 9. und 12.3.1957.

[38] Hans Röttiger, »Umrüstung und Atomdienstverweigerung!« In: Wehrkunde, 4 (1956), S. 517 f.
[39] BA-MA, N Graf Baudissin, N 717/8, fol. 151, Tagebuch Baudissin, Vermerk zum 22.3.1957.
[40] BA-MA, BW 2/2574, BMVtdg IV B, Auswertung LION NOIR unter dem Gesichtspunkt Innere Führung, 5.9.1957, S. 1.
[41] Ebd., S. 11-14 (Hervorhebungen im Original).
[42] Ebd., S. 6.
[43] Ebd., S. 14.
[44] Vgl. Baudissin, Das Kriegsbild (wie Anm. 1), S. 369 f., S. 373 f.

Ausgewählte Literatur

Abenheim, Donald, Bundeswehr und Tradition. Die Suche nach dem gültigen Erbe des deutschen Soldaten, München 1989 (= Beiträge zur Militärgeschichte, 27)

Anfänge westdeutscher Sicherheitspolitik 1945-1956. Hrsg. vom MGFA, Bd 3, München 1993

Baudissin, Wolf Graf von, Das Kriegsbild. In: Wehrwissenschaftliche Rundschau. Zeitschrift für die Europäische Sicherheit, 12 (1962), S. 363-375

Baudissin, Wolf Graf von, Probleme praktischer Menschenführung in zukünftigen Streitkräften. In: Aus Politik und Zeitgeschichte: Beilage zur Wochenzeitung Das Parlament, 1954, 48, S. 635-639

Baudissin, Wolf Graf von, Soldat für den Frieden. Entwürfe für eine zeitgemäße Bundeswehr. Hrsg. und eingel. von Peter von Schubert, München 1969

Frevert, Ute, Die kasernierte Nation. Militärdienst und Zivilgesellschaft in Deutschland, München 2001

Gablik, Axel, »... von da an herrscht Kirchhofsruhe.« Zum Realitätsgehalt Baudissinscher Kriegsbildvorstellungen. In: Gesellschaft, Militär, Krieg und Frieden im Denken von Wolf Graf von Baudissin. Hrsg. von Martin Kutz, Baden-Baden 2004 (= Forum Innere Führung, 23), S. 45-60

Naumann, Klaus, Nachkrieg als militärische Daseinsform. Kriegsprägungen in drei Offiziersgenerationen der Bundeswehr. In: Nachkrieg in Deutschland. Hrsg. von Klaus Naumann, Hamburg 2006, S. 444-471

Röttiger, Hans, »Umrüstung und Atomdienstverweigerung!« In: Wehrkunde, 4 (1956), S. 517 f.

Thoß, Bruno, NATO-Strategie und nationale Verteidigungsplanung. Planung und Aufbau der Bundeswehr unter den Bedingungen einer massiven atomaren Vergeltungsstrategie 1952 bis 1960, München 2006 (= Sicherheitspolitik und Streitkräfte der Bundesrepublik Deutschland, 1)

Wolfgang Schmidt

Die bildhafte Vermittlung des Staatsbürgers in Uniform in den Anfangsjahren der Bundeswehr

Die Rahmenbedingungen

Vom 6. bis 9. Oktober 1950 tagte im Zisterzienserkloster Himmerod eine Gruppe militärischer Sachverständiger. Im Auftrag von Bundeskanzler Konrad Adenauer sollte sich der aus 15 ehemaligen Offizieren der Wehrmacht bestehende Kreis Gedanken über die Voraussetzungen eines möglichen Beitrags der Bundesrepublik Deutschland zur westeuropäischen Verteidigung machen. Dies schloss die politische Verfasstheit der Bundesrepublik ebenso ein, wie die daraus für das innere Gefüge der Soldaten abzuleitenden und zu entwickelnden ethischen und moralischen Prinzipien. Einige wichtige Aussagen in der nach ihrem Entstehungsort bezeichneten »Himmeroder Denkschrift« zum inneren Gefüge zukünftiger westdeutscher Streitkräfte lauten,

»daß ohne Anlehnung an die Formen der alten Wehrmacht heute grundlegend Neues zu schaffen ist [...] Es wird wichtig sein, einen gesunden Ausgleich zu finden zwischen notwendigem neuen Inhalt und den aufgelockerten Formen einerseits und dem berechtigten Wunsche nach dem hergebrachten Ansehen des Soldaten in der Öffentlichkeit andererseits«. Und weiter: »Das Deutsche Kontingent« darf nicht ein ›Staat im Staate‹ werden. Das Ganze wie der Einzelne haben aus innerer Überzeugung die demokratische Staats- und Lebensform zu bejahen [...] Das Bewußtsein des Soldaten für eine soziale Einordnung ohne Sonderrechte und unter Wahrung der Menschenwürde ist zu stärken[1].«

Wir wissen heute, dass dieser damals wesentlich von Wolf Graf von Baudissin als Mitglied jener Gruppe in Himmerod angestoßene und dann später von ihm im Amt Blank bzw. im Verteidigungsministerium energisch vorangetriebene Reformprozess zum Erfolg geführt hat. Jedenfalls gelang es, eingedenk der historischen Belastungen, mit denen deutsche Streitkräfte im 19. und 20. Jahrhundert behaftet waren, im Zuge der innenpolitischen Verhandlungen um die Ausgestaltung des westdeutschen Verteidigungsbeitrags die militärische Macht durch den demokratisch verfassten Staat und seine zivile Gesellschaft zu domestizieren. In nicht einmal zwei Jahren, von 1955 bis 1957, war ein demokratisches Regelwerk entstanden, das die seit 1956 als Bundeswehr bezeichnete Armee einhegte. Etwa durch die Übertragung der Befehls- und Kommandogewalt auf den dem Deutschen Bundestag gegenüber rechenschaftspflichtigen Verteidigungsminister bzw. im Kriegsfalle auf den Bundeskanzler als Inhaber der Befehls- und Kommandogewalt. Weitere parlamentarische Kontrollmechanismen wurden im Aufgabenkatalog des Verteidigungsausschusses oder in der Funktion des Wehrbeauftragten des Deutschen Bundestages festgeschrieben. Dem entsprach das nach innen gerichtete Leitbild vom Staatsbürger in Uniform als idealtypischer Rollenbeschreibung des neuen Soldaten. Baudissin hatte dieses schon 1951 entwickelt. Er verstand darunter ein Integrationsmodell mit einer zweifachen, komplementär sich verstärkenden Wirkung. Indem der neue Staatsbürger in Uniform guter Soldat, vollwertiger Staatsbürger und freier Mensch zugleich sein sollte, zielte er »auf die Kriegstüchtigkeit des einzelnen Soldaten und der gesamten Armee sowie auf die weitere Demokratisierung der Gesellschaft«[2]. Die Voraussetzung dafür aber war, die demokratische Lebensform und rechtsstaatliche Ordnung soweit es nur irgend ging mit der militärischen Organisation und deren Dienstgestaltung zu verschmelzen. Die in diesem Bedingungsgefüge abgefassten Grundsätze der Menschenführung und Normen für den internen Alltagsbetrieb zählen heute »zu den innovativsten und kreativsten politischen Neuerungen der Bundesrepublik Deutschland, in ihrer Bedeutung für das demokratische Selbstverständnis der Bundesrepublik Deutschland durchaus der Sozialen Marktwirtschaft vergleichbar«[3].

In den fünfziger Jahren konnte hingegen zunächst noch keiner eine Antwort auf die Frage geben, ob Militär und Demokratie überhaupt zusammengehen können oder ob Streitkräfte und Soldaten im Grunde nur soziale Fremdkörper in einer modernen, zivilen Gesellschaft sind. Wie sollten sich die Bundesbürger einen »Staatsbürger in Uniform« denn auch vorstellen können, wenn das bisherige Soldatenbild, abgesehen vom eigenen Erleben, bestimmt gewesen war durch die nationalsozialistische Meinungslenkung – etwa durch Propagandafilme oder die Kriegswochenschauen. Viele mochten sich an die noch nicht einmal 20 Jahre zurückliegende Wiedereinführung der Wehrpflicht anlässlich des Parteitages der NSDAP erinnert haben, mit der die Ausweitung der Reichswehr zum Millionenheer 1935 offiziell einsetzte und die in einem Kinofilm unter dem Titel »Tag der Freiheit – unsere Wehrmacht« (Regie: Leni Riefenstahl) öffentlich gefeiert wurde. Die Freiheit, die der Titel kündete, verstand sich hier freilich als militärische Stärke der nationalsozialistischen Wehrmacht. Sie galt es mit expressiver Ästhetik und suggestiven Stilmitteln ins Bild zu setzen und zu rühmen. Wie unter einer Brücke fährt die Kamera unter gekreuzten Bajonetten hindurch. Morgenimpressionen im Zeltlager wechseln sich ab mit markanten Silhouetten von Soldaten. Gezeigt wird eine Militärparade als Überleitung zu einem gemeinsamen Manöver von Heer und Luftwaffe. Hektische, aber präzise Aktionen steigern sich vom Kampf der Infanterie über den Einsatz der Panzerkampfwagen hin zum Angriff einer Flugzeugstaffel. Rasch wechselnde Einstellungen, schnelle Kamerafahrten, martialische Körpersprache durch Nahaufnahmen, Panoramen über das in Rauch und Staub gehüllte Gefechtsfeld sowie ein O-Ton aus Geschrei und Knallgeräuschen schaffen eine dramatische Dynamik; dazu bestimmt, die Zuschauer im Zeichen der Verbundenheit von Volksheer, nationalsozialistischer Bewegung und Volk emotional für die Wehrmacht als krönende Erscheinung der deutschen Geschichte zu begeistern. Eine mit dem Deutschlandlied akustisch hinterlegte Flugzeugformation, die ein Hakenkreuz am Himmel bildet, gibt als unübersehbar mystisch-sakrales Zeichen den Leitstrahl für die Zukunft. Diese sahen die Volksgenossen vier Jahre später im Programm der Kinowochenschau, als zum 50. Geburtstag Hitlers am 20. April 1939 stundenlang Truppenteile mit den neuesten Waffen über die Ost-West-Achse in Berlin paradierten. Oder spätestens dann in den Kriegswochenschauen, mit denen jedes Lichtspieltheater seine Vorführungen beginnen musste. Ein von Propagandaministerium und Wehrmacht gleichermaßen gespeister Medienverbund überzog darin das Ereignis des Krieges mit Hilfe immer wiederkehrender, referenzieller Bildmuster einem ideologischen Ordnungssystem. Männliches Pathos kennzeichnet den Typus des den Kampf als zentralen Wertmaßstab rühmenden und Siegeszuversicht ausstrahlenden deutschen Soldaten als Teil eines komplexen technisch-militärischen und rassistischen Organismus. Mit kurzen Schnitten arrangiert und mit suggestivem Kommentar und Musik hinterlegt, formt die Dramaturgie Bilder eines geordneten, planvollen und routinierten Arbeitens. Zweifel am Sieg sind ausgeblendet. Obwohl der militärische Zusammenbruch Deutschlands ein totaler war, bestimmten solche Bilder nach 1945 in Deutschland ganz erheblich die kollektive Erinnerung. Kriegsfilme, Illustriertenberichte, Bildpublikationen, Memoiren und so genannte Tatsachenberichte, die sich weitgehend ohne Filter aus dem Fundus der Kriegspropaganda bedienten, spülten in den 50er Jahren als mediale Vermittler von Massenkultur eine von der Niederlage befreite Figur des deutschen Landsers in die Köpfe. Mit der Fixierung auf die militärischen Leistungen wurde der deutsche Soldat in männerbündischer Kameradschaft als Facharbeiter des Krieges vorgestellt, der sein Handwerk perfekt beherrschte. Bestenfalls verstrickt in die schicksalhaften Zeitläufe, ohne dass das spezifische Bedingungsgefüge des rassenideologischen Vernichtungskrieges freilich aufgelöst wurde.

Die literarische und filmische Verarbeitung von Wehrmacht und Krieg zielte freilich auch auf die damalige Gegenwartsdiskussion um die westdeutsche Bewaffnung im Allgemeinen und speziell auf die innermilitärische Neuorientierung. In seinem 1954 erschienenen, dann auch verfilmten Bestsellerroman »08/15 – In der Kaserne« kritisiert Hans Hellmut Kirst über Figuren wie den Gefreiten Asch, den Kanonier Vierbein oder den »Schleifer« Platzek im Genre des Militärschwanks die Auswüchse des

Militärs im Allgemeinen und die oft menschenverachtenden Ausbildungsmethoden der Wehrmacht im Besonderen und gibt einen deutlichen Fingerzeig auf die notwendige Reform des militärischen Binnengefüges:

»Und jetzt wird die Kaserne wieder geräumt, gereinigt und ausgebessert. Möge den Soldaten, die hier Dienst tun müssen, erspart bleiben, was fünfzehn Jahre vorher dort geschah! Es muß sich manches ändern. Nur dann sind Kasernen mit verlässlichen Menschen zu füllen[4].«

Obwohl die Geschichte in der Vergangenheit spielte, bezeichnete der Verlag die 08/15-Trilogie (»In der Kaserne«, »Im Krieg«, »In der Heimat«) als Gegenwartsromane und warb dezidiert mit dem Verweis auf die weltweite Aufrüstung. Auch der Schriftsteller Heinrich Böll, in dessen literarischem Schaffen die Auseinandersetzung mit dem Zweiten Weltkrieg und politische Phänomene der Bundesrepublik einen großen Stellenwert einnahmen, benannte die aktuelle gesellschaftspolitische Bedeutung von »08/15«. Dies sei zwar kein Roman,

»der in der zukünftigen, sondern in der Wehrmacht der Vergangenheit spielt, jener der doch angeblich die künftige so wenig gleichen soll [...] Sollte die Kaserne der Zukunft aber eine Null-acht-fuffzehn Kaserne sein, umso wichtiger ist Kirsts Roman als Hinweis auf den nur allzu geringen Schutz, den das Individuum im Drill-Dschungel genießt[5].«

Hinter der Formulierung vom Schutz des Individuums im »Drill-Dschungel« leuchtet ein zentraler Baustein des Baudissinschen Konzepts der Inneren Führung unzweideutig hervor. Dass nämlich das neue deutsche Militär keine abgeschlossene, nach eigengesetzlichem Entwurf handelnde Lebenswelt innerhalb einer offenen Gesellschaftsordnung ausbilden dürfe. Dieses schütze den Soldaten ebenso vor Missbrauch wie es auch das weitest mögliche Erleben jener freiheitlichen Werte gewähre, die es im Krieg zu verteidigen gelte.

Tatsächlich ließ sich die Aktualität von »08/15« auch statistisch messen. Kirsts zunächst als Fortsetzungsroman abgedruckte Geschichte bescherte der »Neuen Illustrierten« Anfang 1954 eine Auflagensteigerung von achteinhalb Prozent. Der erste Band verkaufte sich innerhalb von zwei Monaten einhundertzwanzigtausendmal und wurde somit zum deutschen Bestseller des Jahres 1954. Alle drei Bände zusammen gingen 1,8 Millionen Mal über den Ladentisch. Und auch die Filmtrilogie sollten von 1954 bis 1956 zwischen 15 bis 20 Millionen Bundesbürger gesehen haben (Abb. 1). Dabei war es offenkundig, dass es den Konsumenten keineswegs ausschließlich um ein humorvolles Lese- oder Filmvergnügen ging. Die am retrospektiven Fall geführte Diskussion um die innere Verfasstheit der zukünftigen westdeutschen Armee bewegte nämlich nicht nur die Intellektuellen wie Heinrich Böll oder jene Schriftsteller, ehemaligen Soldaten und Journalisten, denen die kulturpolitische Zeitschrift »Der Monat« unter dem Titel »Des Teufels Hauptwachtmeister« eine Plattform für ihre Argumente bot. Vielmehr konnten die Konsequenzen der durch

»08/15« in einer großen Öffentlichkeit verbreiteten Bilder und Forderungen auch demoskopisch erfasst werden. Nach der vom Institut für Demoskopie in Allensbach gestellten Frage »Was meinen Sie: sollte die Ausbildung der Soldaten in der neuen Armee wieder in der selben Art und Weise wie früher vor sich gehen, oder sollte man da etwas ändern?« sprach sich im November 1954 eine repräsentative Mehrheit von 60 Prozent der Bundesbürger für eine Reform der militärischen Dienstvorschriften aus[6].

Im Spannungsbogen von Fremd- und Selbstbild

Wie sah der Staatsbürger in Uniform nun aus, als die Bundeswehr am 12. November 1955 erstmalig in das Licht der Öffentlichkeit trat? Den Filmtheaterbesuchern war er bereits ein paar Monate zuvor am 27. Juli 1955 in der Wochenschau begegnet. Die Welt im Bild (Nr. 187) brachte einen kurzen Bericht über die Vorführung der neuen Uniformen im Bonner Verteidigungsministerium. Grundsätzlich bestimmte ein dreiteiliges Konzept bestehend aus Kampf-, Arbeits- und Dienst- bzw. Ausgangsanzug den zukünftigen Uniformbestand des westdeutschen Soldaten. Die Ausgehuniform ragte dabei insofern heraus, als sie für Heer und Luftwaffe aus einem schiefergrauen Zweireiher mit gleichfarbiger Hose bestand, im Schnitt etwa so, wie in der damaligen Herrenmode üblich. An die Stelle traditioneller Kragenlitzen in Waffengattungsfarben und den aus der preußischen Uniformmode herrührenden geflochtenen Schulterstücken waren als militärische Reminiszenz kleine Truppengattungsabzeichen aus Blech auf den Revers sowie Schulterklappen in Uniformstoff getreten. Auf letzteren fanden ebenfalls in Blech geprägte Dienstgradabzeichen Platz. Der Kontrast zur Vergangenheit war deutlich zu erkennen, die schlichte Zurückhaltung bewusst gewählt – ganz in dem Sinne, keine abgeschlossene Lebenswelt innerhalb einer pluralistischen Gesellschaft auszubilden. Ob Baudissin in die Uniformentwicklung einbezogen gewesen war, ist nicht bekannt. Höchstwahrscheinlich deckte sich das Ergebnis aber mit seinen Überlegungen. Weshalb hätte er sonst im Sommer 1957 so entsetzt auf die vorgeschlagenen Änderungen besonders bei der Ausgehuniform reagieren sollen?

»Rangabzeichen auch am Stahlhelm, silberne Mützenkordel, für Generalstabsoffiziere rote Hosen und silberne Fangschnüre, die Waffenfarben für alle an den Biesen der Hosen, alte Schaftstiefel und Reithosen, braunes Koppelzeug, Handschuhe und Axelstücke alter Art [...] Es ist unerhört, dass man derartiges heutzutage wieder vorzuschlagen wagt. Wenn ich Inspekteur wäre, würde ich es zurückgeben mit dem Hinweis, ob nichts besseres zu tun sei[7].«

Noch aber verbreiteten über 50 Medienvertreter u.a. unter der Schlagzeile »Erfreulich zivil« (Frankfurter Rundschau) ein höchst unaufdringliches Soldatenbild, als sie von der Aushändigung der Ernennungsurkunden an die ersten Freiwilligen der neuen Bundeswehr am 12. November 1955 berichteten. Es war am Tag des 200. Geburtstages des preußischen Militärreformers Gerhard von Scharnhorst – mithin eine auch von Baudissin immer wieder bemühte historische Bezugnahme auf das aktuelle Reformanliegen. Außer einem übergroßen Eisernen Kreuz als plakative Reminiszenz an das Symbol der Freiheitskriege am Beginn des 19. Jahrhunderts und darauf folgender vergangener militärischer Zeiten sahen die Wochenschau-Besucher lediglich ein paar schwarz-rot-goldende Fahnen als Symbole der demokratischen Gegenwart und einige wenige Blumenbuketts (Welt im Bild Nr. 177, 16.11.1955; Neue Deutsche Wochenschau Nr. 303, 18.11.1955). Auch von Uniformen war nur weniges zu erblicken. Bloß zwölf von 101 Soldaten trugen den eben beschriebenen grauen Uniformzweireiher (Abb. 2). Der Rest hatte Straßenanzüge an und zeigte damit eine augenscheinliche Zivilität.

Auch wenn ein Gutteil der ersten öffentlichen Soldatenbilder letztlich dem Zufall nicht termingerechter Fertigstellung bei der Uniformkonfektion geschuldet war, so zeigte schon die unmittelbare Reaktion darauf, in was für ein Spannungsverhältnis der Staatsbürger in Uniform mit seinem Auftreten kommen konnte. Nicht wenige von denjenigen, die politisch wie militärisch für den Streitkräfteaufbau verantwortlich zeichneten, reagierten jedenfalls mit Missstimmung und Verärgerung auf das, was die Medien in den Gründungswochen der Bundeswehr zu sehen bekamen und was sie davon der Öffentlichkeit mitteilten. Adenauer z.B. hätte es gerne gesehen, »wenn alle schon Uniform gehabt hätten und wenn zum Schluss der Feier das Deutschland-Lied gespielt worden wäre«. Von einer reinen »Schaunummer für die Presse« wurde gesprochen, in der man keinesfalls die »Geburtsstunde einer neuen Wehrmacht« sehen mochte[8]. Misstrauisch blickten nicht wenige Beobachter auf das »Modetier« Bundeswehr, namentlich auf den unprätentiösen Stil, den etwa der Kommandeur des Soldatenlagers Andernach pflegte und den die Wochenschau ihrem Publikum vermittelte. Auch wenn in einem Filmbericht über den dortigen Besuch des Bundeskanzlers am 20. Januar 1956 (Welt im Bild Nr. 187, 25.1.1956) durchaus die zukünftigen Waffen martialisch durch die Kamera von unten inszeniert und somit perspektivisch imposanter gemacht werden, so gilt dies gerade nicht für die Soldatenbilder. Im Unterschied zur nationalsozialistischen Filmsprache werden nämlich weder einzelne Soldatenköpfe monumental ins Bild gesetzt, noch marschieren Soldatenkolonnen als furchteinflößende Phalanx auf die Kamera zu. Vielmehr schwenkt diese in Draufsicht über die 1000 nun schon in Uniformmänteln und mit Stahlhelmen vor dem Bundeskanzler im Karrée angetretenen Soldaten. Ein Augenzeuge, der späterhin als Pressesprecher von Verteidigungsminister Franz Josef Strauß eine wichtige Rolle innerhalb der Kommunikations- und Medienorganisation der Streitkräfte spielen sollte, erinnerte sich an die Reaktionen:

»Er [der militärische Stil] passte nicht zu dem Bild, das sich die Weltöffentlichkeit – oder zumindest weite Teile von ihr – vom deutschen Militär machte. Es fehlten die heiseren Kommandoschreie, der Lärm der Präsentiergriffe, das Dröhnen des Paradeschritts, die barbarische Härte, die Junker in Uniform. Es fehlten die Seelenschinder sowohl wie die Geschundenen. Da es an den negativen Ausdrucksformen, an die Teile der Weltöffentlichkeit glaubten, so offensichtlich mangelte, befürchteten diese Besucher groteskerweise, dass sich damit auch die anerkannten Tugenden der deutschen Armee – Tapferkeit, Disziplin, Ausdauer und andere mehr – verflüchtigt haben könnten[9].«

Man wird es zwar nicht exakt messen können, aber eine Mehrheit unter denjenigen Bundesbürgern, die sich ein gutes Jahr zuvor für eine Reform der militärischen Dienstvorschriften ausgesprochen hatten, wird es schon begrüßt haben, dass sich bei den neuen Soldaten manches geändert zu haben schien. Für die Kritiker spiegelte sich in solchem Auftreten freilich die »weiche Welle«, mit der sie das Konzept von Innerer Führung und Staatsbürger in Uniform als nicht einsatzgerecht zu diskreditieren und dessen Schöpfer Baudissin zu stigmatisieren suchten.

Die hier über das vermittelte Bild vom Staatsbürger in Uniform angedeutete Diskussion um den Reformansatz für die neuen westdeutschen Streitkräfte kann jedoch nicht allein aus einem engen militärfunktionalen Blickwinkel untersucht werden, wie ihn die Frage nach dem Einsatzwert vorzugeben scheint. Vielmehr muss grundsätzlich immer in Rechnung gestellt bleiben, dass die westdeutsche Aufrüstung und die Organisation des militärischen Binnenverhältnisses eine öffentliche Angelegenheit ersten Ranges waren. Zugleich fand in dem als »Zeitalter der Extreme« (Eric Hobsbawm) umschriebenen 20. Jahrhundert ein radikaler Vergesellschaftungsprozess von Politik statt. Politisches Handeln konnte zunehmend weniger in abgeschotteten Bereichen stattfinden, sondern musste sich gerade unter den Bedingungen demokratischer Gesellschaftsordnungen der Unterstützung breiter Bevölkerungskreise versichern. Mit der Vergesellschaftung von Politik kam den Massenmedien als Mittler dieses Prozesses entscheidende Bedeutung zu. Gerade im Ringen um die im Konzept der Inneren Führung und dem Staatsbürger in Uniform angelegte soziale Einordnung des Soldaten in die westdeutsche Gesellschaft kam es zwangsläufig dazu, dass der mediale Vermittlungsprozess in zwei Richtungen lief. Zum einen galt es, die Konzeption in die Streitkräfte hinein zu tragen. Zum anderen waren unter den Bedingungen einer freiheitlich verfassten Medienlandschaft die Streitkräfte nicht mehr wie früher durch Tabus geschützt, sondern vielmehr Teil einer öffentlichen, zuweilen höchst kritischen Betrachtung und Auseinandersetzung, wie es die Debatten um die westdeutsche Aufrüstung seit 1951 demonstriert hatten.

Das intern vermittelte Selbstbild

Wer nach dem in die Streitkräfte hineinweisenden Bild vom Staatsbürger in Uniform sucht, der wird an zwei wichtigen Publikationen nicht vorbei gehen können: der 1956 erstmals erschienenen Zeitschrift »Information für die Truppe« und der im selben Jahr als Themenhefte konzipierten »Schriftenreihe Innere Führung«. Für Baudissin kam der Information des Staatsbürgers in Uniform etwa zur politischen Funktion der Bundeswehr, zu ihrer Einbettung in Staat, Gesellschaft und Bündnis oder zu aktuellen Problemen der Sicherheitspolitik eine zentrale Bedeutung zu. Bis heute ist die »Information für die Truppe« zentrales Trägermedium der politischen Bildung innerhalb der Bundeswehr geblieben – im Inhalt immer wieder den sicherheitspolitischen Rahmenbedingungen angepasst und im Layout zeittypischer gestaltet. Beide Organe entwickelten nun nicht allein über ihre Texte ein geistiges Bild vom komplexen Gefüge der Inneren Führung. Jeder, der die Hefte in die Hand nahm, sah den Staatsbürger in Uniform bereits auf dem Umschlag stehen. Bereits die Entstehungsgeschichte dieser stilisierten, umrisshaften und somit transparent wirkenden Soldatenfigur kann als ein Beispiel für das die militärische und zivile Welt verbindende Ideal der sozialen Einordnung des Soldaten in die Gesellschaft gewertet werden (Abb. 3). Die Idee zu dieser Figur geht auf Martin Koller (1923–1992) zurück. Im Krieg schwer verwundet, studierte er später Germanistik und Philosophie und arbeitete von 1951 bis 1956 als Pressereferent und Leiter der Pressestelle der Evangelischen Akademie in Bad Boll. Diese Einrichtung spielte in der Frühphase der innenpolitischen Diskussion des westdeutschen Aufrüstungsprozesses eine wichtige Rolle als Diskussionsforum über die innere Beschaffenheit der zukünftigen Streitkräfte. Baudissin trat dort öfter als Referent auf, lernte Koller kennen und holte ihn 1956 in das Verteidigungsministerium – zunächst als Redakteur der »Schriftenreihe Innere Führung« und der »Information für die Truppe«. Ab den beginnenden sechziger Jahren zeichnete er dann für die redaktionelle Betreuung der Bundeswehr-Filmschau federführend verantwortlich. Kollers generationsbedingter Erfahrungshorizont bewegte sich an der Trennlinie zwischen Diktatur und Demokratie, jenem für die Begründung der Inneren Führung konstitutiven Gegensatzpaar. In Kollers Erinnerung an die Entwicklungsgeschichte jener Soldatenkontur, über viele Jahre das bildhafte Emblem der Inneren Führung, kommt solches prägnant zum Ausdruck:

»Als die ›Schriftenreihe Innere Führung‹ gegründet wurde, ging es darum, ein Symbol für die Innere Führung zu finden. Nach vielem Hin und Her einigte man sich darauf, daß es eigentlich nur der ›Staatsbürger in Uniform‹ sein könne. Damit ließ man mich allein. Aber: Ein Staatsbürger ist nun auch nicht gerade ein graphisches Symbol. Schließlich wurde ein Graphiker bestellt. Ich sagte ihm, er solle die stilisierte Figur eines Soldaten zeichnen, aber einen lässig und

verteidigungsbereit stehenden Soldaten, Gewehr bei Fuß. Der Graphiker kam nach einer Woche wieder und legte seine Entwürfe vor: Es war tatsächlich ein stilisierter Soldat, Gewehr bei Fuß, im ›Rührt Euch‹, nicht aggressiv, aber verteidigungsbereit[10].«
Was sollte diese im zeittypischen Stil gehaltene graphische Umsetzung des Staatsbürgers in Uniform nun aber verteidigen? Welchen Gefährdungen war er ausgesetzt? Auch darauf gab es eine visuelle Antwort. Schon die ersten Nummern der »Information für die Truppe« wiesen in ihrem noch spröden Layout auf dem Umschlag drei pastellfarbene, nach links weisende Keile auf. Als 1957 der Staatsbürger in Uniform hinzutrat, zielten die Keile unmittelbar auf ihn. Die Bildersprache konnte als abstraktes Symbol für den ideologischen Angriff aus dem Osten aufgefasst werden. Mit der Nummer 1 der Information für die Truppe 1958 verschwand diese graphische Gefährdung. Die Soldatenkontur blieb bis zum Layoutwechsel 1972 alleine auf dem Umschlag stehen (Abb. 4).

Es passte zum Neuen im Baudissinschen Reformkonzept, bei dessen Vermittlung besonders moderne Wege zu gehen. Der 1958 entstandene Ausbildungsfilm »Was ist Innere Führung?«, der Wesen, Aufbau, Gliederung und Aufgaben der Inneren Führung darstellen sollte, bediente sich jener eben beschriebenen Soldatenkontur. Es war der von Baudissin initiierte Versuch, jene Auffassung von Innerer Führung, wie sie 1957 im für Offiziere und Offizieranwärter bestimmten »Handbuch Innere Führung« gefasst worden war, über einen Zeichentrickfilm v.a. an die jungen Soldaten heranzubringen. Animationsfilme gehörten in den fünfziger Jahren zu den von Jugendlichen besonders häufig und gerne konsumierten audiovisuellen Medien, wiewohl sie vom überwiegenden Teil der Elternschaft als »Schund« qualifiziert wurden. Vielleicht lag ja darin gerade das Kalkül der Inneren Führer, über die Attraktivität des Mediums das schwierige Thema besser an die Zielgruppe zu bringen. Innere Führung verstand man laut Handbuch als geistige Rüstung und zeitgemäße Menschenführung, beides Voraussetzungen für die Schlagkraft der Truppe. Sie war die notwendige Ergänzung der äußeren, also der organisatorischen und taktisch-operativen Führung. Die geistige Rüstung ergebe sich aus der Notwendigkeit der modernen, ideologisch-psychologischen Kampfführung. Dafür müsse der Soldat einen festen geistigen Standpunkt haben und wissen, wofür und wogegen er kämpfe. Wer die freiheitliche Staats- und Gesellschaftsordnung verteidigen wolle, so die Forderung, habe mit der geistigen Auseinandersetzung zu beginnen. Die bloße Defensivhaltung eines Antikommunismus sei ungenügend.

Zentrales Element in diesem aus Hans-Ulrich Ahlefeld gefertigten Trickfilm ist die ungezwungen dastehende, dennoch verteidigungsbereite Soldatenkontur. Vermutlich war er auch der Graphiker, der sie entwickelt hat. Er folgte mit seiner Bildersprache im Übrigen einem durchaus bestimmenden Ideal innerhalb der Jugendkultur der fünfziger Jahre, in der nicht mehr ein militärisch-zackiger Habitus wie in der Zeit bis 1945 angesagt war, sondern eine zivile Lässigkeit. Ein Profil, das übrigens auch die

Bildersprache auf den Plakaten und in den Anzeigenlinien für die Nachwuchswerbung der Bundeswehr bestimmen sollte. Komplementär zur Konzeption der Inneren Führung warb die Bundeswehr »zentral mit dem Argument des Neuen, mit der Abgrenzung von der Wehrmacht und dem Versuch, sich bewusst vom tradierten äußeren Bild und somit auch von inneren Bildern zu unterscheiden«[11].

Der moderne Soldat der Bundeswehr steht in »Was ist Innere Führung?« im Wortsinne für Freiheit und Recht, eine Formel, die zudem in dem 24minütigen Film in Schrift und Wort beständig wiederholt wird (Abb. 5). Er steht selbst dann noch, wenn Atombomben hinter ihm detonieren. Der Staatsbürger in Uniform weiß aber auch, in welchem historischen, politischen und gesellschaftlichen Umfeld er steht. Ihm ist ein Gesicht gegeben im Gegensatz zu den Silhouetten der Soldaten von 1870, 1914 und 1939 (Abb. 6). Wenn der Betrachter dann hört: »Die Hauptsache ist der Mensch«, dann signalisiert dies, der Soldat von heute wird als Individuum ernst genommen. Ein Signal, das in den frühen Bildmedien der Bundeswehr im Übrigen gerne gesetzt wurde, nicht nur in diesem in erster Linie für die interne Ausbildung produzierten Animationsfilm. Bereits beim 1957 für die Nachwuchswerbung gedrehten und damit besonders außerhalb der militärischen Teilöffentlichkeit eingesetzten 27minütigen Farbfilm »Der Alltag des Soldaten« (Regie: Rolf von Sydow) wird den Betrachtern durch die Sprecherstimme ein Soldat aus der Masse einer marschierenden Kolonne herausgeholt und vorgestellt: »Das ist unsere Kompanie, eine unter vielen. Panzergrenadier Müller, kommen sie doch mal her. Werner Müller aus Frankfurt, kaufmännischer Angestellter. Stubenältester von Stube 14«. Auch die Stubenkameraden lernt man später kennen, von denen einer gar sein Radio mit in die Kaserne gebracht hat. Ganz beiläufig wurde so vermittelt, dass mit dem Soldatsein nicht zwangsläufig alle zivilen Gewohnheiten vor dem Kasernentor bleiben mussten. Das Radiohören zählte in den fünfziger Jahren zu den beliebtesten Freizeitbeschäftigungen unter Jugendlichen. Mit dem Akzent auf dem Individuum wird darüber hinaus ein Gegenbild gesetzt zum Soldatenschinder, wie er in der gesellschaftlichen Erinnerung präsent war und in der Figur des Wachtmeisters Platzek fast zeitgleich im Kino auftrat. Der hatte nun ausgedient. So lautete jedenfalls die Botschaft, allein, die Realität kam an dieses Ideal keineswegs ganz heran. Gerade die Berichte des Wehrbeauftragten des Deutschen Bundestages, jener zur Kontrolle der Prinzipien der Inneren Führung geschaffenen Instanz, sprechen oftmals eine ganz andere Sprache. Dessen ungeachtet wurde in dieser frühen Zeit streitkräfteinterner Vermittlung von Innerer Führung das Bild vom menschenverachtenden Rekrutenschleifer gerne als Kontrastfolie benutzt. Im Handbuch Innere Führung liest sich dies beispielsweise so: »Was ist das für ein Mensch, dieser Schleifer Platzek? Er ist der Repräsentant des aggressiven Menschentyps, der die Macht mißbraucht, um sich selbst durchzusetzen und hervorzuheben[12].«

Im Film »Was ist Innere Führung?« werden die Veränderungen im Soldatenbild jedoch nicht so sehr aus der Vergangenheit abgeleitet. Vielmehr verlange die Technisierung der modernen Welt vom Einzelnen mehr Fachkenntnisse und auch mehr Bereitschaft, Verantwortung zu übernehmen. Erfahrungen, die das Zivilleben wie den militärischen Bereich gleichermaßen prägten. Die Gegensätze zwischen Zivil und Militär lösten sich auf und setzten sich im Kalten Krieg fort. Von der psychologischen Kriegführung waren Soldat wie Zivilist gleichermaßen bedroht. Im Film stehen die Kontur des Soldaten und die des Zivilisten nebeneinander auf einer gemeinsamen Plattform, während die schon aus der »Information für die Truppe« bekannten Keile beständig auf sie einwirken (Abb. 7). Die Verschränkung des Soldaten mit dem Zivilisten im Kalten Krieg suggeriert der Film insofern auch optisch, wenn sich eine zivile Männergestalt durch kleine Veränderungen der Silhouette zum stahlhelmbewehrten Staatsbürger in Uniform wandelt. Ein deutlicher Hinweis auch darauf, dass Innere Führung eben nicht die Kampfkraft durch Verweichlichung und Disziplinlosigkeit mindert.

In Abgrenzung vom ideologischen Gegner und in Ergänzung der beständig wiederholten Formel »Ich stehe für Freiheit und Recht« bemühten die Gestalter bei der Konstruktion der eigenen Modernität eine ganze Palette zeitgenössischer ästhetischer Mittel. Während der Warschauer Pakt meist in düsteren Rot- oder Schwarztönen gezeichnet wird, markieren helle Pastelltöne eine Heiterkeit, die nicht zuletzt auch vor der als dunkel apostrophierten Epoche von Nationalsozialismus, Krieg und Kommunismus »in den fünfziger Jahren geradezu als Symptom der neuen Freiheit gefeiert wurde«[13] (Abb. 8). Auch die elektronische Musik bewegt sich in diesem Spannungsbogen und suggeriert gleichzeitig Fortschritt und Bedrohung.

Die farbenfrohe und reduzierte Zeichentricksprache von Hans-Ulrich Ahlefeld übersetzte das politische Ideal von Innerer Führung und Staatsbürger in Uniform in eine bislang noch nicht gekannte heitere Mischung didaktischer und avantgardistischer Elemente. Es mochte auch mit der persönlichen Vorliebe Baudissins für zeitgenössische Kunst zusammenhängen, wenn er diesen Film für ein probates, weil zeitgemäßes Medium bei der Vermittlung der Grundgedanken der Inneren Führung erachtete:

»Nachmittags führt Ahlefeld seinen Film ›Was ist Innere Führung?‹ den Herren der Routinebesprechung und der Unterabteilung vor. Es sind noch einige kleine Schönheitsfehler darin, die sich leicht ausmerzen lassen [...] Insgesamt ist es aber ein guter Schritt voran im Versuch, mit den modernen Mitteln des Tricks und der Elektronenmusik Menschen an Probleme heranzuführen. Sicher werden sich in der Beurteilung die Generationen scheiden. Wir werden das gleiche erleben, wie mit dem Film ›Disziplin gestern und heute‹, den die Kommandeure, jedenfalls ein Teil von ihnen, als nicht für junge Soldaten geeignet ablehnten. Als wir dann einen beliebigen Zug Wehrpflichtiger heranholten, waren diese hingerissen[14].«

Baudissins ungute Ahnung sollte sich als zutreffend erweisen. Schon innerhalb des Führungsstabes der Bundeswehr stieß der Film auf so großen Widerstand, dass der Regisseur befürchtete, zukünftig bei der Auftragsvergabe für einen weiteren Ausbildungsfilm nicht mehr herangezogen zu werden. Von »recht abfälligen Bemerkungen« wurde Baudissin gar berichtet[15]. Dabei erachtete jener diese Art von Visualisierung der Inneren Führung für so gelungen, dass er sich damit sogar auf einer Bundespressekonferenz verabschieden wollte, bevor er Mitte 1958 aus dem Verteidigungsministerium als Kommandeur einer Kampfgruppe nach Göttingen versetzt werden sollte. Der Pressesprecher des Verteidigungsministers, Gerd Schmückle, warnte ihn jedoch davor. Zwar sei die Musik recht gut, doch reizten einige Stellen die Journalisten möglicherweise zum Lachen. Damit, so die Botschaft, sei der Sache der Inneren Führung nicht genützt und der ohnehin beständig heftiger innermilitärischer Kritik ausgesetzten Person Baudissin geschadet. Tatsächlich mochte das im Film angewandte Prinzip einer schon fast bizarr anmutenden modernistischen 1:1-Animation der komplexen Bestandteile der Konzeption Innere Führung manchen Betrachter verwirren, geschuldet deren zivilem wie militärischem Sozialisationszeitpunkt, der oft noch bis in die Zeit vor dem Ersten Weltkrieg zurückreichte. Eine solch radikale Zeichensprache, die die Vaterlandsliebe etwa durch ein pochendes rotes Herz innerhalb der bekannten Soldatenkontur visualisierte, war nicht jedermanns Geschmack, die Sehgewohnheiten namentlich in der älteren Generation darauf auch nicht geprägt. Zudem schien das Soldatenhandwerk eine zu ernste Sache namentlich im Atomzeitalter zu sein, als es in einem Zeichentrickfilm gleichsam vorsätzlich der Lächerlichkeit anheim zu stellen. Baudissin bestand dann auch nicht auf der Vorführung, lehnte zugleich aber »ein neuerliches Auftreten ohne Grund vor der Bundespressekonferenz ab«[16].

Die mit diesem Trickfilm begonnene Öffnung zu zeitgemäßen Vermittlungsformen ließ sich trotz der Stolpersteine, die man Baudissin und seinem Konzept von Innerer Führung und Staatsbürger in Uniform beständig in den Weg legte, aber nicht mehr zurückdrehen. Im Gegenteil verstärkten sich im Zeichen des gesellschaftlichen Aufbruchs ab den späten sechziger Jahren die Bemühungen, den zeitgemäßen Staatsbürger in Uniform diesem selbst zu zeigen. Das demonstrative politische Signal, das Bundeskanzler Willy Brandt in seiner Regierungserklärung von 1969 in die Worte »Wir wollen mehr Demokratie wagen!« fasste, fand auch Eingang in die Bundeswehr. Ein wichtiges Medium dazu war die Bundeswehr-Filmschau, die seit 1961 als monatliches Informationsmittel im Rahmen des staatsbürgerlichen Unterrichts eingesetzt wurde. Sie sollte das audiovisuelle Gegenstück zur »Information für die Truppe« sein und diese bei der geistigen Rüstung der Truppe unterstützen. Hauptzielgruppe waren die Wehrpflichtigen. Das zentrale Anliegen fasste der leitende Redakteur Martin Koller um 1970 so zusammen: »Menschen, insbesondere Menschen in Uniform, helfen, Staats-Bürger zu werden«[17]. Insofern war es konsequent, wenn die Filmschau mit verschiedenen Beiträgen die

Bundeswehr als einen normalen Teil der pluralistischen Gesellschaft präsentierte. Darin eingeschlossen waren Soldatenbilder, die über damals oft noch als provokativ empfundene Diskussionsformen einen zeitgemäßen Umgangsstil unter den Staatsbürgern in Uniform zeigten und somit auch als ein Medium der Selbstvergewisserung in einer Umbruchszeit zu werten sind. In der Februar-Ausgabe von 1971 brachte die Filmschau beispielsweise einen Bericht über eine große Tagung zwischen Vertrauensmännern und Disziplinarvorgesetzten. Kernthema jedenfalls des Filmbeitrages war die Haar- und Barttracht. Verteidigungsminister Helmut Schmidt hatte nämlich 1971 einen Erlass verfügt, der den Soldaten der damaligen zivilen Jugendmode gemäß die freie Wahl – namentlich über die Länge – ihrer Haar- und Barttracht erlaubte. Entsprechend glaubt man, sich in eine verhalten durchgeführte studentische Protestversammlung versetzt zu sehen. Mannschaftsdienstgrade mit schulterlangen Haaren, dicken Koteletten und dichtem Bartwuchs zeigten in ihren Redebeiträgen, dass sie auch die Anwesenheit höchster Disziplinarvorgesetzter und Autoritäten (Verteidigungsminister, Generalinspekteur, Inspekteure der Teilstreitkräfte, Staatssekretäre, Wehrbeauftragter; Parlamentarier) nicht beeindrucken konnte.

Die Außensicht auf den Staatsbürger in Uniform

Die polarisiert geführte Diskussion um den Animationsfilm »Was ist Innere Führung?«, der im Übrigen bis in die siebziger Jahre in der Bundeswehr im Einsatz war, hatte einen weiteren Gesichtspunkt aufgezeigt, der bei der Vermittlung des Ideals vom Staatsbürger in Uniform im Allgemeinen und dessen bildlicher Wiedergabe im Besonderen von einiger Bedeutung ist. Es ist die Frage nach dem Rezipientenverhalten. Oder anders ausgedrückt, wie kam die Darstellung bei der Zielgruppe an? Ist der gesuchte Effekt eines neuen, auf die Verteidigung von Demokratie und Freiheit hin orientierten Soldatenbildes auch eingetreten? Im Rahmen der hier nur ausrisshaft geführten Betrachtung über die bildhafte Vermittlung des Staatsbürgers in Uniform kann darauf weder eine vertiefte noch abschließende Antwort gegeben werden, zumal die Quellen bislang wenigstens noch schweigen und sich die Forschung dazu erst formiert. Es bleibt als Reaktion auf »Was ist Innere Führung?« zunächst einzig die Ablehnung durch nicht näher bestimmte Kreise innerhalb des Verteidigungsministeriums.

Wenn man nun unter einer Zielgruppe aber auch die als Vermittlungsinstanz bestimmenden Massenmedien versteht, so ergeben sich bemerkenswerte Befunde über die Außensicht der westdeutschen Militärreform. Im Folgenden sollen unter der Prämisse, dass sich die Geschichte der frühen Bundeswehr auch »als ein fortwährender Prozess von Neuverortung zwischen so genannten zeitlosen militärischen Tugenden, Kriegserfahrung, Ansprüchen des demokratischen Staates und einer militärkritischen Öffentlichkeit« beschreiben lässt[18], an wenigstens zwei Beispielen Beobachtungen angestellt werden.

Erstmalig »äugte« 1956 eine Kamera mehrere Monate lang über die Kasernenmauer; so zu lesen in der Schlagzeile eines Artikels in der Süddeutschen Zeitung in dem über eine »Die deutsche Bundeswehr« bezeichnete Dokumentarsendung des Süddeutschen Rundfunks berichtet wurde. Es war ein sehr kritischer Blick, den der Redakteur Heinz Huber den Zuschauern eineinhalb Stunden lang bot, angetrieben von dem Vorsatz, »vom Standpunkt des unabhängigen Bundesbürgers einmal nachzuprüfen, wie weit es gelungen ist, den vielbesprochenen Geist der Reform in die Praxis umzusetzen«[19]. Mancher Fernsehzuschauer mochte die in diesem Sinne doch recht vielversprechenden Wochenschauaufnahmen aus dem Soldatenlager in Andernach vom Januar 1956 noch im Kopf gehabt haben. Allein, die Reform war so weit nicht gekommen, vieles beim Alten geblieben, so jedenfalls das wesentliche Ergebnis der Sendung:

»Der Film [...] kann allerdings nicht lustig, nicht einmal hoffnungsvoll oder optimistisch stimmen [...] Weshalb? Weil sich – wenn man der Tendenz des Filmes glauben will – beim deutschen Kommiß im wesentlichen nichts geändert hat. Manchem mag die Erwartung, beim Barras werde sich jemals etwas ändern, ohnehin töricht erscheinen. Viele haben jedoch gehofft, der Ton beim Exerzieren werde erträglicher, die Dienstvorschriften würden mehr von gesundem Menschenverstand befruchtet und die frühere – aber jetzt zum Teil überholte Ausbildung – werde entsprechend dem Vorbild anderer Staaten modernen Erfordernissen besser angepaßt werden [...] Die Reformversuche des Grafen Baudissin werden nicht einmal erwähnt [...] Beachtlich ist immerhin, daß der Film mit Unterstützung des Verteidigungsministeriums gedreht worden ist[20].«

Der letzte Satz unterstreicht zwar das in demokratischen Gesellschaften konstitutive, im Grundsatz auf Transparenz und Öffentlichkeit angelegte Verhältnis zwischen den Staatsorganen und den Medien. Das galt auch für die Bundeswehr. Doch das nach dieser Sendung von manchem im Führungsstab der Bundeswehr gefällte Urteil, »daß das Fernsehen des Süddeutschen Rundfunks mit dieser Sendung vom 16.10.1956 eine völlig einseitige und tendenziöse Darstellung über die Bundeswehr vermittelt und damit seine gesetzliche Verpflichtung zur objektiven Berichterstattung verletzt hatte«, stimmte eben nur zum Teil[21]. Sofern dahinter Überlegungen standen, zukünftig die Medien steuern zu wollen, wären diese von vornherein zum Scheitern verurteilt gewesen. Zuweilen speisten sich solche Gedanken aus dem Umstand, dass in der reaktivierten ersten Offiziergeneration – wie überhaupt in vielen der noch autoritär geprägten politischen und gesellschaftlichen Eliten – noch keineswegs alle bereit oder gewohnt waren, mit den Regeln freiheitlicher Medienorganisation zu leben. Öffentlich geäußerte Kritik musste akzeptiert und mit ihr umgegangen werden. Dennoch: Hubers Film war angesichts des darin angewandten Bild- und Tonarrangements tatsächlich nicht objektiv. Die Bundeswehr existierte auch gerade mal ein knappes Jahr. In einer Fernsehdiskussion des SDR wenige Wochen später, an der neben dem Redakteur des Films »Die deutsche Bundeswehr« auch Verteidigungsminister Strauß und Baudissin teilnahmen, äußerte sich der Letztgenannte besonders kritisch gerade dazu:

»Ich sage, dass ich auf der einen Seite in den letzten Wochen im Blick auf den Fernsehfilm den Soldaten eindeutig die Notwendigkeit der Kritik vor Augen gestellt hätte, dass ich aber nunmehr hier auch auf die Grenzen kritischer Äußerungen hinweisen müsse. Die Soldaten hätten nicht ganz mit Unrecht das Gefühl, sich fair gestellt zu haben und nunmehr unfair – nicht durch das Bild, sondern durch Ton und Musik – behandelt zu sein. Außerdem hätte die Objektivität es vielleicht verlangt, darauf hinzuweisen, dass mancher der dargestellten Offiziere wenige Wochen vorher noch Zivilist gewesen sei[22].«

Heinz Hubers Film war aber nicht nur der erste Blick des jungen Fernsehens auf die ebenfalls noch neue Bundeswehr. Vielmehr nahm damit eine der wesentlichen zukünftigen Grundhaltungen in der Berichterstattung der hier nicht weiter im Einzelnen darzulegenden Thematisierung der Bundeswehr im Fernsehen ihren Anfang. Die abgesehen von Skandalen wenigen dokumentarischen wie fiktionalen Sendungen waren bis wenigstens in die siebziger Jahre von kritischer Skepsis, zuweilen auch Argwohn bestimmt. Wenn, dann wurde die Suche nach dem Staatsbürger in Uniform zumeist überlagert von seinem Schatten, dem »Schleifer Platzek«. Ein, wenn vermutlich nicht das am zentralsten die Gesellschaft prägende Bild von Streitkräften schlechthin.

Ein solches Bild war auch einer der Anker, der den 1962 unter dem Titel »Barras heute. Was ist wirklich bei der Bundeswehr los?« gedrehten Spielfilm auf dem Boden des Bildhaushaltes westdeutscher Kinobesucher hielt. Die Bundeswehr, soviel sei zur Produktionsgeschichte erzählt, beteiligte sich mit militärischer Fachberatung am Projekt und stellte Waffen, Soldaten als Statisten sowie die Kaserne im nordhessischen Wolfhagen als Drehort zur Verfügung. Das Motiv für dieses Engagement lag auf der Hand. Man hielt das Vorhaben, bei dem

»die Bundeswehr erstmalig zum Gegenstand eines dramatisch gestalteten Spielfilms wird, [für] geeignet, der Öffentlichkeit einen positiven Eindruck von der Bundeswehr und ihrem Geist zu vermitteln und darüber hinaus dazu beizutragen, daß die Bevölkerung die Bundeswehr als integrierenden Bestandteil unseres Staates und unserer Gesellschaft erkennt und würdigt«[23].

Als Rahmenhandlung beschäftigt sich der Film mit einer Gruppe von Wehrpflichtigen und begleitet sie – scheinbar dokumentarisch – vom Tag ihrer Einberufung bis zur Entlassung im darauffolgenden Jahr. Episodenhaft werden die Grundausbildung, der militärische Alltag, östliche Agententätigkeit, die Gefahren und Folgen eines möglichen Bruderkrieges im Atomzeitalter ebenso thematisiert, wie die zunächst konfliktträchtige Beziehung zweier für die Zuschauer wichtiger Identifikationsfiguren, die eines Wehrpflichtigen und eines Unteroffiziers. Es ist ein sehr ambivalentes Bild, das der Regisseur Paul May entwickelt hat. Er war im Übrigen derjenige, der schon die 08/15-Filme inszeniert hatte und der nun eine filmische Antwort auf die Frage suchte, ob »noch immer der Kommißton von damals in unseren Kasernen« herrscht[24]. So überrascht es zunächst nicht, wenn gleich zwei Filmfiguren (ein Leutnant Junkermann und ein Oberfeldwebel Knorr) als Reinkarnation des Schleifers Platzek mit Gebrüll, unflätigen Worten, menschenunwürdigen Handlungen an den Wehrpflichtigen und entsprechendem Aussehen über die Leinwand schreiten. Selbst wenn diese Szenen in der Filmsprache des Militärschwanks daherkamen, gewiss auch den angenommenen Publikumserwartungen geschuldet, so löst der Film in gewissem Umfang doch den selbstgestellten Anspruch ein, »ungeschminkt« die Probleme zu zeigen, vor die sich jeder Bürger gestellt sieht, wenn er die Uniform anziehen muss. Dies geschieht im Kern über die Figur des Unteroffiziers Müller VII als eines modernen, zeitgemäßen Vorgesetzten. Im Rahmen einer Gehorsamsverweigerung bzw. in deren gerichtlicher Verfolgung wird dieser schließlich als idealtypische Verkörperung des Soldaten als Angehörigen einer Armee des demokratischen Rechtsstaates und als Abgrenzungssymbol zu vergangenen deutschen Streitkräften schlechthin gezeichnet: Es geht um die Grenzen der militärischen Gehorsamspflicht und damit um eine enge Bezugnahme auf die Konzeption der Inneren Führung.

Während eines Manövers verweigert Unteroffizier Müller VII den Befehl, mit seinem Geschütz durch ein Kornfeld zu fahren. Im Ernstfall würde er das tun, aber im Frieden führe er, wie ihn das Drehbuch etwas emphatisch sagen lässt, nicht durch Brot. Deshalb festgenommen, plädiert der Staatsanwalt vor Gericht für die volle Härte des Gesetzes. Die Gehorsamsverweigerung betreffe nicht nur die Armee, sondern das ganze deutsche Volk. Wer die elementarsten Gesetze, Disziplin und Gehorsam, ohne die keine Armee auskomme, nicht achte, der handle verantwortungslos. Der Verteidiger räumte zwar ein, dass hier im Sinne der militärischen Ordnung gehandelt werden müsse. Aufgabe des Gerichts sei es aber jetzt, eine Antwort zu finden auf das grundsätzliche Problem der Rechte und Pflichten

> »des doch wohl nicht umsonst so genannten Staatsbürgers in Uniform. Allein diese Bezeichnung soll den Unterschied dokumentieren zwischen dem Kadavergehorsam vergangener Zeiten, dessen Folgen heute noch, nach zwei Jahrzehnten, die gleichen Gerichte beschäftigt, die diesen und ähnliche Fälle zu bewerten haben«[25].

Der Unteroffizier sei bei der Befehlsverweigerung nur seinem Gewissen gefolgt, zum Schutz aller Güter. Hätte er als Staatsbürger das Kornfeld zerstört, würde er wegen Flurfrevels angeklagt. Die Vorbereitung zur Verteidigung im Frieden dürfe nicht nur, so seine Folgerung, auf einen angenommenen äußeren Feind beschränkt bleiben, sondern der Soldat müsse als Mensch das Recht behalten, sich selbst zu verteidigen, zu verteidigen gegen Forderungen, die sein Gewissen belasten. Die Verantwortlichkeit bei der militärischen Gehorsamspflicht müsse früher einsetzen. Nicht der Befehlsempfänger, sondern derjenige, der den Befehl erteile, sei verantwortlich. Müller VII wird am Ende freigesprochen.

Es mag dahingestellt bleiben, ob all diese Ausführungen tatsächlich den wehrrechtlichen Bestimmungen entsprochen haben. Zur Demonstration des neuen Geistes, der demokratischen Struktur dieser militärischen Institution und des Bemühens der Bundeswehr, »einen neuen Weg zu gehen«, wie sich die Zeitschrift »Illustrierte Filmbühne« ausdrückte, mochten sie allemal tauglich sein. Optisch verstärkt wurde diese Aussage dadurch, dass der Regisseur die Rolle des Verteidigers mit dem Schauspieler Joachim Fuchsberger besetzt hatte – wiederum auf die Assoziationskraft des 08/15-kundigen Publikums bauend. Denn der von ihm vormals verkörperte Gefreite Asch war, weil wackerer Kämpfer gegen die Auswüchse eines schikanösen Militärsystems, nicht nur eine mit positiven Emotionen besetzte Identifikationsfigur, sondern als moralische Instanz galt er gleichsam auch als virtueller Sendbote rechtsstaatlich normierter Menschenführung. So war es wahrnehmungspsychologisch und ökonomisch nur konsequent, in der Person des Schauspielers diejenige Figur wieder zum Leben zu erwecken, die den Finger schon einmal in die Wunde gelegt hatte.

Die Reaktion auf diesen von Seiten der Bundeswehr mit vielen Hoffnungen verbundenen Film überrascht doch einigermaßen. In der öffentlichen Kritik pendelte er zwischen »apologetischem Filmschund« und »künstlerischer Bedeutungslosigkeit«. Mit Ausnahme des Film-Referats im Führungsstab der Streitkräfte bescheinigte man ihm streitkräfteintern bis hinauf zum Generalinspekteur eine absolut negative Wirkung für die Bundeswehr. Diese exakt auszuloten wurde allerdings nicht unternommen. Allein, es ist schon bemerkenswert, wenn die innermilitärische Diskussion um die unterstellten Folgen sich ausschließlich auf die aus dramaturgischen Gründen für notwendig erachteten Schleifszenen, Trinkexzesse und einige kommisshaft klischierte Figuren verengte. Das im Kontrast dazu in weiten Teilen gezeigte Neue in der Bundeswehr wurde gar nicht zur Kenntnis genommen. Oder war diese Reaktion nur ein Ausdruck von dem Wissen oder – vielleicht – von schlechtem Gewissen, dass der Staatsbürger in Uniform zu dieser Zeit tatsächlich noch eine Fiktion war? Die wenig später aufgedeckten Skandale jedenfalls brachten in der Bundeswehr verbreitete Ausbildungsformen ans Tageslicht, die dem Konzept der Inneren Führung deutlich zuwider liefen. Es waren leider die längst vergangen geglaubten Bilder, die über die Artikelserie der Zeitschrift Quick unter dem Titel »In Sorge um die Bundeswehr« – sie stammte aus der Feder des Wehrbeauftragten des Deutschen Bundestages – eine öffentliche Auferstehung feierten. Aber selbst dies war letztlich ein Ergebnis jener Grundbedingungen demokratisch verfasster, moderner Gesellschaften, wonach sich auch Soldatenbilder innerhalb eines offenen Mediendiskurses ausbildeten. Verordnen ließen sie sich jedenfalls nicht – weder in der militärischen Teil- noch in der zivilen Gesamtgesellschaft.

Anmerkungen

1. Hans-Jürgen Rautenberg, Norbert Wiggershaus, Die »Himmeroder Denkschrift« vom Oktober 1950. Politische und militärische Überlegungen für einen Beitrag der Bundesrepublik Deutschland zur westeuropäischen Verteidigung. In: Militärgeschichtliche Mitteilungen 21, (1977), S. 135-206, hier S. 185-187.
2. Uwe Hartmann, Frank Richter und Claus von Rosen, Wolf Graf von Baudissin. In: Klassiker der Pädagogik im deutschen Militär. Hrsg. von Detlef Bald, Uwe Hartmann und Claus von Rosen, Baden-Baden 1999, S. 210-226, hier S. 217.
3. Wilfried von Bredow, Demokratie und Streitkräfte. Militär, Staat und Gesellschaft in der Bundesrepublik Deutschland, Wiesbaden 2000, S. 202.
4. Hans Hellmut Kirst, Null-Acht-Fünfzehn. Die abenteuerliche Revolte des Gefreiten Asch, Wien, München, Basel 1954, S. 396.
5. Zitiert nach Joachim Hauschild, Schwer zu reformierender Alpdruck. Ein Schwerpunkt im ZDF-Programm: Die Verfilmung von Hans Hellmut Kirsts Roman »08/15«. In: Süddeutsche Zeitung 257, 8.11.1987, S. 47.
6. Bundesarchiv, B 145/4225, Die Stimmung im Bundesgebiet.
7. BA-MA, N 717/9, S. 102.
8. Hans-Peter Schwarz, Adenauer, Bd 2: Der Staatsmann 1952-1967, Stuttgart 1991, S. 246.
9. Gerd Schmückle, Öffentliche Meinung und Bundeswehr. Soldat und Journalist – Nur: Seid nett zueinander? In: Armee gegen den Krieg. Wert und Wirkung der Bundeswehr. Hrsg. von Wolfram von Raven, Stuttgart 1966, S. 307-325, hier S. 311 f.
10. Information für die Truppe, 4 (1976), S. 13.
11. Thorsten Loch, Soldatenbilder im Wandel. Die Nachwuchswerbung der Bundeswehr in Werbeanzeigen. In: Visual History. Ein Studienbuch. Hrsg. von Gerhard Paul, Göttingen 2006, S. 265-282, hier S. 272.
12. Handbuch Innere Führung. Hilfen zur Klärung der Begriffe. Hrsg. vom Bundesministerium für Verteidigung, Führungsstab der Bundeswehr, September 1957 (Schriftenreihe Innere Führung).
13. Katja Protte, Auf der Suche nach dem Staatsbürger in Uniform. Frühe Ausbildungs- und Informationsfilme der Bundeswehr. In: Krieg und Militär im Film des 20. Jahrhunderts. Hrsg. von Bernhard Chiari, Matthias Rogg und Wolfgang Schmidt, München 2003, S. 569-610, hier S. 595 (= Beiträge zur Militärgeschichte, 59).
14. BA-MA, N 717/10, S. 206 f.
15. BA-MA, N 717/10, S. 219.
16. BA-MA, N 717/10, S. 220.
17. Zitiert nach Katja Protte, »APO in der Bundeswehr?« Mediale Selbstvermittlung der Streitkräfte durch die Bundeswehr-Filmschau in den späten 60er und frühen 70er Jahren. In: Die Bundeswehr 1955-2005. Rückblenden, Einsichten, Perspektiven. Hrsg. von Frank Nägler (in Vorbereitung).
18. Ebd.
19. Eine Kamera äugt über die Kasernenmauer. In: Süddeutsche Zeitung, 15.10.1956.
20. Kritischer Fernsehblick auf die Bundeswehr. In: Süddeutsche Zeitung, 17.10.1956.
21. Bundesarchiv, B 145/204, Vermerk, 9.11.1956.
22. BA-MA, N 717/7, S. 163.

[23] Zitiert nach Wolfgang Schmidt, »Barras heute«. Bundeswehr und Kalter Krieg im westdeutschen Spielfilm der frühen sechziger Jahre. In: Krieg und Militär im Film des 20. Jahrhunderts (wie Anm. 13), S. 502-541, S. 517 f.
[24] Ebd., S. 519.
[25] Ebd., S. 525.

Ausgewählte Literatur

Baudissin, Wolf Graf von, und Günter Will, Die schwere Geburt. Zur Entstehungsgeschichte von Truppeninformation. In: Information für die Truppe, 8 (1991), S. 62-64
Bleicher, Joan K., und Knut Hickethier, Der Blick des Fernsehens auf die Bundeswehr. In: Die Bundeswehr 1955-2005. Rückblenden, Einsichten, Perspektiven. Hrsg. von Frank Nägler (in Vorbereitung)
Bredow, Wilfried von, Demokratie und Streitkräfte. Militär, Staat und Gesellschaft in der Bundesrepublik Deutschland, Wiesbaden 2000
Handbuch Innere Führung. Hilfen zur Klärung der Begriffe. Hrsg. vom Bundesministerium für Verteidigung, Führungsstab der Bundeswehr, September 1957 (Schriftenreihe Innere Führung)
Hartmann, Uwe, Frank Richter und Claus von Rosen, Wolf Graf von Baudissin. In: Klassiker der Pädagogik im deutschen Militär. Hrsg. von Detlef Bald, Uwe Hartmann und Claus von Rosen, Baden-Baden 1999, S. 210-226
Hobsbawm, Eric J., Das Zeitalter der Extreme. Weltgeschichte des 20. Jahrhunderts, München 2007
Kirst, Hans Hellmut, Null-Acht-Fünfzehn. Die abenteuerliche Revolte des Gefreiten Asch, Wien, München, Basel 1954
Loch, Thorsten, Soldatenbilder im Wandel. Die Nachwuchswerbung der Bundeswehr in Werbeanzeigen. In: Visual History. Ein Studienbuch. Hrsg. von Gerhard Paul, Göttingen 2006, S. 265-282
Michael, Rüdiger, Spiegelbild des Wandels. Von der Schrift für die staatsbürgerliche Unterrichtung zur Zeitschrift Innere Führung. In: Information für die Truppe, 3-4 (2006), S. 14-17
Protte, Katja, »APO in der Bundeswehr?« Mediale Selbstvermittlung der Streitkräfte durch die Bundeswehr-Filmschau in den späten 60er und frühen 70er Jahren. In: Die Bundeswehr 1955-2005. Rückblenden, Einsichten, Perspektiven. Hrsg. von Frank Nägler (in Vorbereitung)
Protte, Katja, Auf der Suche nach dem Staatsbürger in Uniform. Frühe Ausbildungs- und Informationsfilme der Bundeswehr. In: Krieg und Militär im Film des 20. Jahrhunderts. Hrsg. von Bernhard Chiari, Matthias Rogg und Wolfgang Schmidt, München 2003 (= Beiträge zur Militärgeschichte, 59), S. 569-610

Rautenberg, Hans-Jürgen, Norbert Wiggershaus, Die »Himmeroder Denkschrift« vom Oktober 1950. Politische und militärische Überlegungen für einen Beitrag der Bundesrepublik Deutschland zur westeuropäischen Verteidigung. In: Militärgeschichtliche Mitteilungen, 21 (1977), S. 135−206

Reeb, Hans-Joachim, 50 Jahre Truppeninformation im Wandel des Medienzeitalters. In: Information für die Truppe, 2006, 3−4, S. 4−13

Schmidt, Wolfgang, »Barras heute«. Bundeswehr und Kalter Krieg im westdeutschen Spielfilm der frühen sechziger Jahre. In: Krieg und Militär im Film des 20. Jahrhunderts. Hrsg. von Bernhard Chiari, Matthias Rogg und Wolfgang Schmidt, München 2003 (= Beiträge zur Militärgeschichte, 59), S. 502−541

Schmidt, Wolfgang, Westdeutsche Sicherheitspolitik und Streitkräfte in der medialen Öffentlichkeit und politischen Kommunikation. In: Die Bundeswehr 1955−2005. Rückblenden, Einsichten, Perspektiven. Hrsg. von Frank Nägler (in Vorbereitung)

Schmückle, Gerd, Öffentliche Meinung und Bundeswehr. Soldat und Journalist − Nur: Seid nett zueinander? In: Armee gegen den Krieg. Wert und Wirkung der Bundeswehr. Hrsg. von Wolfram von Raven, Stuttgart 1966, S. 307−325

◄
Abb. 1: Begleitheft zum Film 08/15, Deutschland 1954 (*Verlag für Filmschriften, Hebertshausen*)

Abb. 2: 12. November 1955 – Gründungstag der Bundeswehr im Blickpunkt der Medien (*picture-alliance/dpa/Foto: Brock*)

Abb. 3: Titelblatt der Information für die Truppe 1957
(Informations- und Medienzentrale der Bundeswehr)

Abb. 4: Titelblatt der Information für die Truppe 1958
(Informations- und Medienzentrale der Bundeswehr)

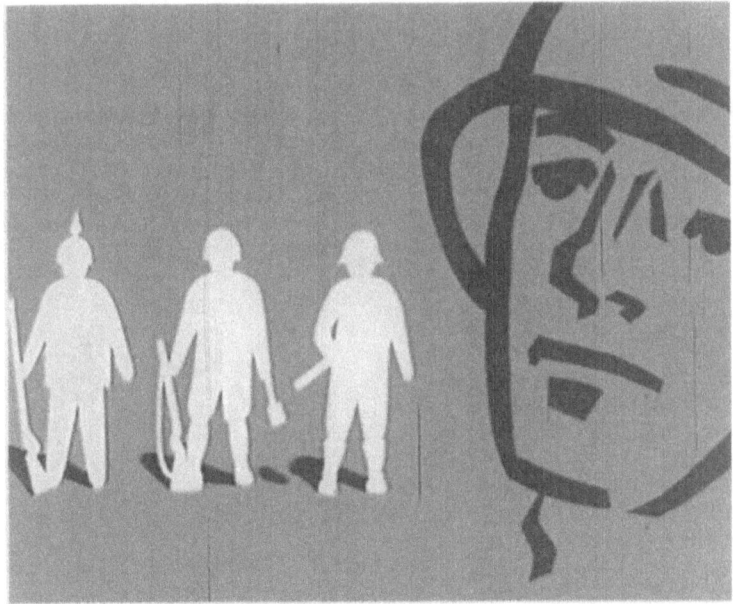

Abb. 5 u. 6: Ausbildungsfilm: Was ist Innere Führung?, Deutschland 1958 (Informations- und Medienzentrale der Bundeswehr, Filmarchiv)

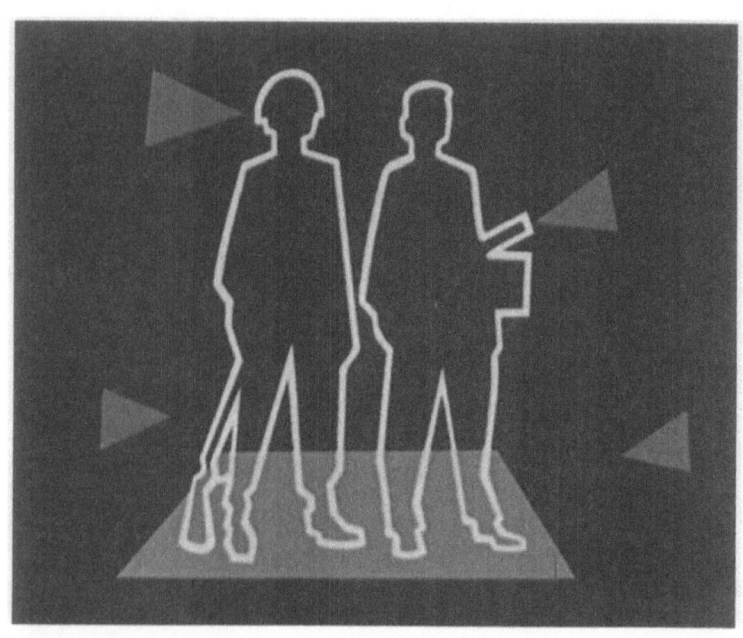

Abb. 7 u. 8: Ausbildungsfilm: Was ist Innere Führung?, Deutschland 1958/59
(*Informations- und Medienzentrale der Bundeswehr, Filmarchiv*)

Rüdiger Wenzke

Zur Sicht der NVA auf die »Innere Führung« der Bundeswehr

»Die Innere F. dient der ideologischen Bearbeitung der Truppe mit dem Ziel, die Soldaten und Offiziere mit dem Gift des Antikommunismus und Chauvinismus zu verseuchen und aus ihnen willfährige Werkzeuge für die volksfeindlichen Ziele der Militaristen zu machen[1].«

»Die I.F. soll vor allem durch die Vermittlung eines antikommunistischen Feindbildes und proimperialistischer Wehrmotive die Aggressionsbereitschaft der Streitkräfte ständig gewährleisten[2].«

Die Auseinandersetzung mit der Bundeswehr spielte bekanntlich für die DDR und ihr Militär eine ungleich größere Rolle als umgekehrt. Dies hing vor allem mit den unterschiedlichen Bedrohungswahrnehmungen sowie mit den historischen Erfahrungen der ostdeutschen Macht- und Parteielite zusammen. In ihren Augen galt die Bundeswehr als aggressionsfähiger und -bereiter Teil des imperialistischen Systems der Bundesrepublik und der NATO, der gegen den realexistierenden Sozialismus gerichtet war und von dem eine permanente Gefahr für den Frieden in Europa ausging. Dieses Feindbild bildete eine wichtige Grundlage, um die Legitimität der eigenen Macht und die Anstrengungen zu ihrer Verteidigung begründen zu können.

Die Entwicklungen in der Bundeswehr wurden vor diesem Hintergrund auf möglichst allen Gebieten genauestens verfolgt und analysiert, wozu nicht zuletzt zwei Geheimdienste der DDR, die Verwaltung (später: Bereich) Aufklärung der Nationalen Volksarmee (NVA) sowie eine Abteilung der Hauptverwaltung Aufklärung (HVA) des Ministeriums für Staatssicherheit (MfS), Zuträgerdienste zu leisten hatten.

Neben militärpolitischen, militärisch-operativen und wehrtechnischen Prozessen waren für die NVA vor allem Beurteilungen und Einschätzungen zur Kampfkraft und Moral der Bundeswehrangehörigen von besonderem Interesse, weil man glaubte, daraus Schlussfolgerungen über den Grad der »Aggressionsbereitschaft« gegen die DDR ableiten zu können. »Da die Bundeswehr der unmittelbare mögliche Gegner der Nationalen Volksarmee ist, ist es eine äußerst wichtige Aufgabe, genau zu analysieren, was, welches Gedankengut den Bundeswehrsoldaten eingeimpft wird, welche konkreten Ergebnisse die ideologische Beeinflussung zeitigt, d.h. welche Auswirkungen sie auf das politische Bewußtsein und die Moral der Bundeswehrangehörigen hat[3].« Die Beschäftigung mit der Inneren Führung in der Bundeswehr rückte somit frühzeitig in den Fokus der Aufmerksamkeit der NVA.

Zum Bild von der Inneren Führung in der NVA

Nach einer Phase der internen Auswertung der einschlägigen westdeutschen Literatur und Presse sowie relevanter Bundeswehrmaterialien, vor allem des 1957 erschienenen Handbuchs Innere Führung, hielt man es in den verantwortlichen NVA-Kreisen Ende 1959 offenbar für notwendig, dem eigenen Offizierkorps bestimmte Informationen über das System der Inneren Führung in der Bundeswehr zu vermitteln. Verfasser eines ersten zusammenfassenden Berichts, der in der Offizierzeitschrift »Militärwesen« veröffentlicht wurde, war ein »Autorenkollektiv« des damaligen Instituts für Deutsche Militärgeschichte in Potsdam, des späteren Militärgeschichtlichen Instituts der DDR. Die NVA-Offiziere in der Truppe erfuhren nunmehr, dass die Hauptaufgabe der Inneren Führung darin bestehe, die Menschen und die Soldaten der Bundesrepublik ideologisch und moralisch reif zu machen für den Atomkrieg gegen den Sozialismus. Dafür bediene man sich geschickterweise auch neuer Methoden, die jedoch nur eine vorübergehende Taktik darstellten. In Wirklichkeit seien die inneren Verhältnisse in der Bundeswehr geprägt durch Kadavergehorsam, Kommissgeist, Drill und Erniedrigung des Menschen. Eine kurze Beschreibung von Aufbau und Funktionsweise der Inneren Führung wurde mit dem Hinweis verbunden, dass überall personelle und strukturelle Parallelen zur Wehrmacht zu erkennen seien. Die Autoren prophezeiten dem Konzept der Inneren Führung im übrigen ein baldiges Scheitern.

Dennoch wurden in der Folgezeit die Diskussionen in der Bundesrepublik über die Innere Führung weiter verfolgt. Einerseits verbreitete man Zitate wie aus der westdeutschen Zeitschrift »Stern«, dass in der Bundeswehr »weder von ›Innerer Führung‹ noch von ›Führung‹ überhaupt die Rede sein [kann]«[4], andererseits nahm man jedoch den weiteren Ausbau des Reformkonzepts zunehmend mit Unbehagen zur Kenntnis, weil es für die SED-Ideologen offensichtlich schwieriger wurde, am bisherigen, völlig undifferenzierten Feindbild vom »westdeutschen Militarismus« sowie an der These von der »militaristisch-faschistischen Wirklichkeit« in der Bundeswehr unverändert festzuhalten.

Für die NVA ging es vor allem darum, die Entwicklungen im Konzept der Inneren Führung zu analysieren, um sie auch künftig als »Instrument der Kriegsvorbereitung« der Bundeswehr für ihr Feindbild instrumentalisieren zu können. Ganz in diesem Sinne warnte DDR-Verteidigungsminister Armeegeneral Heinz Hoffmann 1964 davor, die Innere Führung zu unterschätzen:

»Die wachsende Aggressionsbereitschaft der Bundeswehr wird jedoch noch nicht immer real beurteilt, der Gegner oftmals unterschätzt. So werden z.b. westdeutsche Kritiken an der sogenannten ›Inneren Führung‹ manchmal in der Hinsicht ausgewertet, als seien die Kampfkraft und Aggressionsbereitschaft der Bundeswehr nicht allzu ernst zu nehmen, insbesondere was die Kampfmoral betrifft. Eine hin und wieder einseitige Darstellung von Vorgängen in der Bundeswehr durch unsere Presse, Rundfunk und Fernsehen.« verstärkt noch solche Tendenzen der Unterschätzung des Gegners[5].«

Hoffmann warnte im Weiteren auch davor, das Bild vom inneren Zustand der Bundeswehr zu vereinfachen. Schleiferei und entwürdigende Behandlung von Unterstellten gäbe es natürlich in der Bundeswehr, so der Minister, sie seien aber nicht das Bestimmende, denn auch einer imperialistischen Armee wäre es möglich, eine relativ hohe Kampfmoral zu erzielen. Die Erscheinungen in der Bundeswehr täuschten vielmehr über die Bereitschaft der westdeutschen Soldaten hinweg, aufgrund ihrer antikommunistischen Gesinnung rücksichtslos gegen die NVA und andere bewaffnete Organe der DDR vorzugehen. Es sei daher ein Irrglaube vieler Bürger und junger Wehrpflichtiger in der DDR, anzunehmen, der Bundeswehrsoldat würde nicht auf Deutsche schießen. Hoffmann forderte daher, dass der NVA-Soldat die Entwicklungen in der Bundeswehr »klassenmäßig« beurteilen müsse und so zu erziehen sei, jeden Feind in einem aufgezwungenen Krieg unter Einsatz des Lebens entschlossen und kompromisslos zu zerschlagen, wobei sich jeder NVA-Angehörige bewusst sein müsse, »dass der Kampfauftrag der Nationalen Volksarmee nicht an Werra und Elbe enden würde, sondern bis zur militärischen Zerschlagung der Aggressoren auf ihrem eigenen Territorium reicht«[6]. Die Aufwertung der Inneren Führung in der ersten Hälfte der sechziger Jahre, die Bereicherung des positiven Wehrmotivs, das Festhalten an der Formel vom »Staatsbürger in Uniform« und die Anwendung »raffinierterer Methoden« zur Beeinflussung der Soldaten in der Bundeswehr zeugten nach Ansicht der NVA-Führung nur von dem Versuch der »westdeutschen Militaristen«, die demokratische Tarnung des angeblich wahren Charakters der Bundeswehr zu verfeinern. Dies sei einerseits als Ausdruck der Schwäche des Militarismus in der Bundesrepublik, der nicht mehr sein wahres Gesicht zeigen könne, andererseits aber auch als Ausdruck seiner Gefährlichkeit zu werten.

Die Auseinandersetzung der NVA mit der Inneren Führung der Bundeswehr wurde daher Mitte der sechziger Jahre im Interesse ihrer weiteren Feindbildausprägung verstärkt. Bis zu diesem Zeitpunkt fehlte jedoch noch eine größere wissenschaftliche Arbeit über die Innere Führung, die deren Entstehung, Organisation und Inhalte aus marxistischer Sicht analysierte. Zudem hatten sich in der westdeutschen Öffentlichkeit seit 1963 die Diskussionen über die Innere Führung zugespitzt, was der Thematik zusätzliche Aktualität verlieh.

Vor diesem Hintergrund entstand an der Militärakademie der NVA in Dresden eine Dissertation über die Innere Führung der Bundeswehr, die Anfang 1965 verteidigt wurde. Anliegen der Arbeit war, wie es hieß, die Gefährlichkeit der ideologischen Beeinflussung der Angehörigen der Bundeswehr zu enthüllen und den »Klassencharakter« der Bundesrepublik und ihrer Armee zu entlarven. In diesem Konnex erschien sogar dem Autor der Studie eine differenziertere Sicht auf die Innere Führung notwendig. So kritisierte er, dass in der bisherigen politischen Arbeit immer nur eine Seite der Inneren Führung hervorgehoben worden sei, nämlich die der »ideologische[n] Beeinflussung im Geiste des Imperialismus und Militarismus«. Er verwies jedoch auf eine zweite Seite, die die »zeitgemäße soldatische Menschenführung« umfasse. Gerade letztere hätte das Ziel, den Soldaten auch positive Werte zu vermitteln, um ein wirksames Wehrmotiv zu schaffen, das neben dem »Wogegen« auch das »Wofür« des Eintretens der Bundeswehrsoldaten einschließe. Zudem müsse das Konzept der Inneren Führung auch als eine notwendige Antwort auf die real bestehenden neuen Anforderungen an das Militär im Atomzeitalter gewertet werden. Erst all diese Faktoren gemeinsam würden die Innere Führung »zum reaktionärsten, antinationalsten, ausgeklügelsten und allumfassendsten System der ideologischen Beeinflussung der Soldaten in der imperialistischen deutschen Militärgeschichte«[7] machen. Gerade deshalb sei es weiterhin erforderlich, das Konzept und auch die Erfolge der Inneren Führung einzuschätzen, deren Ursachen zu ergründen und daraus die notwendigen Schlussfolgerungen für die politisch-ideologische Arbeit innerhalb der Nationalen Volksarmee und für die »Aufklärungsarbeit« in den Reihen der Bundeswehr zu ziehen.

Dies war für die ostdeutschen Militärs um so wichtiger, da man in der Inneren Führung auch ein Instrument der psychologischen Kampfführung mit antikommunistischer Stoßrichtung sah. Insofern galt das besondere Interesse der NVA-Generalität natürlich Aussagen der Bundeswehr über die DDR und ihre Armee. Man wollte wissen, welche Rolle die NVA in der Beeinflussung der Bundeswehrsoldaten spielte.

In Auftrag gegebene NVA-Analysen kamen rasch zu dem Ergebnis, dass die westdeutschen Publikationen, die sich in den späten fünfziger Jahren mit den politischen Verhältnissen in der DDR beschäftigten, stark antikommunistisch geprägt waren. In den wenigen bis 1961 in der Schriftenreihe der Inneren Führung erschienenen Beiträgen über die ostdeutschen Streitkräfte sei die NVA allgemein nur als Armee gegen die Freiheit und als Satellit Moskaus dargestellt worden. Erst für die folgenden Jahre stellte man in der Bundeswehr eine offenbar differenziertere Sicht auf die Kampfkraft und Kampfmoral der NVA fest. Dieser schrittweise Wandel sei jedoch vor allem der Stärke der SED-Politik und ihrer bewaffneten Organe sowie dem wachsenden Einfluss des sozialistischen Weltsystems zu verdanken, die die bisherigen »plumpen, antikommunistischen Lügen« auch für den westdeutschen Soldaten immer unglaubhafter erscheinen ließen.

Die Auseinandersetzung der NVA mit der Theorie und Praxis der Inneren Führung in der Bundeswehr wurde in den sechziger Jahren immer wieder in zahlreichen Publikationen der DDR-Militärpresse thematisiert, so auch in der ostdeutschen »Zeitschrift für Militärgeschichte«. Besonders bemerkenswert war eine Veröffentlichung aus dem Jahr 1965. Dabei handelte es sich um den Abdruck der »Richtlinien für die Erziehung in der Bundeswehr (1959/60) vom 21. Oktober 1959«. Dieses wichtige westdeutsche Dokument wurde in voller Länge sowie ohne breite Kommentierung publiziert – was für den Umgang mit derartigen Materialien in der DDR nicht gerade typisch war. In der Einführung war zudem eine recht sachliche Charakterisierung der Inneren Führung zu finden:

»In ihrer Funktion ist sie eine Synthese von allgemeingültigen Grundsätzen, Zielen und Organisationsprinzipien für die Erziehung und Ausbildung sowie spezifischen Erkenntnissen über neue Anforderungen, die sich für ihren Aufgabenkomplex aus der Entwicklung nach 1945 und dem Charakter eines modernen Krieges ergaben. Diese Synthese von überlieferten militärischem Gedankengut und neuen Prinzipien, Formen und Mitteln der Erziehung und Ausbildung spiegelt sich auch im Inhalt der nachstehenden ›Richtlinien‹ wider[8].«

Die Leser der Zeitschrift konnten dem abgedruckten Dokument entnehmen, welche inneren Probleme die Bundeswehr in ihrer Aufbauphase zu lösen hatte. Dabei ging es u.a. um grundlegende Fragen der Führung und Erziehung von Untergebenen, um Dienstaufsicht, Kritik und Gehorsam, Disziplin und Leistungsfähigkeit – um Probleme also, deren Lösung auch in der NVA noch Mitte der sechziger Jahre auf der Tagesordnung stand.

Natürlich wurde auch dieses Dokument als Ausdruck »antikommunistischer Hetze« gewertet, inhaltlich konnten sich jedoch für die NVA-Offiziere durchaus interessante Anknüpfungspunkte für die eigene Tätigkeit in der Armee ergeben. Dem NVA-Offizier bot sich quasi auf diesem Wege die einmalige Möglichkeit, Inhalte, Mittel und Methoden der Menschenführung in der anderen deutschen Armee »im Original« kennen zu lernen und mit dem eigenen Handeln zu vergleichen. Und auch wenn seitens der NVA stets offiziell jegliche Berührungspunkte zwischen den Prinzipien der Menschenführung in der NVA und der Bundeswehr geleugnet wurden und in der Tat auch gravierende Unterschiede unübersehbar waren, erweckten neue Entwicklungen bei der Ausformung des Konzepts der Inneren Führung zumindest bei einem Teil der Offiziere Interesse. Fachleute der NVA wiesen beispielsweise auf die in der Bundeswehr verstärkt genutzten Erkenntnisse der Sozialpsychologie ebenso hin, wie sie auf die Bedeutung der Herausbildung des Heimatgefühls unter den Soldaten aufmerksam machten. Offiziell wurden jedoch die neuen Ansätze in der Bundeswehr von der NVA-Führung nach wie vor immer nur als Kosmetik der Herrschenden an ihren Herrschaftsmethoden dargestellt. Pädagogische, psychologische oder soziologische Erkenntnisse wurden lange Zeit abqualifiziert. So erreichten die in einigen internen NVA-Studien herausgearbeiteten Anregungen zur Differenzierung des

Bildes von der Inneren Führung weder die verantwortlichen Propagandisten und Parteifunktionäre noch die Masse der Offiziere in der NVA.

Die häufige Thematisierung der »Inneren Führung« der Bundeswehr in den Militärpublikationen der DDR war auch in den achtziger Jahren ein Ausdruck für den hohen Stellenwert, den die ideologische Auseinandersetzung mit den Streitkräften des anderen deutschen Staates für das Selbstverständnis der NVA besaß. Das Bild der NVA über die Innere Führung blieb dabei trotz einiger Differenzierungen nahezu unverändert. Nach wie vor wurde verkündet, dass es deren Hauptziel sei, die Kriegsbereitschaft der Bundeswehr zu erhöhen und die wahren Ursachen von Rüstung und Krieg zu verschleiern. Das Konzept der Inneren Führung trage freilich nicht nur zu dieser Manipulierung bei, so die Feststellung, sondern es sei selbst ein komplexes Manipulierungssystem, »das an Umfang, an Intensität und Demagogie alles in der imperialistischen deutschen Militärgeschichte Dagewesene in den Schatten stellt«[9]. Noch 1988 reduzierte man die Methoden der geistigen Beeinflussung der Bundeswehrsoldaten vor allem auf die vorgeblich antikommunistische Hasserziehung. Insgesamt sei es der Bundeswehrführung zwar durchaus gelungen, den Wirkungsgrad der politisch-ideologischen und psychologischen Beeinflussung der Bundeswehrangehörigen zu erhöhen, es hätte sich freilich zugleich gezeigt, so lautete ein Resümee aus dem selben Jahr, dass das System der Inneren Führung jedoch nicht zur Schaffung ihres angestrebten soldatischen Leitbildes vom »Staatsbürger in Uniform« geführt habe.

Die Idee vom »Staatsbürger in Uniform«

Der »Staatsbürger in Uniform« galt als die zentrale Figur für die Innere Führung. Die NVA-Propaganda stellte dieses Leitbild der Bundeswehr anfangs jedoch nur als »Phrase« dar. »Die politisch-ideologische ›Rehabilitierung‹ der Militaristen und eine raffiniert ›demokratisch‹ getarnte politische Entmündigung ihrer Opfer – das ist der Sinn der Baudissinschen Phrase vom ›Staatsbürger in Uniform‹«[10], so hieß es 1960 in einer NVA-Broschüre zu Fragen der Militärpolitik. Zwar schilderte man ausführlich, dass die These vom »Staatsbürger in Uniform« von Anfang an auf den Widerstand der »aggressivsten imperialistischen Kräfte« gestoßen sei, die in der Bundeswehr dort weitermachen wollten, wo sie in der Wehrmacht aufgehört hätten, aber die so genannten Reformer selbst hätten in Wirklichkeit gar nicht an die Schaffung einer demokratischen Armee gedacht. Ihre Formel vom »Staatsbürger in Uniform« sei vielmehr als demokratisches Feigenblatt genutzt worden, um die Zustimmung der westdeutschen Bevölkerung zu gewinnen. In dem Maße, wie die Bundeswehr an Gewicht gewonnen und sich die Menschen an ihre Existenz

Zur Sicht der NVA auf die »Innere Führung« 195

gewöhnt hätten, sei man zum alten Drill zurückgekehrt. Anstelle des »Staatsbürgers in Uniform« wäre wieder das Bild des »Landsers« getreten. Als Beweis für diese These führte man u.a. die Diskussionen um die so genannte weiche und harte Ausbildung in der Bundeswehr Ende der fünfziger, Anfang der sechziger Jahre an.

Dennoch hätte, so konstatierten einige NVA-Ideologen, die Idee des »Staatsbürgers in Uniform« bestimmte Wirkungen erzielt, die vor allem mit ihrer ursprünglich demokratischen Determinierung und ihrer in den Volksmassen – wenn auch unbewusst – lebenden Tradition zusammenhingen. Zudem habe die Theorie vom »Staatsbürger in Uniform« auch eine objektive Seite, da die neuen Herausforderungen im Militärwesen in der Tat einen mitdenkenden Soldaten verlangten. Insofern plädierten sie dafür, die westliche Formel vom »Staatsbürger in Uniform« künftig nicht mehr schlechthin als »Phrase« abzutun.

Dieses Plädoyer hatte seine Gründe, wie sich bereits Ende der sechziger Jahre zeigen sollte. Denn zu diesem Zeitpunkt gab es in der DDR offenbar Vorstellungen, den bisher geschmähten Begriff vom »Staatsbürger in Uniform« für die NVA zu rekrutieren und ihn mit den von der DDR-Volksarmee in Anspruch genommenen fortschrittlichen Traditionen zu verbinden.

In diesem Zusammenhang erschien 1969 im ostdeutschen Militärverlag ein Buch mit dem geradezu symptomatischen Titel »Staatsbürger in Uniform 1789 bis 1961«, dessen Grundlage eine 1966 in Leipzig angenommene Dissertation bildete. Bereits in der Vorbemerkung war zu lesen, dass »nur eine von der Arbeiterklasse geführte Demokratie« fähig sei, die Idee vom »Staatsbürger in Uniform« voll und ganz zu verwirklichen. Erst in der DDR und in ihrer Nationalen Volksarmee sei daher erstmalig in der deutschen Geschichte die Idee vom »Staatsbürger in Uniform« zur »gesellschaftlichen Wahrheit«[11] geworden.

Mit dieser Publikation wurde versucht, am »roten Faden einer Idee« die damit verbundenen progressiven militärischen Traditionen in der DDR herauszustellen und so dem soldatischen Leitbild der NVA eine zusätzliche historische Verankerung zu geben. In vier Entwicklungsetappen skizzierte der Autor Hajo Herbell den Prozess von der Entstehung der Idee vom »Staatsbürger in Uniform« bis zu ihrer vorgeblichen dialektischen Aufhebung im Begriff des sozialistischen Soldaten der NVA. Nach der Zeit des bürgerlichen Liberalismus und der Revolution von 1848/49 hätte sich die Übernahme der Idee durch Karl Marx und Friedrich Engels und die revolutionäre Arbeiterbewegung im 19. Jahrhundert vollzogen, deren Maxime darauf abgezielt hätte, Staat und Armee in das »Fleisch und Blut der Staatsbürger« zu verwandeln. Daran schlösse sich die leninistische Phase des »Staatsbürgers im Waffenrock« in Russland als dritte Stufe und quasi »internationalistische Ebene« der »wahren« Entwicklungslinie der Idee vom »Staatsbürger in Uniform« an. Die DDR, in der Staat, Staatsbürger und Streitkräfte eine »objektive« Einheit bilden würden, verkörpere die vierte Entwicklungsetappe, und im sozialistischen

Soldatenbild der NVA finde sich zugleich die Vollendung des Leitbildes vom »Staatsbürger in Uniform«.

Die Begründungen für diese Sichtweisen blieben insgesamt ebenso ungenau, wie eine verbindliche Definition des »Staatsbürgers in Uniform« in den verschiedenen Geschichtsepochen fehlte. Der NVA-Soldat wurde nicht an dem Begriff gemessen, sondern an einer bestimmten Armee, an bestimmten gesellschaftlichen und politischen Voraussetzungen festgemacht. Nichtsdestotrotz versuchte man in der DDR nunmehr – rund zehn Jahre nach der Bundeswehr – Besitzansprüche auf die Idee sowie auf den Begriff vom »Staatsbürger in Uniform« anzumelden. Beides sollte als Tradition und als historisch-politische Grundlage für das Soldatenbild der NVA gewonnen werden.

Das für die NVA entworfene Konzept des sozialistischen »Staatsbürgers in Uniform« verschwand jedoch so plötzlich wie es aufgetaucht war. Über die Gründe lässt sich bis heute nur spekulieren. Fest steht aber, dass die Anfänge der Beschäftigung mit dieser Thematik bereits in der ersten Hälfte der sechziger Jahre lagen. Für die DDR-Volksarmee ging es damals um die Suche nach nationaler Identität, um die Herausbildung von Traditionen sowie um das demonstrative Herausstellen der Staats- und Volksverbundenheit ihrer Soldaten. Ende der sechziger Jahre hatten diese Fragen jedoch zum Teil ihre Aktualität verloren, das innere Gefüge der Armee hatte sich stabilisiert und auch die von Walter Ulbricht propagierte These von der »sozialistischen Menschengemeinschaft« in der DDR hatte sich als unrealistisch herausgestellt. Der künstliche Charakter dieses »Aufpfropfversuches« wurde daher bereits zum Ende der Ulbricht-Ära rasch sichtbar. So reduzierte sich die Bedeutung der »Entdeckung« der Staatsbürgerlosung für die NVA vor allem auf den Versuch, der Bundeswehr die Idee vom »Staatsbürger in Uniform« streitig zu machen. Als kontraproduktiv erwies sich dabei allerdings, dass man den bisher durch die Bundeswehr besetzten Begriff seit über einem Jahrzehnt in der eigenen Propaganda diskreditiert hatte. Die Folge war letztlich, dass die Idee vom »Staatsbürger in Uniform« in der Publizistik und auch in der Praxis der NVA unmittelbar nach dem Erscheinen des Buches keinen Rückhalt mehr fand, vor allem auch darum nicht, weil sich die politische und militärische Führung der NVA schon längst ein eigenes Leitbild, nämlich das der »sozialistischen Soldatenpersönlichkeit« geschaffen hatte.

Die Beschäftigung mit der Idee vom »Staatsbürger in Uniform« in der Bundeswehr wurde jedoch in der politischen Arbeit der NVA in den folgenden Jahren weitergeführt. Die Grundaussagen früherer Einschätzungen blieben dabei prinzipiell bestehen, auch wenn sich vor allem zum Ende der achtziger Jahre ein sachlicherer Umgang mit der Thematik andeutete.

Zur Sicht der NVA auf die »Innere Führung«

Wolf Graf von Baudissin

In die Auseinandersetzung der NVA mit dem Konzept der Inneren Führung der Bundeswehr war natürlich auch dessen »geistiger Vater«, Wolf Graf von Baudissin, in persona einbezogen. Vor allem in den späten fünfziger und in den sechziger Jahren widmete die militärische Führung der DDR ihm und seinen Ideen besondere Aufmerksamkeit. In einer der ersten DDR-Publikationen zur Problematik des »Staatsbürgers in Uniform« aus dem Jahr 1960 wurden die Ansichten und auch die Person Baudissins noch in überaus grober Art und Weise diffamiert. Der »Herr Graf«, so der Autor der im Verlag des DDR-Verteidigungsministeriums erschienenen Broschüre, hätte sich mit seinen Vorstellungen als »wütender Antikommunist«, »kalter Krieger«, »Verfechter des Atomkrieges mit dem Ziel einer Aggression gegen die UdSSR und das sozialistische Lager« und damit als »würdiger Apologet des deutschen Militarismus« erwiesen. Wenn ihn etwas von anderen »stockreaktionären bürgerlichen Ideologen« unterscheide, dann sei das seine »Unverfrorenheit, mit der er die Dinge auf den Kopf stellt, verfälscht und wie er versucht, aus schwarz weiß zu machen«[12].

Wenige Jahre später fiel die Charakteristik Baudissins und seines Soldatenbildes bereits differenzierter aus. Baudissin wurde in der DDR nunmehr offiziös als Vertreter »einer anderen Richtung« charakterisiert, die im Vergleich mit den »politischen Ultras« in der Bundesrepublik und ihren Streitkräften weniger reaktionär sei. Man zählte ihn als »bürgerlich-aristokratischen Militär« zu einer Gruppierung »klügerer«, modernerer Fachleute, welche das alte Leitbild vom Soldaten reformieren wollte. Bemerkenswert erschien den DDR-Ideologen dabei, dass Baudissin die »Hitlerwehrmacht« als Traditionselement für die Bundeswehr ablehnte und sich entschieden vom »Faschismus, seiner barbarischen Kriegspolitik und Ideologie, vom faschistischen Soldatentyp und der stupiden geistigen und physischen Drillkunst«[13] distanzierte.

Freilich kam es zu keinem Zeitpunkt zu einer Art Identifizierung mit seinen Auffassungen, vielmehr wurde Baudissin als ein »Beispiel für die ausweglose Krisis des – wenn man den Begriff schon gebrauchen will – Soldatentums in der untergehenden kapitalistischen Ordnung«[14] hingestellt. Es zeige sich nämlich an ihm »die Unvereinbarkeit subjektiven Anstands und ›Bessermachenwollens‹ mit dem objektiven Charakter des imperialistischen Militärwesens«[15]. Er selbst sowie seine Auffassungen seien zudem nur Teile größerer Gruppen und politischer Zusammenhänge. So hätten die »Dynamik des Klassenkampfes, der Druck der demokratischen Kräfte und die antiimperialistische Massenstimmung«[16] die »westdeutschen Imperialisten« dazu gezwungen, bei der ideologischen Ausrichtung der Bundeswehr auch eine geschmeidigere Taktik ins Spiel zu bringen. Letztlich sei aber die Auseinandersetzung zwischen »Traditionalisten« und »Reformern« in der Praxis der Bundeswehr zugunsten der ersteren entschieden worden, vom »Staatsbürger in Uniform« bliebe daher nur die Worthülle.

Als ehemaliger Wehrmachtoffizier in einer herausgehobenen Position beim Aufbau der Bundeswehr geriet Baudissin spätestens Mitte der sechziger Jahre in das Visier des DDR-Staatssicherheitsdienstes. Wie über viele andere »Ehemalige«, die nunmehr als Offiziere und Generale aktiv in der Bundeswehr dienten, versuchte das Ministerium für Staatssicherheit auch über den »Vater der Inneren Führung« vielfältige Informationen zu erlangen und ein Dossier anzulegen.

Eine erste Recherche im ehemaligen MfS-Archiv förderte bisher zwei Akten ans Tageslicht, die Wolf von Baudissin als Person betreffen: Eine so genannte AKK-Akte, in der archiviertes Material aufbewahrt wurde, sowie eine Personalakte, die von der für die Verfolgung von Nazi- und Kriegsverbrechen zuständigen Hauptabteilung (HA) IX/11 des MfS angelegt wurde. Beide Materialien weisen ausschließlich auf eine so genannte passive Erfassung Baudissins durch den DDR-Geheimdienst hin.

In der »AKK-Akte« befindet sich unter dem Betreff »Generale der Bundeswehr, VVS-Nr. 1394/64 – Graf v. Baudissin, Wolf, geb. 8.5.1907« ein dreiseitiges Dossier des MfS. Der Verfasser (»Forschungsbeauftragter Machowsky«) beschreibt darin kurz die berufliche, d.h. die militärische Entwicklung Baudissins. Die Ideen Graf von Baudissins zur Inneren Führung werden in wenigen Sätzen als Phrasen charakterisiert, die sich in der Praxis nicht umsetzen ließen. Das Dossier schließt mit der Bemerkung: »Das ist der Lebensweg eines Offiziers der Weimarer Reichswehr, eines Generalstäblers der faschistischen Wehrmacht und jetzigen ›Psychologen‹ der Bundeswehr. Er würde auch einen vierten Fahneneid ohne Bedenken leisten, denn Landsknecht bleibt Landsknecht[17].«

Die so genannte Personalakte über Baudissin enthält nur wenige Seiten Schriftverkehr aus dem Jahr 1970 zwischen der MfS-Hauptverwaltung Aufklärung, Abt. IV (Militärische Aufklärung der Bundesrepublik) und der HA IX/ 11. Darin ging es um eine offenbar von der HVA geäußerte Bitte zur Überprüfung der militärischen Vergangenheit Baudissins. Anlass und Ergebnis der Recherche sind nicht überliefert. So findet sich letztlich außer einigen Angaben zu seinem Dienstverlauf vor 1945 und dem Vermerk »Baudissin, General der Bundeswehr, ist der Gewerkschaft öffentliche Dienste, Transport und Verwaltung beigetreten«[18] auch in dieser Akte nichts Substanzielles. Die DDR-Staatssicherheit schien offenbar kein besonderes Interesse an Baudissin gehabt zu haben.

Baudissin wurde auch in der Folge nicht mehr zu einem herausgehobenen politischen, militärischen oder ideologischen »Auseinandersetzungsobjekt« der DDR mit der Bundeswehr. In DDR-Publikationen der achtziger Jahre sucht man seinen Namen selbst bei historischen Abhandlungen über die Innere Führung oft vergebens. So enthält das Stichwort »Innere Führung der Bundeswehr der BRD« im 1985 herausgegebenen »Wörterbuch zur deutschen Militärgeschichte« keinen Hinweis auf die

Rolle Baudissins und in der 1989 im ostdeutschen Militärverlag erschienenen Publikation »Militärgeschichte der BRD« wird Baudissin zwar viermal namentlich erwähnt, davon jedoch nur einmal im Zusammenhang mit seiner Konzeption der zeitgemäßen Menschenführung.

Im Herbst 1989 hatte der gesellschaftliche Umbruch in der DDR den Weg frei gemacht für längst überfällige Reformen auch in der Nationalen Volksarmee. Es ging vor allem darum, die verkrusteten Strukturen des Partei- und Politapparates in der Armee zu zerschlagen, die inneren Verhältnisse zu demokratisieren und neue Formen der Menschenführung zu etablieren. Vor diesem Hintergrund richtete sich der Blick der NVA wiederum gezielt auf die Innere Führung der Bundeswehr. Diesmal jedoch nicht, um sie – wie in der Vergangenheit immer wieder geschehen – als »politisch-ideologisches Manipulierungsinstrument« zu diskreditieren und zu verfälschen, sondern um von ihr Demokratie zu lernen. Bereits in seiner ersten Rede vor Kommandeuren der NVA im Mai 1990 hatte in diesem Zusammenhang der neue DDR-Abrüstungs- und Verteidigungsminister Rainer Eppelmann deutlich gemacht, dass er es für unerlässlich halte, neben den eigenen Erfahrungen »auch so manche nützliche Erfahrung der Bundeswehr auf dem Feld der Menschenführung« gut zu studieren und den eigenen Bedingungen angemessen anzuwenden«[19]. Im Rahmen der sich entwickelnden Kontakte zwischen beiden Streitkräften absolvierten dann im Juni 1990 erstmals auch zwei Offiziere der NVA einen Lehrgang für Kommandeure am Koblenzer Zentrum für Innere Führung. Sie erhielten dort einen vom ideologischen Ballast früherer DDR-Einschätzungen befreiten Einblick in die verfassungsrechtlichen Grundlagen, Aufgaben und Prinzipien der Inneren Führung.

Mit der Übernahme der Befehls- und Kommandogewalt über die ehemaligen Streitkräfte der DDR durch den Bundesminister der Verteidigung am 3. Oktober 1990 galten die Wehrgesetze und die Wehrverfassung der Bundesrepublik nunmehr in ganz Deutschland. Das Konzept der Inneren Führung, die Führungskonzeption für die Bundeswehr in der Demokratie, galt von nun ab für alle deutschen Soldaten in der »Armee der Einheit«.

Anmerkungen

[1] Deutsches Militärlexikon, Berlin (Ost) 1961.
[2] Wörterbuch zur deutschen Militärgeschichte, Berlin (Ost) 1985.
[3] Die »Innere Führung« der Bundeswehr. In: Militärwesen, 3 (1959), S. 908–913, hier S. 910.
[4] Zit. nach Heinz Hoffmann, Die militärpolitische Situation in Deutschland erfordert hohe Gefechtsbereitschaft der Nationalen Volksarmee. Aus dem Referat auf der Kommandeurstagung der Nationalen Volksarmee, 12. November

1964. In: Heinz Hoffmann, Sozialistische Landesverteidigung. Aus Reden und Aufsätzen 1963 bis Februar 1970, Teil 1, Berlin (Ost), S. 181-196, hier S. 185.
5 Heinz Hoffmann, Der deutsche Militarismus darf nicht unterschätzt werden. Diskussionsrede auf der 7. Tagung des Zentralkomitees der SED, 2. Dezember 1964. In: Hoffmann, Sozialistische Landesverteidigung (wie Anm. 4), S. 206-214, hier S. 211.
6 Ebd., S. 213.
7 Günther Stender, Das Bemühen der Inneren Führung der Bonner Bundeswehr um ein sogenanntes Wehrmotiv zur Verschleierung der aggressiven Ziele des deutschen Imperialismus – dargestellt an den Propagandaschriften der Inneren Führung für die Truppe 1956 bis 1961, Phil. Diss. Dresden 1965, Bl. 16.
8 Werner Hübner, Helmut Schnitter, Die Richtlinien für die Erziehung in der Bundeswehr (1959/60). In: Zeitschrift für Militärgeschichte, 4 (1965), S. 320-341, hier S. 321.
9 Rolf Kramer, »Innere Führung« der Bundeswehr unter Anpassungszwang. In: Militärwesen, 31 (1987) 6, S. 66-72, hier S. 66.
10 Günter Rau, »Staatsbürger in Uniform«. Über die Konzeption Baudissins als Bestandteil der aggressiven Kriegsideologie des deutschen Imperialismus und Militarismus in der Gegenwart, Berlin (Ost) 1960, S. 53.
11 Hajo Herbell, Staatsbürger in Uniform 1789-1961. Ein Beitrag zur Geschichte des Kampfes zwischen Demokratie und Militarismus in Deutschland, Berlin (Ost) 1969, S. 9.
12 Rau, »Staatsbürger in Uniform« (wie Anm. 10), S. 41.
13 Herbell, Staatsbürger in Uniform (wie Anm. 11), S. 375.
14 Ebd., S. 376.
15 Ebd.
16 Ebd., S. 378.
17 Die Bundesbeauftragte für die Unterlagen des Staatssicherheitsdienstes der ehemaligen Deutschen Demokratischen Republik, AKK 7386/79, Dossier über Graf von Baudissin, o.D. (1964/65), Bl. 40.
18 Ebd., PA 748, Informationen der HA IX/11 1965-1970, Bl. 46.
19 Militärreform in der DDR. Mitteilungen, Positionen, Dokumente, Meinungen, Nr. 17/1990, S. 4.

Ausgewählte Literatur

Bartsch, Sebastian, Bundeswehr und NVA. Die gegenseitigen Darstellungen zwischen Konfrontation und Vertrauensbildung, Berlin 1989

Bundeswehr – Armee der Revanche. Probleme der Entwicklung der Bundeswehr, Berlin (Ost) 1965

Bundeswehr – Armee für den Krieg. Aufbau und Rolle der Bundeswehr als Aggressionsinstrument des westdeutschen Imperialismus, Berlin (Ost) 1968

Deutsches Militärlexikon. Hrsg. von einem Kollektiv der Militärakademie der Nationalen Volksarmee »Friedrich Engels«, Berlin (Ost) 1961

Die »Innere Führung« der Bundeswehr. In: Militärwesen, 3 (1959), S. 908-913

Frevert, Ute, Die kasernierte Nation. Militärdienst und Zivilgesellschaft in Deutschland, München 2001

Herbell, Hajo, Staatsbürger in Uniform 1789-1961. Ein Beitrag zur Geschichte des Kampfes zwischen Demokratie und Militarismus in Deutschland, Berlin (Ost) 1969

Hoffmann, Heinz, Der deutsche Militarismus darf nicht unterschätzt werden. Diskussionsrede auf der 7. Tagung des Zentralkomitees der SED, 2. Dezember 1964. In: Hoffmann, Heinz, Sozialistische Landesverteidigung. Aus Reden und Aufsätzen 1963 bis Februar 1970, Teil I, Berlin (Ost) 1971, S. 206-214

Hoffmann, Heinz, Die militärpolitische Situation in Deutschland erfordert hohe Gefechtsbereitschaft der Nationalen Volksarmee. Aus dem Referat auf der Kommandeurstagung der Nationalen Volksarmee, 12. November 1964. In: Hoffmann, Heinz, Sozialistische Landesverteidigung, S. 181-196

Holzweißig, Gunter, Menschenführung in der NVA. In: Menschenführung im Heer. Hrsg. vom Militärgeschichtlichen Forschungsamt, Herford, Bonn 1982, S. 252-263

Hübner, Werner, Helmut Schnitter, Die Richtlinien für die Erziehung in der Bundeswehr (1959/60). In: Zeitschrift für Militärgeschichte, 4 (1965), S. 320-341

Jungermann, Peter, Die Wehrideologie der SED und das Leitbild der Nationalen Volksarmee vom sozialistischen deutschen Soldaten, Stuttgart 1973

Kotsch, Detlef, Voraussetzungen und Bedingungen, Hauptrichtungen und Methoden der geistigen Manipulierung in der Bundeswehr 1969/70-1982/83, Phil. Diss. Potsdam 1985

Kramer, Rolf, »Innere Führung« der Bundeswehr unter Anpassungszwang. In: Militärwesen, 31 (1987) 6, S. 66-72

Militär, Staat und Gesellschaft in der DDR. Forschungsfelder, Ergebnisse, Perspektiven. Im Auftrag des Militärgeschichtlichen Forschungsamtes hrsg. von Hans Ehlert und Matthias Rogg, Berlin 2004

Militärgeschichte der BRD. Abriß. 1949 bis zur Gegenwart, Berlin (Ost) 1989

Militärreform in der DDR. Mitteilungen, Positionen, Dokumente, Meinungen, Nr. 17/1990

Nägler, Frank, »Innere Führung«: Zum Entstehungszusammenhang einer Führungsphilosophie für die Bundeswehr. In: Entschieden für den Frieden. 50 Jahre Bundeswehr 1955-2005. Im Auftrag des Militärgeschichtlichen Forschungsamtes hrsg. von Klaus-Jürgen Bremm, Hans-Hubertus Mack und Martin Rink, Freiburg i.Br., Berlin 2005, S. 321-339

Rau, Günter, »Staatsbürger in Uniform«. Über die Konzeption Baudissins als Bestandteil der aggressiven Kriegsideologie des deutschen Imperialismus und Militarismus in der Gegenwart, Berlin (Ost) 1960

Schulz, Wolfgang, Das Bild über die NVA in der politischen Erziehung der Angehörigen der Bundeswehr der BRD 1956-1982, Phil. Diss. Potsdam 1989

Stender, Günther, Das Bemühen der Inneren Führung der Bonner Bundeswehr um ein sogenanntes Wehrmotiv zur Verschleierung der aggressiven Ziele des deutschen Imperialismus – dargestellt an den Propagandaschriften der Inneren Führung für die Truppe 1956 bis 1961, Phil. Diss. Dresden 1965

Stender, Günther, Einige Entwicklungstendenzen der Inneren Führung der Bonner Bundeswehr nach dem 13. August 1961. In: Militärwesen, 8 (1964), S. 1245-1257

Stender, Günther, Wesen, Entstehung und Entwicklung der Inneren Führung der Bonner Bundeswehr (bis zum 13. August). In: Militärwesen, 8 (1964), S. 933-947

Trend. Militärwochenblatt, Jg. 1990

Wenzke, Rüdiger, Die Nationale Volksarmee (1956-1990). In: Im Dienste der Partei. Handbuch der bewaffneten Organe der DDR. Im Auftrag des Militärgeschichtlichen Forschungsamtes hrsg. von Torsten Diedrich, Hans Ehlert und Rüdiger Wenzke, Berlin 1998, S. 423-535

Witzleben, Job von, Innere Führung und Aggressionsbereitschaft. Entwicklungsfragen der Erziehungskonzeption der Bundeswehr. In: Zeitschrift für Militärgeschichte, 7 (1968), S. 598-607

Wörterbuch zur deutschen Militärgeschichte, Berlin (Ost) 1985

Claus Freiherr von Rosen

Erfolg oder Scheitern der Inneren Führung aus Sicht von Wolf Graf von Baudissin

Einführung

Die Bundeswehr befindet sich seit wenigen Jahren in einem Transformationsprozess, durch den sie zielgerichtet auf die sich laufend verändernden Rahmenbedingungen reagieren und auf die künftigen Aufgaben ausgerichtet werden soll. So allgemein dies auch formuliert wird, zeigt sich jedoch schnell, dass die wesentlichen Anstrengungen dazu auf den Gebieten der Ausrüstung und Organisation liegen. Die Frage, ob die sich daraus ergebenden Veränderungen auch für die innere Struktur, das Innere Gefüge, Bedeutung haben können, kommt für manchen unerwartet. Bereits Mitte der 1990er Jahre hieß es vom damaligen Verteidigungsminister Volker Rühe, dass die Innere Führung sich bewährt habe und keiner Veränderungen bedürfe. So gibt es auch jetzt wieder Stimmen, die sich vehement gegen eine Transformation der Inneren Führung aussprechen. Dies geschieht z.T. auch aus Angst davor, dass diese oft beschworene »Erfolgsgeschichte« und zur »Exportware« der Bundeswehr erklärte Führungsphilosophie dadurch offiziell zu Grabe getragen werden könnte. Was hätte wohl Baudissin dazu gesagt oder geraten?

Diese zwar unhistorische, weil spekulative Frage hat jedoch Charme und Bedeutung im historischen Sinn, weil vergleichbare Fragen nach einem (möglichen) Erfolg oder Vorhalte eines (möglichen) Scheiterns der Baudissinschen Konzeption Innere Führung ihm bereits seit den ersten Tagen im Amt Blank bei seinen Vorarbeiten am Inneren Gefüge der künftigen Streitkräfte entgegengebracht worden waren. Der generelle Misskredit, in den die Planungen des künftigen »Inneren Gefüges« – verballhornt als »Inneres Gewürge« – in der öffentlichen Diskussion bereits Ende 1952 geraten waren, hatte u.a. dazu geführt, dass im Januar 1953 von höchster Ebene offiziell der neue Ober-Begriff »Innere Führung« eingeführt wurde. Erfolg und Scheitern, Wechselwirkungen in Gegenströmungen und Dynamik, Korrekturen, Nachsteuerung oder Neujustierung sind die wesentlichen Aspekte, unter denen Baudissin von Anfang an bis zu seinem Lebensabend immer wieder zur Inneren Führung befragt worden ist und Stellung zu deren Entwicklung bezogen hat.

Statt bloß rhetorisch und formal nach Konstanten und Variablen in der Konzeption zu fragen, können durch die Rekonstruktion von Baudissins Antworten zentrale Aspekte aus der Konzeption selber für die heutigen Aufgaben und die anstehende Transformation praktische Bedeutung erlangen: So hat Baudissin seine meist mehr generellen Hinweise häufig unter Stichworten wie Neuanfang, Vorausschau, Normen-Vorhalt oder aber Utopie, Zukunftsoffenheit und individueller Gestaltungsraum für Führung gegeben. Hinzu kam die praktische Differenzierung in Konzeption und Realisierung nach Führungs- und Verantwortungs-»Ebenen«. Derartige Aspekte und Leitlinien für die heutige Neubestimmung zwischen Transformation und Rekonstruktion zu entdecken, dazu soll die Beschäftigung mit Baudissins »Rückblicken« auf die Entwicklung der Inneren Führung beitragen.

Rückblicke

I. Zur Zeit der Vorarbeiten in Himmerod und im Amt Blank

Baudissin sah sich 1945 angesichts der »europäischen Situation« innerlich gezwungen, sich für den Aufbau zur Verfügung zu stellen. Bei seinem Nachdenken in der Gefangenschaft hatte er erkannt, dass es nur einen Weg gebe, »aus diesen Ruinen inmitten einer in fast jeder Hinsicht in Frage gestellten Welt wirklich Beständiges neu zu gestalten. Es muss schon selbst etwas Neues, Unbelastetes sein, das im historisch-biologischen Weiterdenken allein das Bewährte übernimmt und mit der Entwicklung gerechtwerdender Zielsetzung auch weiter Echo findet. Hierbei ist bereits der Distanzgrad vom bisherigen voller Klippen, da Tuchfühlung Aktionsfreiheit mindert, krasses Absetzen fatalen Beigeschmack bringt[1].«

Dies war ihm auch die Marschrichtung für die Himmeroder Expertentagung. In der Denkschrift kann man z.T. nur zwischen den Zeilen die trotz genereller Reformbereitschaft erheblichen Unterschiede in den Auffassungen der Bearbeiter der Arbeitsgruppe »Inneres Gefüge« lesen, wenn dort von »Neuaufbau«, »grundlegend Neuem« und »ohne Anlehnung an die Formen der alten Wehrmacht« gesprochen wird[2]. Baudissin stellte rückblickend fest: »Sehr bald bildeten sich zwei Fronten – die gleichen übrigens, wie sie in der einen oder anderen Form bis heute bestehen[3].« Dass die Formulierungen von Baudissin nicht ohne Schwierigkeiten in das Dokument eingebracht worden waren, verdeutlicht die folgende Episode:

Erfolg oder Scheitern der Inneren Führung

»In Himmerod herrschte ein eigentümliches Klima. Da saßen wir wieder um einen Tisch – für mich war es das erste Treffen dieser Art nach dem Kriege: die gleichen Menschen, die sich zum großen Teil aus Vorkriegs- oder Kriegszeiten kannten – und diskutierten plötzlich wieder militärische Fragen. Es dauerte gar nicht lange, und wir behandelten die Mönche, die uns freundlicherweise bedienten, zwar nett, aber – nach alter Gewohnheit – wie Ordonnanzen. Vergessen schien vieles, was noch nicht allzu lange hinter uns lag.

Als dann zum Schluss der Tagung General Heusinger in einer höchst intelligenten Lagebeurteilung darauf zu sprechen kam, was passieren würde und wie wir reagieren müssten, wenn die Russen nördlich des Harzes mit so und so viel Divisionen zum Angriff anträten, merkte ich mit Schrecken, dass ich diesen Überlegungen mit uneingeschränktem Interesse folgte. Ich war dabei, das Ganze wieder als abstraktes Spiel zu betrachten und zu vergessen, wie die Wirklichkeit solcher Operationen aussieht und was sie an Tod, Verstümmelung und Angst mit sich bringen.

Auf die Frage, ob jemand noch etwas zu bemerken habe, erhob ich mich, um meine Besorgnis zu artikulieren und dass es aus diesen Gründen für mich richtiger sei, mich zurückzuziehen. General Heusinger kam mir nach, fasste mich am Portepee und meinte, dass man gerade Leute ›mit Gewissen‹ dringend brauchen werde; dass ich also gar nicht fehl am Platze sei[4].«

Baudissin war sich von Anfang an der bahnbrechenden Qualität und der Brisanz seines nach vorne gerichteten Gedankenansatzes bewusst. Bei seinem ersten öffentlichen Auftreten als Mitarbeiter des Amtes Blank bei einer Soldaten-Tagung im Dezember 1951 in Hermannsburg sprach er sich dennoch gegen einen revolutionären Weg aus und stattdessen nur von einer »reformatorischen Aufgabe«[5]. Er sprach vom »neuen Ethos« und wurde dabei besonders deutlich bezüglich des Werteverlustes:

»Alle früher als gültig erachteten Werte vom Staat bis zum Individuum sind erschüttert; insbesondere sind fragwürdig geworden die Stellung und Bedeutung, ja die Notwendigkeit des Soldaten überhaupt. Doch sollte man nicht bei der bedauernden Feststellung dieser Auflösungserscheinungen stehen bleiben, sondern dankbar sein für die Gnade des Nullpunktes und sich bewusst zu den Chancen bekennen, die jeder echte Neubeginn bietet[6].«

Bezeichnend ist auch, wie Baudissin in der Rückschau das Echo auf dieser Tagung einschätzte. In einem Brief an den dortigen Leiter, Pastor J. Doehring, heißt es:

»mir ist manchmal fast etwas Angst, dass man so viel Zustimmung erhält; denn man muss sich hier fragen, ob man wirklich weit genug gegangen ist, um wirklich etwas für die Zukunft Gültiges ins Leben zu setzen. Während ich mich im Dritten Reich bewusst als Bremser betätigte, versuche ich jetzt, gerade als konservativer Mensch die Spitze zu sein[7].«

In seinem Vortrag »Vom Bild des künftigen Soldaten« aus dem Jahr 1953 setzte Baudissin sich mit verschiedenen Bedenken gegenüber seinen Konzeptions-Vorstellungen auseinander, so auch mit jenem, dass man die Soldaten nicht überfordern und so anfangen solle, wie man aufgehört habe. Dem entgegnete er,
»dass ohne eine klare Leitlinie keine vernünftige Auswahl vorgenommen werden kann, und dass aufgrund des Prinzips, nach welchem die Streitkräfte angetreten sind, die notwendigerweise auf Jahrzehnte hinaus weiterentwickelt werden. Sicher sind wir uns alle darüber klar, dass derartige Forderungen nicht von allen in der letzten Konsequenz erfüllt werden können. Doch ist auf der anderen Seite zu sagen, dass derartige Bilder beispielgebend sind, dass sie die Menschen ansprechen und zur Selbsterziehung in der geforderten Richtung anregen[8].«
Und in einem Vortrag vor dem Bundestagsausschuss 1954 zum gleichen Thema fragte er sich entsprechend: »Sind das nicht alles Utopien, die ich hier aufgezeigt habe?« und er fand darauf folgende Antwort:
»Man soll sicher nichts Unerreichbares postulieren; denn wenn der Abstand zwischen Leitbild und Leben zu groß ist, hat es entweder gar keine erzieherische Wirkung oder aber es stellt den einzelnen in eine sehr gefährliche Diskrepanz zwischen Sein und Sollen[9].«
Am 14. Januar 1955 wurde Baudissin bei der Tagung »Reform oder Restauration im Programm der deutschen Wiederbewaffnung« gefragt, ob seine Pläne für die künftigen Streitkräfte überhaupt zu verwirklichen seien. Er antwortete:
»Man könnte nun vielleicht denken: sollen wir nicht wenigstens noch etwas warten? Aber wenn man der Ansicht ist (und ich bin es), dass das Gefälle in das Restaurative von Jahr zu Jahr stärker wird, dann wird der Soldat von 1954 *eher* zu neuen Formen bereit sein als der von 1964. Der normale Mensch denkt in den Voraussetzungen von gestern. Für viele ist der Soldat einfach der Soldat von gestern. Durch eine veränderte Realität werden aber auch unsere Vorstellungen verändert. Wir dürfen nicht ungeduldig werden und nur Erfreuliches erwarten bei Neuanfängen[10].«
Dennoch war Baudissins Blick viel weiter nach vorne gerichtet, als seine Diskussionsbeiträge ahnen ließen, wie er aber später zu verstehen gab:
»dabei muss ich vielleicht noch sagen, das, was im Kampf im Hause in den Ressorts und im Bundestag nachher als Gerüst dastand, war für mich im Gegensatz zu den meisten anderen ein Minimalprogramm, von dem aus für mich noch einige Veränderungen nach vorne denkbar waren, während es für die meisten anderen ein Programm war, von dem man möglichst viel, möglichst schnell wieder abschneiden musste[11].«
Gemäß dem ungarischen Sprichwort vom Krach in der Kneipe, bei dem der »anständige Mann« mithält, hatte sich Baudissin dafür entschieden, an den Vorarbeiten zum Wehrbeitrag der Bundesrepublik mitzuwirken:

Erfolg oder Scheitern der Inneren Führung

»Rückblickend muss ich gestehen, dass ich mir über Ausmaß, Intensität und Methoden des mutmaßlichen Krachs in der Kneipe Illusionen gemacht hatte. Ich glaubte damals, dass der offenkundige sittliche, politische und militärische Zusammenbruch, den wir gerade erlebt hatten, jeden Nachdenklichen von der Notwendigkeit überzeugt habe, nach neuen Wegen und Methoden zu suchen[12].«

Auf jeden Fall nahm der Widerstand gegen den Neuaufbau der Streitkräfte relativ bald und in dem Maße zu, wie der »Wiederaufbau« in fast allen anderen Bereichen an Kraft gewann. So hatte Baudissin bereits am 15. Oktober 1953 über den Besuch von Angehörigen des Amtes Blank beim US Labour Service in sein Tagebuch notiert, dass die dort aktiven ehemaligen deutschen Offiziere aufgeatmet hätten, Blank angeblich eine Wendung um 180° gemacht habe und jetzt weitgehend die Überzeugung herrsche, »es sei nun geschafft. Alle neuartigen Tendenzen des Amtes seien zu überwinden; Herr Blank [sei ein] ›guter Onkel‹, der leicht kaltzustellen [sei]. Generale machen zum Schein mit[13].« Andererseits fühlte Baudissin sich bei seinem Vorgehen durch die Angehörigen des Parlaments unterstützt. Dazu sagte er 1986:

»Die meisten Abgeordneten jener Zeit waren Kriegsteilnehmer und dachten kritisch an die Menschenführung in der Wehrmacht zurück. Sie waren entschlossen zu neuen Wegen und standen den Vorschlägen des Referats Innere Führung bzw. der Rechtsabteilung aufgeschlossen gegenüber, eine Konstellation, die – wie auch die weitgehende Zustimmung der Presse und Öffentlichkeit zu den Reformideen – das Binnenklima der Dienststelle Blank gelegentlich nicht unerheblich belastete[14].«

Zwei Briefe an seine Vorgesetzten gegen Ende der Vorbereitungszeit verdeutlichen die Schwierigkeiten, unter denen Baudissin die Konzeption Innere Führung zu erarbeiten hatte. In beiden Briefen unterbreitet er das Angebot, um der Sache Willen zu demissionieren: Im Sommer 1954 schrieb er an Heusinger, ihm gegenüber schon mehrfach mündlich Sorgen über die Arbeitsmöglichkeiten des Referates angedeutet zu haben. »Ich stehe immer wieder vor der Gewissensfrage, ob nicht mein Fortgang aus der Dienststelle der von mir vertretenen Sache förderlicher wäre[15].«

Und im – man muss für die Innere Führung damals sagen: heißen – Herbst 1955 formulierte er ein Rücktrittsgesuch an Blank, das schließlich doch nicht abgesandt wurde:

»Die Entwicklung der letzten Monate hingegen gibt mir leider die Gewissheit, dass Sie, Herr Minister, sich außerstande sehen, den Entwurf des Inneren Gefüges gegen das zunehmende Schwergewicht des Apparates und die wachsenden Restaurationsbestrebungen zu verteidigen oder durchzusetzen. Damit ist mein Verbleiben in Ihrer Dienststelle nicht nur unnötig, sondern für viele Menschen irreführend geworden [...] Ich gehe nicht, weil ich Zweifel an der Richtigkeit oder Realisierbarkeit der Reformvorschläge hege. Ich gehe vielmehr deshalb, weil dies für mich der einzige Weg ist, zum letzten Mal, bevor es zu spät sein wird, weithin hörbar auszusprechen, dass die Reform, die

weiten Teilen unseres Volkes in Anbetracht der veränderten politischen und militärischen Lage, aber auch unserer Vergangenheit notwendig erscheint, im Begriff ist, endgültig zu stranden. Während die Verantwortlichkeiten mit geteiltem Herzen zusehen, wächst der Einfluss der Restauration beständig, die große Zahl der Unentschiedenen wird sich am Ende den Entschlossenen zuwenden. Die Reform aber kann sich nur durchsetzen, wenn die politischen Kräfte ihre Verwirklichung mit aller Eindeutigkeit betreiben[16].«
Und er gibt diesen Ball mit der rhetorischen Frage an den Minister weiter, »ob ich tatsächlich der ›Theoretiker‹ und ›Spinner‹ bin, der das Unmögliche verlangt und damit das Mögliche verhindert[17].«

II. Die Aufbaujahre im Verteidigungsministerium

Baudissin sprach gelegentlich von einer Begebenheit aus dem ersten Jahr der Bundeswehr, die ihm schlagartig deutlich gemacht habe, dass die Durchsetzung der Inneren Führungs-Richtlinien keine besondere Unterstützung der höchsten militärischen Führung erführe:

»Es war in Marburg, als zum erstenmal ein gemischtes Bundeswehrbataillon vorgeführt wurde. Die NATO-Spitze kam mit Heusinger im Hubschrauber angeflogen und schritt die Front ab. Und ich sah zwei Tage später auf einer Fotografie, dass der Kompaniechef der Marinekompanie einen falschen Anzug anhatte, nämlich eine kaiserliche Schärpe oder so etwas ähnliches. Ich sagte zu Heusinger: ›Herr General, haben Sie das eigentlich gesehen?‹ ›Ja, natürlich‹, antwortete er, ›aber man kann doch da nichts machen‹«.

Baudissin hatte von Heusinger erwartet, dass er den Chef zu sich gerufen, ihn auf das Fehlverhalten angesprochen und ihm den Befehl gegeben hätte, das Kommando an den Stellvertreter zu übergeben und den Platz zu verlassen, und erst dann die Front hätte abschreiten dürfen[18].

Dieses Beispiel illustriert sehr gut, wofür oder wogegen in puncto Innere Führung in den Anfangsjahren gestritten wurde. Aus heutiger Sicht sind es solche absoluten Nichtigkeiten wie das »Lametta« zur Uniform, hinter denen sich aber schon damals großes Missverstehen verbarg, was Innere Führung denn eigentlich für die neuen Streitkräfte zu bedeuten habe. Ein Arbeitspapier der Unterabteilung Innere Führung vom Winter 1956/57 nennt die »umstrittenen Traditionsverluste«: 22 bei der Soldatischen Ordnung, 5 beim Disziplinarwesen, 14 bei Uniform und je 5 bei Zeremoniell und Formaldienst. Nur 15 Änderungen waren nicht umstritten.

Im Entwurf zum ersten Jahresbericht Innere Führung 1956 warnte Baudissin eindringlich vor einem »möglichen Fehlschlag der Inneren Führung« und besonders davor, dass die Menschenführung an bestimmenden Faktoren der Gegenwart vorbeigehe, dass weite Teile der Jugend der Bundeswehr passiv und reserviert gegenüberstünden und dass die

»Restauration [...] nicht nur gefährliche Spannungen in der Truppe auslöse; die Diskrepanz zum Lebensgefühl der Gesamtheit bringt entweder den ›Staat im Staate‹ oder begünstigt eine Restauration auf allen Lebensgebieten[19].« Und im endgültigen Bericht fasste er aufgrund der vielfältigen Mängel im Truppenalltag zusammen:
»Die Innere Führung als geistige Rüstung im psychologischen Krieg und als zeitgemäße Menschenführung hat mit der materiellen Rüstung nicht Schritt gehalten. Ihre Aufgaben sind bisher von Führung und Truppe nicht mit voller Klarheit und Konsequenz angefasst worden. Die Folge ist ein Wachsen restaurativer Tendenzen[20].«
Die herausgehobenen Begriffe in dem Bericht vermitteln einen Eindruck davon, wo es Einbußen der Inneren Führung gegeben hatte: Beeinträchtigung von Geist und Stimmung der Truppe, unglaubwürdige Innere Führung, materielle Missstände bieten willkommene Ansatzpunkte für feindliche Zersetzungsarbeit, Generationsunterschiede, fehlende fundierte Erfahrungen bei den Vorgesetzten in der Erziehung und Ausbildung, dauernde Improvisation, wirkliches Bedürfnis nach Fähigkeiten und Kenntnissen, Ausweichen in drillmäßige Formalausbildung, Lücken im Beurteilungswesen, kein Vertrauen der Truppe von unten nach oben, Animositäten gegenüber Regierung, Parlament und Demokratie, fehlende Erfahrungen und Unsicherheiten der Offiziere im Bereich geistiger Rüstung, neuzeitliche Menschenführung und schließlich: der Rekrut von 1956 sei nicht mehr der Rekrut von 1936[21].

Entsprechend machte Baudissin fünf Vorschläge zur Abhilfe der Missstände:
1. »Entschlossenheit der politischen Kräfte, den gemeinsam gefundenen Weg durchzusetzen.«
2. »Identifizierung der maßgeblichen militärischen Vorgesetzten mit der Konzeption der Inneren Führung und exemplarisches Eingreifen dort, wo sich andere Strömungen breit machen.«
3. »Festhalten auch an Einzelregelungen trotz ihres angeblichen Nichtbewährens in der Praxis. Die bisherigen Erfahrungen sind nicht beweiskräftig [...] Außerdem bedarf jede Gewöhnung an neues ihrer Zeit.«
4. »Systematische Einführung der führenden Offiziere in die veränderte Lage und ihre Auswirkungen auf die Menschenführung; gründliche Ausbildung aller derzeitigen und zukünftigen Kommandeure wie Fachlehrer in allen Fragen der Inneren Führung.«
5. Eine wirkungsvolle »organisatorische Eingliederung und personelle Ausstattung der Inneren Führung im Ministerium«[22].

Und im endgültigen Jahresbericht hielt er folgende Maßnahmen für »unerlässlich und dringend«: Neben den materiellen Voraussetzungen für die Arbeiten auf dem Gebiet Innere Führung im Ministerium müssen in erster Linie die verantwortlichen Vorgesetzten für ihre Aufgaben als Führer und Erzieher durch Tagungen und planmäßige Ausbildung einschließlich Abschlussprüfungen vorbereitet werden; weiter seien die Schule für Innere

Führung aufzubauen, die Arbeits- und Wirkungsmöglichkeiten im Ministerium zu verbessern, eine allgemeinverständliche Öffentlichkeitsarbeit zu betreiben, eine spezielle Repräsentationstruppe einzurichten, die möglichst wenig mit der kämpfenden Truppe gemein habe, und schließlich »klare Forderungen der Militärischen Spitze zur Inneren Führung in der Truppe und eindeutige Stellungnahme zu ihren Notwendigkeiten«[23].

In seiner Abschiedsansprache im Frühjahr 1958 vor der Unterabteilung stellte Baudissin bereits in der Einleitung den geschichtlichen Standort ihrer gemeinsamen Aufbauarbeit im Vergleich mit den preußischen Reformern Anfang des 19. Jahrhunderts heraus: »Die Neuerer unter den Soldaten wurden weitgehend zu Jakobinern oder Halbsoldaten gestempelt; unumgängliche Konzessionen an die verwandelte Umwelt in Ausbildung, Bewaffnung und Technik als beinahe ehrenrührig empfunden[24].« Dennoch sah Baudissin keinen Grund zur Verzweiflung. Vielmehr machte er seinen Mitarbeitern Mut zum Durchhalten:

»Wir haben sicher manchen Erfolg zu verzeichnen; es ist manch bedeutsamer Einbruch in wesentliche Bezirke einer für uns unheilvollen Tradition gelungen. Die entscheidende Etappe liegt wohl noch vor uns. Der Weg ist länger, als mancher sich vorstellte. Die Anforderungen an die Fähigkeit zur Umstellung, zur gedanklichen Bewältigung unserer Vergangenheit und Gegenwart, an die fachliche und staatsbürgerliche Vorstellungskraft, sind eben außerordentlich.«

Baudissin betonte dann noch einmal die Schwerpunkte seiner Arbeit: den Beitrag der Streitkräfte zum Frieden durch gemeinsame Vorstellungen, geschichtliches Wissen, ein neues Verhältnis zur Vergangenheit und zum Staat. Daraus ergäbe sich die tägliche Aufgabe der Inneren Führung:

»Um also den Soldaten in unsere Gegenwart hineinzustellen und für seine Aufgabe zu befähigen, muss er aus der reactio geführt werden, aus der Rückschau zum Vorwärtsblicken, aus unsachlicher Verklärung der Vergangenheit und ablehnender Haltung gegenüber dem Heute zu Verantwortungsbewusstsein und Zustimmung für Gegenwart und Zukunft.«

Und zum Schluss noch einmal als Appell an die ›Inneren Führer‹ formuliert:

»Wir brauchen und wollen den Mündigen, der die Lage erkennt, beurteilt und sich ihr stellt. Er kann dies, wenn er zur Verantwortung befähigt ist, d.h. systematisch in wachsende Verantwortung gestellt wurde. Zur Förderung des Verantwortungsbewusstseins gehört allerdings Freiheit und zu ihr Risiko – zunächst wesentlich für den Führenden. Die Erziehung zum Freiseinwollen und Freiseinkönnen verlangt viel von Vorgesetzten und Untergebenen. Doch von den Freien allein hängt es ab, ob wir die Lage bewältigen und ob wir eine Ordnung schaffen werden, die unter den veränderten Bedingungen ein Höchstmaß an Freiheit, Recht und Menschenwürde bietet. Das wäre der entscheidende Beitrag zum Frieden der Welt.«

III. In der Zeit der Auslandsverwendungen

In den folgenden Jahren des aktiven Dienstes nach dem Ausscheiden aus dem Ministerium hatte Baudissin sich bewusst mit öffentlich wirksamen Aussagen zur Inneren Führung zurückgehalten. Dennoch gab es für ihn Gelegenheiten, zur Entwicklung des Reformwerkes offen Stellung zu nehmen. Zu nennen sind besonders die Rede anlässlich des 20. Jahrestages des Attentatsversuchs auf Hitler am 20. Juli 1964 in der Bonner Beethoven-Halle sowie die Festrede am 10. Februar 1965 im Auditorium maximum der Hamburger Universität anlässlich der Verleihung des Freiherr-vom-Stein-Preises an ihn und die beiden anderen Generale Johann Adolf Graf von Kielmansegg und Ulrich de Maizière.

In der 1964er Rede ging es Baudissin um den – nicht nur militärischen – Widerstand gegen Hitler und das NS-Regime als Traditionsgegenstand zur Sinnstiftung für die neuen deutschen Streitkräfte. Hier breitete er die von ihm so genannten freiheitlichen Traditionen aus als ethisches Fundament für den Soldaten der Bundeswehr, für das Leitbild Staatsbürger in Uniform. Freiheitliche Traditionen seien die notwendige Antwort auf den Verlust an »Gesittung«. Dieser totale Verlust sei mit dem Datum 1945 negativ-symbolisch ausgedrückt und habe nicht erst mit 1933 begonnen. Fast resignierend stellt er dann aber für die Gegenwart von 1964 fest:

»Dass wir heute noch nicht genügend allgemeinverbindliche neue Begriffe, Symbole und Wertvorstellungen finden und entwickeln konnten, beunruhigt uns alle – am allermeisten den, der mit Menschenführung zu tun hat[25].«

Und er setzt den Gedanken behutsam problematisierend fort:

»Für denjenigen, der nicht daran zweifelt, dass nur freiheitlich-rechtsstaatliche Wege zu gesichertem, menschenwürdigen Dasein führen, für den kann es auch keinen ernsthaften Zweifel daran geben, dass allein freiheitliche Traditionen bei diesem Beginnen helfen können. Solche Überlieferungen gibt es in der Deutschen Geschichte in großer Zahl, wenn sie auch leider nur selten bestimmenden Einfluss gewannen[26].«

An diese Feststellung knüpfte er 1972 an, als er in einer Rede zum Volkstrauertag in Flensburg feststellte, dass sein Traditionsangebot für die Bundeswehr – »Widerstand gegen Hitler und das Nazi-Regime« – nicht als Erbe zur Sinnstiftung in der Bundeswehr und der Gesellschaft aufgenommen würde, indem er fast flüchtig fragte, ob »unsere Trauer wirklich dem Elend und Tod aller Menschen jeden Alters, jeden Geschlechts und jeder Nationalität, die – in Staatstreue oder Widerstand – durch brutale Gewalt auf den Schlachtfeldern und in den Vernichtungslagern, bei Bombenangriffen in den Städten und auf der Flucht umkamen«, gelte[27].

Einen ersten, umfassenden Rückblick auf das Erreichte tat Baudissin in seiner Stein-Preis-Rede 1965: »Für alle, die sich mit der Konzeption identifizieren, ist diese offenkundige Anerkennung ein besonderer Ansporn, sich weder durch die Mühsale des täglichen Dienstes entmutigen zu lassen, noch durch mancherlei Widerstände, die sich allem Ungewohnten entgegenzustellen pflegen«[28].

Seine Vorschläge für die Weiterentwicklung der Inneren Führung stellte er dann unter die Maxime: »Im Zweifelsfalle führt der Griff nach vorne und das Wagnis freiheitlicher Wege zu den besseren Lösungen.« Die Inneren Führer vor Ort warnte er zudem vor sachfremden und den Wertvorstellungen widersprechenden Regelungen vergangener Epochen. Innere Führung habe als Ziel den guten Staatsbürger. Dies erreiche sie,

»indem sie den Soldaten so ausbildet und führt, dass er durch einen kritischen Verstand und ein waches Gewissen fähig wird, mitzudenken, mitverantwortlich und selbständig zu handeln und ohne äußeren Befehlsdruck oder aus bloßer Furcht vor Strafe an seinem Platz zu gehorchen.«

Darüber hinaus forderte er von den Dienstaufsichts-Ebenen die strikte Durchsetzung der durch den Dienstherrn legitimierten Konzeption, und zwar in erster Linie durch eine entsprechende Ausbildung, Bildung, Erziehung und Führung. Gleichzeitig richtete er die Aufforderung an Gesellschaft und Politik, die Bundeswehr beim »notwendigen, langen und differenzierten Anpassungs- und Führungsvorgang« zur Verwirklichung des ›Staatsbürgers in Uniform‹ nicht alleinzulassen[29].

Im Ausblick der Rede betonte er daher auch die Dynamik der Inneren Führung in der Praxis wie in der Konzeption und forderte zehn Jahre nach Aufstellungsbeginn deren kontinuierlichen, kriteriengerechten Anpassungsprozess an die fortschreitenden Veränderungen der Umwelt:

»Es ist nur normal, dass die Diskussion über Wert und Wirklichkeitsnähe der Inneren Führung nicht verstummt: Dieses Gespräch ist nützlich, solange nicht die Grundsätze in Frage gestellt oder dialektisch aufgeweicht werden sollen. Verließen wir diese Grundlagen, dann entfernte sich die Bundeswehr von dem, was sie verteidigt. Dies schließt nicht aus, dass die Anwendungsmethoden und Regelungen – das heißt die Übersetzung der Grundsätze in die Praxis – einem steten Anpassungsprozess unterworfen bleiben müssen. Freilich, Rückgriffe auf frühere Regelungen – ob sie sich unter den damaligen andersartigen Bedingungen bewährten oder nicht – halte ich grundsätzlich für bedenklich, weil sie zwangsläufig nicht der Erziehung zur Mündigkeit dienen[30].«

Der Zeitpunkt von Baudissins Ausscheiden aus dem aktiven Dienst als Soldat war für Medienvertreter und Bildungsinstitutionen Anlass, ihn nach Erfolg und/oder Scheitern konkret zu befragen[31]. In seiner Abschiedsrede am 19. Dezember 1967 in der Schule für Innere Führung in Koblenz versagte Baudissin sich dennoch den Blick zurück »als Kritiker oder Richter [...] gar als feierlicher Erblasser«. Stattdessen regte er zum Blick in die Zukunft an und fragte, »welche Aufgaben dort für die Innere Führung bereitliegen und wo sich neue Akzente und Ziele abzeichnen«[32]. Anhand der damals lautstarken Kritik an der Bundeswehr stellte Baudissin mit gewisser Genugtuung fest, dass eine ernst zu nehmende konservativ-autoritäre Alternative zur geltenden Konzeption der Inneren Führung fehle. Demgemäß stelle sich die Frage, wie den von Kritikern vorgebrachten Erscheinungen zu begegnen sei, um zu verhindern, dass sich aus derartigen Frustrationen Dauerkonflikte entwickelten. Dabei warnte er davor, »dass wir nicht den Anschluss an die Wirklichkeit verlieren, indem wir befriedigt bei 1956 stehen bleiben, während der Zeiger bereits stark auf die 70er geht.« Zugleich forderte er zu einer »Inventur« auf, in der man vermutlich feststellen könne, »dass unsere Vorstellungen von der Einbettung der Institution und des einzelnen Soldaten in die Demokratie sicher noch nicht voll verwirklicht sind – auch wohl nicht sein können, jedoch im Grundsatz gültig bleiben.« Berufsbild wie Laufbahnfragen seien hinsichtlich ihrer Funktionalität entsprechend zu prüfen und von »letzten ständischen Schlacken zu befreien«. Desgleichen sei die hierarchische Ordnung unter den Wirkungen von Freiheit, Verantwortung und Disziplin sowie Wahrheit, Recht und Würde ständig zu überprüfen. Ebenso sei nach den Grundlinien und Bedingungen des Kriegsbildes zu fragen: Friedenserhaltung und das Sicherheitsbedürfnis beider Seiten als Grundfragen für die Verhütung der Katastrophe Krieg. Erst diese Frage helfe dem Militär und jedem einzelnen Soldaten, sich nicht als Fremdkörper in der Industriegesellschaft zu erfahren.

Mit Hinweisen an die Schule für Innere Führung, deren wissenschaftlichen Forschungs- und Lehrstab sowie die Bundeswehrführung, sich dieser Fragen und Aspekte intensiv anzunehmen, kündigte Baudissin zugleich an, dass er selber diese Bemühungen der Bundeswehr vom »Welt- und Bundeswehr-fernen Alterssitz [...] mit großer Anteilnahme verfolgen« werde.

IV. Nach dem Ausscheiden aus der aktiven Dienstzeit

Dieser Ankündigung folgten bereits in den beiden ersten Jahren des Unruhestandes Taten. Fern vom Tagesgeschehen befasste Baudissin sich nun analytisch-kritisch mit Innerer Führung. Hinzu kamen eine große Zahl von Interviews zu Einzelfragen der Konzeption und deren Verwirklichung. Überdies gab er mehrere Interviews, in denen sein Lebensweg, sein persönlicher und dienstlicher Werdegang sowie seine Arbeiten zur Konzeption Innere Führung aus den fünfziger Jahren thematisiert wurden.

Im Sommer 1968 hielt Baudissin einen Vortrag über »den Beitrag des Soldaten zum Dienst am Frieden«[33]. Dieser ist nicht nur deshalb von zentraler Bedeutung, da das Thema den Gesamtumfang seines Werkes anspricht, nämlich den Staatsbürger in Uniform als Soldat für den Frieden. Der Vortrag ist zugleich ein pointierter genereller Rückblick:

»Unser Thema stellt nun die radikale Frage nach dem Selbstverständnis des Soldaten. Das zwingt zu kritischer Bestandsaufnahme; denn den Beitrag zum Frieden als tragendes Motiv des soldatischen Dienstes zu setzen, heißt nicht nur Abschied von manchen Selbstverständlichkeiten. Es bedeutet so etwas wie geistige Revolution³⁴.«

Zur Aufbauleistung der Bundeswehr bemerkte Baudissin rückblickend, »dass die Truppe mancherorts in den streng funktionsbezogenen Dienstzweigen sogar Besseres leistet als Reichswehr und Friedenswehrmacht. Der unvoreingenommene Beobachter kann feststellen, dass die Bundeswehr verhältnismäßig schnell ihren Platz neben Bahn und Post, neben Schule und Finanzamt gefunden hat. Das ist ein Erfolg, mit dem nicht von vornherein zu rechnen war; er ist als Verdienst vieler guter Staatsbürger in und ohne Uniform zu werten³⁵.«

Dann nahm er unmittelbar Stellung zur damaligen Praxis der Inneren Führung in der Bundeswehr, festgemacht an der Frage der Erziehung und Ausbildung, und stellte zur Realisierung des Leitbildes Staatsbürger in Uniform fest,

»dass der militärische Alltag selbst für den kleinen Prozentsatz der noch in der Menschenführung tätigen Offiziere erheblich anders aussieht, als es das überkommene Leitbild verspricht [...] Doch hat es gelegentlich den Anschein, als könnten selbst diejenigen, die mit berechtigtem Stolz auf die korrekte Erfüllung ihrer kompliziert gewordenen Aufgaben blicken können, sich nicht ganz aus den Zwangsvorstellungen eines überholten Berufsbildes befreien. Auch sie stimmen in das Lamento derer ein, die sich mit ›nicht offiziersmäßigen‹ Aufgaben unfair belastet und berufsfremd verwendet fühlen³⁶.«

Kritikpunkte sah Baudissin im Einzelnen in der »im Grunde systemwidrigen« Laufbahngestaltung, dem Fehlen einer konsequenten Vorbereitung des Offiziernachwuchses sowie einer berufsbezogenen Allgemeinbildung aller Offiziere, »die das Verständnis für die Zusammenhänge zwischen Politik, Gesellschaft, Militär und Strategie erleichtert«. Hinzu kamen Gefahren einer falschen Traditionsübernahme ohne Bezug zu Werten wie »innere Freiheit, Rechtsstaatlichkeit und Menschenwürde« und ohne die Erkenntnis, »dass die Bundeswehr etwas Neues ist und sich die ihr gemäßen Traditionen suchen und bilden muss«. Daraus ergeben sich Forderungen einerseits an eine kritische Loyalität des Soldaten als Staatsbürger und Staatsdiener, andererseits gegenüber dem Bündnis, auch im Friedensdienst internationaler Einheiten im Auftrag der Vereinten Nationen mitzuwirken sowie schließlich nach Selbst-Befragung des Berufsverständnisses im Rahmen schrittweiser Abrüstung³⁷.

Scheinbar das Thema wechselnd und mit Blick auf seine künftige Arbeit als Friedensforscher pointierte er:

»Mir geht es um etwas wesentlich anderes: um die kritische Auseinandersetzung mit dem herkömmlichen Verhältnis zum Kriege. Von ihm wird unsere Einstellung zu den zukünftigen Möglichkeiten von Frieden und Krieg mitbestimmt. Streitkräfte sind Instrumente der Sicherheitspolitik. Demzufolge ist der Soldat an seinen geistigen, politischen und handwerklichen Leistungen für die Sicherheit zu messen. Hier geht es neben Haltung und Gesinnung um Rationalität, und gerade sie erbringt den Beweis, dass Frieden – zumindest Nicht-Krieg – den höchsten Grad an Sicherheit bietet[38].«

Innere Führung ist für ihn also nur durch ein angemessenes Verständnis von Krieg und Frieden zu begründen: »Die Vorstellungen von der Unvermeidbarkeit großer Kriege sind, nach wie vor, virulent – Frieden dagegen erscheint als Utopie[39].« Damit öffnete Baudissin den kritischen Rückblick hin zu einem Weitblick bis in unsere Tage und wohl auch darüber hinaus.

Im Interview mit Klaus von Schubert und Peter von Schubert wurde Baudissin zunächst auf die Begriffe Reform oder Neuanfang als Kennzeichen für seine Arbeit an der Inneren Führung angesprochen. Seine Antwort: »Ja und Nein. Ich habe noch nicht einmal von Reform gesprochen, bis ich in die Situation gedrängt wurde, es tun zu müssen. Ich habe damals wohl von Neuanfang gesprochen. Meine ganze Argumentation begründete ich von Anfang an mit einer neuen staatlichen, gesellschaftlichen, psychologischen und fachlichen Lage. Insofern habe ich zunächst nicht von Reform gesprochen, weil ich aus vielen Gründen gar nicht die Frage stellen wollte, ob ich das Alte ablehne oder nicht. Ich bin erst durch die Argumentation der Ehemaligen, die das Neue ablehnten, die seine Notwendigkeit bezweifelten mit der Argumentation, früher wäre doch alles so gut gewesen, in die Situation gedrängt worden, ihnen zu beweisen, dass es früher doch nicht so schön gewesen ist[40].«

Dann, nach dem Erfolg der Konzeption Innere Führung gefragt, gemessen an seinem ursprünglichen Bestreben, für die Bundeswehr an die Scharnhorstschen Reformen in Preußen 1809-1813/1819 wieder anzuknüpfen, antwortete Baudissin noch verhalten:

»Wahrscheinlich können wir es 1990 etwas besser beurteilen. Wir dürfen uns nicht durch technisch gegebene Veränderungen faszinieren lassen, denn die eigentliche Frage ist, ob wir es geistig weitergebracht haben; denn da ist der eigentliche Ansatzpunkt und da habe ich die große Sorge[41].«

Und konkreter zum Klima nachgefragt, zu den Umständen und dem Gegenwind für seine Aufgabe im Amt Blank und im Ministerium in den ersten Jahren nach Aufstellung der Bundeswehr, führte Baudissin aus:

»Zunächst muss ich zugeben, dass ich mir diese Intensität der Restauration einfach nicht vorstellen konnte. Ich hatte das Gefühl, dass es nach dem, was wir seit 1933 erlebt hatten, einfach nicht möglich war, so unbedenklich in die alten Gleise zurückzufallen. Diese Phantasie fehlte mir. Ich habe mir vor allen Dingen nicht vorstellen können, und das war der zweite Fehler in meiner Rechnung, dass die Politiker bzw. die Parteien es zulassen würden, dass wir auch gerade in der Bundeswehr derartig restaurierten; denn ein restauriertes Militär musste in Deutschland aus seiner Tradition heraus notwendigerweise undemokratisch werden, musste irgendwo gesellschaftlich ›Staat im Staate‹ werden und musste etwas anderes treiben, als es in der Exekutivfunktion eines Rechtsstaates verpflichtet war zu tun. Insofern habe ich mir nie vorstellen können, dass die Abgeordneten aller drei Parteien so schnell in der Bundeswehr ein Reservoir von Wählern sehen und sie entsprechend behandeln würden, anstatt dieses wirklich gefährliche Instrument konsequent zu kontrollieren[42].«

Dies, so Baudissin weiter, sei besonders stark seit Anfang der sechziger Jahre festzustellen gewesen. Zudem habe sich in der Truppe ein Stil gebildet, »nach außen, mit Unbekannten, mit der Presse und Politikern so zu sprechen, als ob die Innere Führung natürlich eine Überzeugungssache wäre, und zwei Minuten später im Kasino im Kameradenkreis zu sagen: ›Das ist ja alles Unsinn‹. Ich glaube, ein Großteil der Ehemaligen ist mit gar keinem schlechten Willen hingekommen, musste aber zum eigenen Erstaunen plötzlich feststellen, dass es sehr viel opportuner war, gegen die Innere Führung zu reden, als dafür zu sein; und dann haben sie sich eben angepasst[43].«

Baudissin stellte damit in summa fest, dass nicht schlechter Wille oder Versagen der vielen Einzelnen vorgelegen habe, sondern einfach »Versagen der Führung«[44].

Im Zentrum des Interviews durch Günter Gaus im Fernsehen des Südwestfunks am 18. Mai 1969 stand die Frage nach dem Scheitern. Baudissin wandte sich gegen die personifizierte Betrachtung, ob er gescheitert sei, und wendete diese in die Sach-Frage, ob die vom Parlament beschlossene Konzeption gegenüber der Exekutive durchgesetzt werde. Er richtete damit seinen Vorwurf vor allem an die politische Verantwortung und besonders an die bisherigen Verteidigungsminister. Darüber hinaus stellte er fest, dass die außerordentlichen Schwierigkeiten der Aufstellungsphase generell der Inneren Führung angelastet worden seien: »Es war nicht etwa die Gesellschaft, die komplizierter geworden war, nicht etwa die Technik, die neue Probleme schaffte, sondern aus sehr verständlichen Gründen meinte man, erst die böse Innere Führung habe diese Probleme geschaffen[45].«

Zudem strich Baudissin das mangelnde Selbstverständnis der Bundeswehr heraus: »Der Soldat hat sich im Grunde genommen bisher nicht als einen modernen Beruf empfunden.« Auf die Frage nach einem speziellen soldatischen Ethos, nach dem gewissenhaften Umgang mit der anvertrauten Macht im Rahmen von Abschreckung und damit nach der Absurdität und Gefährlichkeit eines überkommenen Krieg-Denkens antwortete er:

»Wir können mit militärischen Mitteln bestenfalls den status quo erhalten; wir können darüber hinaus, wenn die erste Stufe der Abschreckung versagt hat und der Krieg ausgebrochen ist, nur noch weiter abschrecken und dem anderen deutlich machen, dass keine Verlängerung und keine Intensivierung des Krieges ihn seinem politischen Ziel auch nur einen Deut näher bringt.«

In seinem Schlusspetitum zu Verbesserungsmöglichkeiten griff Baudissin dann noch einmal die Hinweise an die politischen Instanzen auf, verwies allgemein auf Personalwesen, Organisation und Ausbildung und kam dann zum Inneren Gefüge, wie es in der Mitte der Fünfzigerjahre in Gesetzen und Verordnungen verfasst worden war. Dies sei im Wesentlichen sachgerecht und habe sich bewährt. »Einiges wäre allerdings weiterzuentwickeln; wenn Sie mich fragen: in Richtung auf das Freiheitliche und Emanzipatorische hin.«

Den inhaltlichen Höhepunkt in Baudissins Auseinandersetzungen um die Innere Führung in diesen beiden Jahren, der zugleich auch ein Höhepunkt der öffentlichen Aufmerksamkeit wurde, stellte das so genannte Baudissin-Hearing der Leutnante '70 an der Heeresoffizierschule II in Hamburg am 18. Dezember 1969 dar[46]. Baudissins Antworten auf die neun Leutnants-Thesen waren stark zukunftsorientiert. Er begann:

»Ich muss sagen, ich habe mit großer Freude Ihre Thesen gelesen und bin sehr dankbar, dass wir darüber sprechen können. Denn hier ist einiges drin, was, glaube ich, zukunftsträchtig ist. Mir schiene beinahe die Überschrift »Leutnante 1980« richtiger; denn wenn ich recht sehe, bedeutete es eine ganz erhebliche Umstellung unserer Gesellschaft und unseres Bildungswesens, dass der Leutnant so denkt – und zwar nicht nur des Bildungswesens außerhalb, sondern auch innerhalb der Bundeswehr. Trotzdem finde ich es besonders reizvoll, dass Sie so denken. Und ich glaube, es ist eine Notwendigkeit, so zu denken. Was heute noch Utopie ist, ist hoffentlich morgen normal und vielleicht übermorgen schon Tradition.«

Und im Zusammenhang mit der These zur Tradition fiel auch der berühmt gewordene Satz: »Ja, ich stehe hier, beinahe historisch, zum ersten Mal in der merkwürdigen Situation, dass Sie mir ein wenig weglaufen. Aber ich genieße es, wirklich; denn ich habe bisher immer sehr unter dem Gegenteil gelitten[47].«

V. Mit zehn Jahren Abstand von der Dienstzeit

Im Jahr 1978 meldete Baudissin sich massiv zum Thema Innere Führung öffentlich zu Wort. Dies lag quasi in der Luft, da er bereits 1977 mehrmals zu einzelnen Fragen der Inneren Führung Stellung genommen hatte[48]. Ganz deutlich wird dies in seinen sehr differenzierten und politischen Bemerkungen zu den Vorstellungen der Jugendorganisationen über Demokratisierung der Bundeswehr. Diese stellte er unter das Thema: »Innere Führung wieder aktuell«[49]. Einleitend lobte er das Engagement der Jugendorganisationen, sich diesen Fragen wieder kritisch zuzuwenden, nachdem sie seit Ende der fünfziger Jahre mehr und mehr verdrängt worden seien:

»Je nach ihrer generellen politischen Einstellung begnügten sich Öffentlichkeit und politische Kräfte bei der Beurteilung von Bundeswehrfragen mit einem unqualifizierten ›alles in Ordnung‹ bzw. ›hoffnungsloser Fall‹. Das Interesse an politischer Kontrolle des inneren

Zustands der Truppe und am Stand bzw. der Zweckmäßigkeit der begonnenen Reformen war geschwunden.«

Baudissin stellte dann fest, dass die Vorschläge der Jugendorganisationen »in wesentlichen Punkten mit den Vorstellungen der Inneren Führung« – der ursprünglichen Konzeption, wie es an anderer Stelle heißt – übereinstimmten. Aber er machte auch funktionale Grenzen für bestimmte Forderungen der Jugendorganisationen deutlich, z.B. bei deren Mitbestimmungsmodellen, bei Gedanken zur politischen Betätigung wie auch zur Diskussion von Befehlen. Dazu suchte er nach einer Position, »die zwischen den ›Nur-Militärs‹ und den ›Nur-Politikern‹ angesiedelt ist.« Baudissin kam dann zu dem Schluss, dass die Gedanken der Jugendorganisationen sehr geeignet seien, eine neue Diskussion der Inneren Führung in Gang zu setzen. Aber:

»Bevor Änderungen am geltenden Inneren Gefüge vorgenommen werden, sollten die Zielvorstellungen der ursprünglichen Reform reaktiviert und die vorgeschriebenen Regelungen konsequent durchgesetzt werden. Konfliktverschärfende Stückelei brächte nur neue Unsicherheit und ist wenig geeignet, konzeptionsgerechte Innere Führung zur Selbstverständlichkeit und damit die Streitkräfte zu einer unangezweifelten demokratischen Bundeswehr werden zu lassen.«

Diese Diskussion um die Innere Führung wurde für die Gesellschaft besonders durch den Beitrag in der Süddeutschen Zeitung vom 1. August 1978[50] deutlich. Darin hieß es: Der »Reduzierungsprozess der Inneren Führung scheint fortzuschreiten«; Führung drohe in »Betriebsamkeit und rein technisch gesehener Funktionalität zu erstarren; die organisatorische und technische Perfektionierung erscheint wichtiger als der Mensch.« Dafür sah Baudissin fünf Gründe: 1. ein nicht endendes Aufbauklima mit Improvisation sowie Umorganisation, die zum Prinzip erhoben sei, 2. Degradierung der eigentlichen Handlungsebene für Innere Führung zur reinen Ausführungsebene, 3. ungenügende Ausbildung der Inneren Führer, 4. weitgehendes Fehlen einer Inneren Führung der Inneren Führer sowie 5. das Fehlen einer ernsthaften Auseinandersetzung mit Theorie und Praxis der Inneren Führung.

Das Papier schloss mit sechs konkreten Vorschlägen: ein zwei- bis dreijähriges Moratorium zu Gunsten der Ausbildung der Offiziere, eine Umstellung der Schule für Innere Führung, die Entwicklung von Theorie und Praxis der Inneren Führung über den Stand von 1958 hinaus, eine Überprüfung der Ausbildung zur Inneren Führung auf Methoden der Erwachsenenbildung, eine Rückverlagerung der Verantwortlichkeiten auf die Handlungsebene sowie die Einrichtung eines »Beauftragten für Innere Führung« als Stellvertreter des Generalinspekteurs.

Politiker und Verteidigungsministerium reagierten darauf gleichermaßen äußerst gereizt. Man verbat sich die Kritik von einem Außenstehenden und dementierte Baudissins Darstellungen zur Lage der Inneren Führung. Die Aussagen wurden in Kreisen der Bundeswehr und darüber hinaus heftig diskutiert. Daher sah der Minister sich letztlich dazu ge-

Erfolg oder Scheitern der Inneren Führung 219

zwungen, eine Untersuchung des Inneren Gefüges der Streitkräfte anzuordnen. Er berief den ehemaligen Generalinspekteur General de Maizière zum Vorsitzenden der nach ihm so benannten Kommission. Baudissin kommentierte diesen Schritt des Ministeriums in seinen »Überlegungen zur Inneren Führung« im NDR am 29. Oktober 1978 dahingehend,
»dass sich das Konzept prinzipiell als sachgemäß bewährt hat und auf absehbare Zeit gültig bleiben wird [...] Eine andere Frage ist, inwieweit – infolge der Dynamik strategischer und politischer Vorgänge vom Entspannungsprozess bis hin zu innergesellschaftlichen Entwicklungen und neuen wissenschaftlichen Erkenntnissen – die Innere Führung im Blick auf Schwerpunktsetzung und Methoden von Zeit zu Zeit der Überprüfung und Anpassung bedarf.«
Er stellte fest, dass das Problem feudal-patriarchalischer Unterströmungen aus den Aufbaujahren sich abgeschwächt habe, stattdessen wirke nun aber eine »von oben gesteuerte technokratisch-bürokratische Perfektionierung des Apparates« mit einem »Trend zur organisierten Verantwortungslosigkeit«. Er sprach dann aber auch von einem Torso, zu dem die Innere Führung verkümmert sei:
»Nur die Elemente, die herkömmlichen Vorstellungen noch gerade entsprechen, wurden akzeptiert – also: rechtliche Prinzipien und fürsorgliches Führungsverhalten. Weithin auf der Strecke blieb die politische Dimension militärischen Führens und Motivierens, aber auch das Bestreben, freiheitlich-demokratische Verfahrensweisen zielstrebig in den Streitkräften zu entwickeln und damit Anschluss an die gesellschaftliche Entwicklung zu halten.«
Baudissin befürchtete nun besonders, dass die vom Minister angedachte Diskussion sich im kleinen Expertenkreis aus Politik, Bundeswehr und Journalismus abspielen werde, und forderte stattdessen »kritische Gruppierungen der Gesellschaft« sozusagen zum Schulterschluss mit der Bundeswehr auf:
»Die Staatsbürger in Zivil sollten eine permanente Aufgabe darin sehen, sich in ihrem ureigensten Interesse auch der Probleme ihrer Mitbürger in Uniform mit wohlwollender Kritik anzunehmen. Es darf aus der Armee von Demokraten keine Armee von Technokraten werden[51].«
Die Kommission stellte in ihrem Abschlussbericht u.a. fest: »Die Bestandsaufnahme hat den Eindruck vermittelt, dass die Bundeswehr zwar funktional und technisch effizient arbeitet, dass aber das menschliche Klima in den Streitkräften kühler, zuweilen sogar kalt geworden ist[52].«
Baudissins Rundfunkkommentar zu diesem Bericht lautete:
»Diese unerfreulichen Erscheinungen, von denen der Kommissionsbericht spricht, sind, jedenfalls meiner Meinung nach, ein Ergebnis der Tatsache, dass die Innere Führung von Beginn nicht mit der notwendigen Konsequenz durchgesetzt wurde, dass zu viele Normen, Methoden und Maßstäbe aus vergangenen Armeen mitgeschleppt und wiederbelebt wurden und dass ebendieses nicht mehr genügte, mit den heutigen Schwierigkeiten fertig zu werden. Es waren die Inneren

Führer nicht genügend auf Ausbildung, Erziehung und Bildung unter heutigen Bedingungen vorbereitet und das verleitete wiederum dazu, dass die Zentrale von oben in die Einzelheiten des täglichen Dienstbetriebes, der Personalwirtschaft und der Logistik eingriff[53].«

Und auf die Nachfrage, ob das Konzept nicht unrealistisch sei und damit versagt habe, antwortete er:

»Ich bin davon überzeugt, dass das Konzept nach wie vor das einzig brauchbare ist – schon weil es versucht, sich auf die komplexen Wirklichkeiten von heute einzustellen; auf jeden Fall ist mir noch nie ein überzeugendes Gegenbild geboten worden. Nein, das Versagen liegt wohl darin – ich muss das noch einmal wiederholen, dass das Konzept nicht mit der notwendigen Konsequenz durchgeführt wurde bzw. dass die Innere Führung, die Aus- und Weiterbildung der Inneren Führer nicht mit genügender Konsequenz und Intensität betrieben wurde.«

Den gedanklichen Schlussakkord zu dieser von ihm bewusst auch öffentlich geführten Diskussion um die Weiterentwicklung der Inneren Führung setzte Baudissin in seinen Antworten auf Schüddekopfs Fragen an »Die zornigen alten Männer«[54]: Ihm sei natürlich bewusst gewesen, »dass so tiefgreifende Reformen nicht kampflos durchzusetzen seien. Auch kannte ich ja das Schicksal der Scharnhorst-Gneisenauschen Reformen und der ihnen folgenden Ansätze. Ich war allerdings überrascht, wie bald die Reformbestrebungen erlahmten und dem Gefälle der Restauration nachgaben[55].« Dies hätte jedoch nicht unbedingt zu einem Abflachen der Reform-Entwicklung führen müssen:

»Falls die regierende Partei und der verantwortliche Minister sich damals eindeutig mit der Konzeption der Inneren Führung identifiziert und überdies noch eine entsprechende Personalpolitik betrieben hätten, dann wäre es – davon bin ich überzeugt – durchaus möglich gewesen, das Praktizieren des Konzepts als ›opportun‹ erscheinen zu lassen und ihm damit zu allgemeiner Geltung zu verhelfen. Man soll die prägende Kraft des Stils in einer Hierarchie nicht unterschätzen [...] Ohne jeden Zweifel hat der Widerspruch zwischen dem konzeptuellen Neubeginn und den personellen Gegebenheiten die Geschichte der Bundeswehr in ihrem ersten Jahrzehnt wesentlich bestimmt[56].«

Seine Hauptsorge sei immer das offensichtliche Fehlen einer überzeugten Auseinandersetzung der ›Nachfolger‹ mit der Gesamtkonzeption gewesen. Dadurch sei die notwendige dynamische Anpassung der Zwischenziele, der Schwerpunkte, Mittel und Methoden der Inneren Führung an die entspannungs- und sicherheitspolitischen Prozesse behindert worden. Dies mache es ihm gelegentlich recht schwer – entgegen den offiziellen Verlautbarungen –, an eine Kontinuität zu glauben.

Erfolg oder Scheitern der Inneren Führung

VI. Am Lebensabend

Baudissin gab 1986 in seiner Abschiedsvorlesung an der Bundeswehrhochschule Hamburg einen Rückblick auf sein Lebenswerk. Dabei ging er von einem allgemeinen Blick auf die generelle gesellschaftliche und politische Lage um 1950 aus und beleuchtete so den Hintergrund für seinen damaligen Denkansatz. Dann betrachtete er noch einmal besonders zwei Aspekte der Konzeption Innere Führung: Motivation und Traditionspflege. Während er in puncto Motivation zum besseren Verständnis der Führungspraxis ›nur‹ seinen Vorschlag zur Unterteilung nach Dienst-, Wehr- und Kampfmotivation wiederholt ausführte, meldete er hinsichtlich der Tradition erhebliche Bedenken dagegen an, dass

»durch rühmende Schilderungen verehrungswürdiger Gestalten, erfolgreicher Truppenteile oder bestimmter Schlachten [...] eine verpflichtende Kontinuität geschaffen, das Selbstwertgefühl einer Truppe gestärkt und die verlorene Verbindung zwischen heutigen und ehemaligen Soldaten wieder hergestellt werden [soll]«.

Mit derartigen Bestrebungen sei die Bundeswehr von Beginn an konfrontiert gewesen. Sein Vorschlag einst wie jetzt, Bundeswehr-eigene Traditionen zu pflegen, beinhalte auch die Chance des gemeinsamen Nachdenkens über diese:

»Die Suche nach solchen Fällen in der Geschichte der Einheiten ist dazu angetan, den Zusammenhalt zu stärken, den kritischen Vergleich zwischen eigenem und anderer Tun herauszufordern und damit gemeinsame Maßstäbe zu vermitteln für das, was ›man‹ in bestimmten Situationen tun bzw. unterlassen sollte, um vor sich selbst und den anderen zu bestehen.«

Und zur Auswahl von Traditionsangeboten aus einem weiterreichenden geschichtlichen Horizont verwies Baudissin wieder auf den Widerstand gegen Hitler:

»Die Tändelei mit dem Widerstandsgedanken gegen den Rechtsstaat, die wir heute erleben, unterstreicht, wie ich meine, die Notwendigkeit, sich im Rahmen der Politischen Bildung mit Rechts- und Unrechtsstaat, mit Loyalität und Widerstandspflicht auseinander zu setzen. Für die Bundeswehr könnte die Tradition des Widerstandes zwingender Anlass sein, sich über Wesen und Gefährdung der Demokratie Gedanken zu machen[57].«

Gegen Ende des Jahrzehnts stellte er darüber hinaus fest, dass sein Vorschlag, den Widerstand und den 20. Juli als Kristallisationspunkt zur Traditionsbildung für die Bundeswehr zu machen, wohl recht problematisch sei,

»inzwischen [habe] heftige Kritik an den Konservativen des Widerstandes eingesetzt; ihre politischen und gesellschaftlichen Vorstellungen blieben in der Regel dem wilhelminischen Deutschland verhaftet. Auch setzte bisher der von mir erhoffte Besinnungsprozess in der Gesellschaft nicht ein, und es erscheint fragwürdig, etwas in der Bun-

deswehr betreiben zu wollen, wofür offenbar bei weiten Teilen der Öffentlichkeit und somit bei der Masse der Wehrpflichtigen wie Reservisten kein Verständnis erwartet werden kann[58].«
Die Entwicklungen in der Gesellschaft schließlich, festgemacht an Äußerungen des Heilbronner Friedensrates unter Leitung der Berliner Akademie der Künste zum Thema Widerstand vom Dezember 1983, konnte er aber nur »mit Verwunderung« zur Kenntnis nehmen:

»Wir leben in einem Rechtsstaat, in dem jeder Bürger in der Lage ist, seine Meinung ohne unzumutbares Risiko zu artikulieren [...] Das ist anstrengend, oft frustrierend und für manchen weniger befriedigend, als sie [die Demokratie] durch weithin sichtbare Widerstandsübungen in Frage zu stellen. Aber die Anstrengung lohnt sich. Sie kann uns nämlich davor bewahren, wieder in eine Lage zu geraten, in der Widerstand tatsächlich zum letzten Ausweg wird[59].«

1985 antwortete Baudissin auf die Frage nach dem Stand der Inneren Führung:

»Ich würde sagen, sie klappt weitgehend. Zwei Dinge aber machen mich besorgt: Zum einen, dass in den offiziellen Vorschriften immer stärker eine Kriegsbezogenheit betont wird, das heißt, dass die Eignung davon abgeleitet wird, wie sich einer auf dem späteren Schlachtfeld bewegen könnte. Das sehe ich mit Sorge, denn für mich ist eben die Bundeswehr die erste kriegsverhütende Armee, die wir haben. Und zweitens ist das, was man dann Kampf-Motivation nennt, im Frieden nicht zu spielen und nicht zu erzeugen. Es geht darum, die Soldaten für den Staat zu motivieren und für ihren Dienst.

Zweitens sollte man darüber nachdenken, was man tun könnte, um die in Berichten des Wehrbeauftragten immer wieder auftauchenden Verletzungen der menschlichen Würde zu überwinden. Es ist ja eine törichte Tradition, die man beinahe pubertär nennen kann, dass bestimmte übertriebene Härte-Forderungen plötzlich soldatisch sind[60].«

1991 beabsichtigte Baudissin in einer [letzten] Bestandsaufnahme noch einmal zu Fragen der Inneren Führung Stellung zu beziehen. Dies ist über den ersten Entwurf für eine vorbereitende Diskussion im kleinen Kreis hinaus nicht mehr gereift. Nach ausführlicher Darstellung der Prämissen für die Innere Führung Anfang der fünfziger Jahre enthält dieser Entwurf fünf Vorschläge »für die Zukunft«[61]:

1. Begabung und Können auf dem Gebiet der Inneren Führung und kundiges Interesse für politische Fragen sollten entscheidende Beurteilungsmaßstäbe für Offiziere abgeben.
2. In der Ausbildung von Disziplinarvorgesetzten und Menschenführern unterschiedlicher Ebenen sollte die Planspielmethode genutzt werden, um in bestimmte Führungsprobleme einzuführen, nach hilfreichen Führungsmethoden zu suchen und sie einzuüben.
3. Freiwillige Arbeitsgruppen sollten auf allen Ebenen angeregt werden und deren Ergebnisse im Offizierplenum ihrer Einheiten und Verbände diskutiert werden.

4. Die Politische Bildung ist durch Nutzung des Medienangebotes und dessen Diskussion zu verbessern.
5. Eine zentrale Bildungsinstitution für sicherheitspolitische Fragen ist ins Leben zu rufen, an der Vertreter aus allen Ressorts sowie von verbündeten und neutralen Staaten Fragen der Sicherheit analysierten und beurteilten.

Zusammenfassung

Baudissins »Rückblicke« und Antworten auf Fragen nach Erfolg oder Scheitern der Inneren Führung sind im Sinne des heute aktuellen Prozesses der Transformation der Inneren Führung zu verstehen.

I. Reflexion und Transformation

Die Innere Führung ist in Praxis wie Theorie nach Baudissins Verständnis kein einmalig abgeschlossenes Regelwerk, sondern offen für individuelle und situative Interpretationen und Ausgestaltungen sowie auf Weiterentwicklungen angelegt. Daher sei es ebenso falsch, wenn bereits in den ersten Tagen der Bundeswehr nach Veränderungen gerufen wurde, wie zwanzig Jahre später ungeprüft nach Änderungen zu verlangen, anstatt die Zielvorstellungen der ursprünglichen Reform zu reaktivieren. Es sei aber auch nicht genügend, befriedigt »bei 1956« stehen zu bleiben; Korrekturen, Nachsteuerungen, Nachjustierungen seien notwendig, wenn Zwischenziele, Schwerpunkte, Mittel und Methoden der Inneren Führung infolge der Dynamik strategischer und politischer Vorgänge vom Entspannungsprozess bis hin zu innergesellschaftlichen Entwicklungen und neuen wissenschaftlichen Erkenntnissen angepasst werden müssen. Innere Führung sei ein dynamischer Lern- und Anpassungsprozess: »Er kann sich nur vollziehen, wenn alle Verantwortlichen – politische wie militärische – das Ziel im Auge behalten und seine Verwirklichung mit den jeweils adäquaten Methoden durchsetzen[62].«

Für diesen steten Anpassungsprozess sei zum einen eine breite kritische Diskussion in allen gesellschaftlichen, politischen und militärischen Kreisen nützlich und erwünscht, wenn nicht sogar notwendig. Entsprechend verstand Baudissin seine kritischen Beiträge aus der Entfernung sowie von seinem »Alterssitz« auch als hilfreiches Angebot. Er forderte zum anderen ebenso konsequent die Schule für Innere Führung sowie deren wissenschaftlichen Forschungs- und Lehrstab zur »Inventur« auf und rief ähnliche zivile Institutionen dazu auf, sich der Fragen und Aspekte der Inneren Führung mit Begleitstudien wissenschaftlich analytisch anzunehmen. Letztlich verstand Baudissin die Aufgabe der Anpassung stets als eine politische mit dem Ziel, »konzeptionsgerechte Innere Führung zur Selbstverständlichkeit und damit die Streitkräfte zu einer unangezweifelten demokratischen Bundeswehr werden zu lassen«[63].

Die Grundfrage für den Transformationsprozess – was denn unveränderlich/konstant bleiben müsse und was variabel sei/zur Disposition stünde – stellte sich Baudissin ebenso. Die »Grundlagen« und damit das, »was die Bundeswehr zu verteidigen hat«, dürften nicht dialektisch aufgeweicht werden; sprich: die freiheitlich-demokratische Grundordnung mit dem entsprechenden ethisch begründeten Menschen- und Gesellschaftsbild müsse als Grundlage für das Innere Gefüge der Streitkräfte erhalten bleiben. Stets ging es ihm um die überzeugte Auseinandersetzung mit der Gesamtkonzeption; eine Stückelei dieser Konzeption hielt er für konfliktverschärfend. Dennoch müssten Zwischenziele, Schwerpunkte, Mittel, Regelungen und Methoden der Inneren Führung den Veränderungen angepasst werden.

Eine andere Frage sei die nach den Grenzen für das Reformkonzept. Die Konzeption war von Baudissin betont als zukunftsorientierte Leitlinie und Zielvorstellung entwickelt worden. Hatte er anfänglich aus taktischen Gründen nur von Reform oder Renaissance gesprochen, erklärte er später eindeutig, dass in Wirklichkeit der Beitrag des Soldaten zum Dienst am Frieden eine geistige Revolution sei. So verstand er die Konzeption mit Stand 1958 auch nur als ein Minimalprogramm. Überdies sei das Leitbild aus pädagogischer Sicht als eine klare Leitlinie zur Auswahl, Führung, Erziehung und Ausbildung sowie als Anregung zur Selbsterziehung zu formulieren gewesen, ohne Unerreichbares zu fordern. Eine Ist-Soll-Diskrepanz sei zwar pädagogisch notwendig, gefährlich wäre sie jedoch, wenn sie zu groß würde.

Baudissin hatte von Anfang an mit dem Gegenwind der Restauration zu seiner Konzeption Innere Führung gerechnet, mit dem »Krach in der Kneipe«. Über dessen Heftigkeit sowie die dabei benutzten Wege und Methoden hatte er sich jedoch anfänglich getäuscht, weil er die Wirkung besonders des geistig-sittlichen Zusammenbruchs im Zusammenhang mit der Niederlage von 1945 anders eingeschätzt hatte. Auch wenn er später wiederholt betonte, »keine ernstzunehmende konservativ-autoritäre Alternative« zu seiner Konzeption Innere Führung zu sehen, so erfuhr er dennoch z.T. leidvoll, was es bedeutet, im politischen Gegenwind die Reform vorzubereiten, auf den Weg zu bringen und auf diesem zu halten. Die Wechselwirkungen der Strömungen von Reformern und Traditionalisten in den fünfzig Jahren Bundeswehrgeschichte sind daher auch ein Lehrstück für die heutige Aufgabe der Transformation.

II. Die Rückblicke in den unterschiedlichen historischen Phasen

Die sechs ausgeführten Phasen spiegeln nicht nur altersbedingte Reifephasen oder Lebenserfahrungen Baudissins wider, sondern zugleich auch unterschiedliche Blickrichtungen, aus denen er sich mit der Inneren Führung auseinandergesetzt hatte. Sie kennzeichnen aber ebenso und wesentlich Entwicklungen im Umfeld der Streitkräfte und in diesen selbst. So konnten Baudissins »Rückblicke« aus den Tagen der Vorarbeiten in Himmerod und im Amt Blank natürlich (nur) vorausschauender oder prognostischer Art sein und mögliche Probleme aufgreifen, während sie in den Aufbaujahren im Verteidigungsministerium mit einem Schuss Hoffnung am voraussehbaren Gegenwind aus der Praxis zu orientieren waren. Aus der Entfernung während seiner Auslandsverwendungen bescheinigte er dem Prozess der Verwirklichung der Inneren Führung in der Praxis – der »Konsolidierung«, wie es damals politisch hieß – gemessen an den Reform-Vorgaben in Gesetzen und Verordnungen aus den 1950er Jahren generell Positives. Das Innere Gefüge sei sachgerecht und habe sich bewährt. Nach seinem Ausscheiden aus der aktiven Dienstzeit wurden diese mehr aus der Binnensicht der Streitkräfte formulierten Betrachtungen durch eine andere, vergleichbar revolutionäre Dimension ergänzt, die von vornherein im Leitbild des Staatsbürgers in Uniform und der Konzeption Innere Führung angelegt war. Um nachzuholen, was anfänglich nicht möglich war, maß Baudissin seine Rückblicke nun auch verstärkt an der (realen) Utopie des »Soldaten für den Frieden« und an Vorstellungen von einer »demokratischen Armee«; sie fielen dadurch deutlich kritischer, um nicht zu sagen: pessimistischer aus. Zusätzlich formulierte er Ende der 1970er Jahre zum ersten Mal unüberhörbar Zweifel am Gang der Entwicklung der Inneren Führung. Es scheint daher auch logisch, wenn seine letzte Bestandsaufnahme sich mit einer gewissen Resignation im Wesentlichen nur noch mit einem Aspekt von Innerer Führung, der Frage der personellen Zurüstung, befasst.

III. Adressaten der Hinweise

Baudissin richtete seine »Rückblicke« und Aufforderungen zur Weiterentwicklung der Inneren Führung grundsätzlich an vier Adressatengruppen; dies wird erstmals sehr deutlich in der Steinpreis-Rede von 1965: Die »vor Ort« militärisch Verantwortlichen für Führung, Ausbildung, Bildung und Erziehung vom und zum Staatsbürger in Uniform: Ihnen bescheinigte er weder schlechten Willen noch Versagen; im Gegenteil: in streng funktionsbezogenen Dienstzweigen werde von ihnen zum Teil erheblich gute Arbeit geleistet, sogar bessere als in Friedenszeiten in den beiden Vorgängerarmeen der Bundeswehr; er sah aber auch, dass selbst erfolgreiche Vorgesetzte sich nicht aus den Zwangsvorstellungen eines überkommenen Berufsbildes befreien konnten. Ihnen »unten« legte er den Staatsbürger mit kritischem Verstand und wachen Gewissen ans Herz.

– Die Ebene der militärischen Dienstaufsicht »oben«: Sie meinte er, wenn er das »Versagen der Führung« (1968) geißelte und von ihr die strikte Durchsetzung der Konzeption Innere Führung forderte.

– Die Ebene der Politik, Politiker und Parteien und speziell alle Verteidigungsminister bis 1968: Sie seien politisch dafür verantwortlich, die Konzeption durchzusetzen und dürften die Bundeswehr bei deren Weiterentwicklung nicht alleine lassen.

– Die Gesellschaft, deren öffentliches Desinteresse an Fragen der Bundeswehr er 1978 monierte. Er forderte besonders kritische Gruppierungen der Gesellschaft auf, sich an der Diskussion der Bundeswehrentwicklung und der Kontrolle des inneren Zustandes der Truppe sowie des Standes der Reformen zu beteiligen.

IV. Der Gegenstand der Rückblicke

Die Konzeption Innere Führung stellte für Baudissin einen echten Neubeginn dar. Mit entsprechenden Begriffen grenzte er sich betont vom Gedanken eines bloßen Wiederaufbaus ab. Zugleich machte er den Vorgriff ins Ungewisse zur grundlegenden Maxime seines Ansatzes: »Im Zweifelsfalle führt der Griff nach vorne und das Wagnis freiheitlicher Wege zu den besseren Lösungen[64].«

Für Baudissin ging es bei der Frage nach Anpassung und Weiterentwicklung von Innerer Führung stets um die Gesamtkonzeption statt um Stückelei. Jene lag für ihn eindeutig im Geistig-Sittlichen: Angesichts des Verlustes an Gesittung und Werten sowie des Zusammenbruchs der Ordnung mit Ende des Zweiten Weltkrieges fragte er nach einem neuen Ethos. Freiheitliche Traditionen sollten dabei als ethisches Fundament für das Leitbild Staatsbürger in Uniform genauso dienen wie Demokratie, Recht und Frieden sowie, speziell für den Soldaten, der gewissenhafte Umgang mit der anvertrauten Macht. Dies waren keine Realitäten im engen Sinne, sondern eher Weitblicke über unsere Tage hinaus, ja reale Utopien, die zukunftsoffen sein und individuellen Gestaltungsraum beinhalten sollten. Deshalb trieb ihn bei zu viel Zustimmung die Angst, Chancen vertan zu haben, hin zur Frage, ob er mit den Vorgaben und Konstruktionen für die Innere Führung »wirklich weit genug gegangen« sei, sowie, »ob wir es geistig weiter gebracht haben«.

Diesen Gesamtansatz meinte Baudissin, wenn er die offiziellen Artikulationen im Verteidigungsbereich nach außen wie nach innen anzweifelte oder wenn er von einem Torso sprach, zu dem die Innere Führung verkümmert sei, und dass die politische Dimension militärischen Führens und Motivierens, aber auch das Bestreben, freiheitlich-demokratische

Verfahrensweisen zielstrebig in den Streitkräften zu entwickeln, auf der Strecke geblieben seien.

V. Spezielle Gegenstände der Rückblicke

Trotz Warnung vor »Stückelei« befasste Baudissin sich in seinen Rückblicken natürlich auch mit Detailfragen zur Inneren Führung. Dabei führte bereits der Anlass der Darstellungen gelegentlich zu unterschiedlichen Schwerpunkten. 1955/56 bemängelte Baudissin die fehlende Entschlossenheit der in der politischen und der militärischen Spitze Verantwortlichen für die Innere Führung. Angesichts der materiellen Aufbauprobleme blieben geistige Rüstung im psychologischen Krieg sowie zeitgemäße Menschenführung unbeachtet; darunter litten Geist und Stimmung in der Truppe und es entstünden Spannungen. Statt sofortige Änderungen in der Inneren Führung anzusetzen, z.b. im Bereich der »Traditionsverluste«, müsse man auch an Einzelregelungen vorerst festhalten und Zeit für eine Gewöhnung an das Neue einräumen. Denn für viele der aufbaubedingten Missstände sei gerade nicht die Innere Führung »verantwortlich« zu machen. Zu fordern sei aber eine systematische Einführung der führenden Offiziere in alle Fragen der Inneren Führung sowie eine wirkungsvolle organisatorische Eingliederung und personelle Ausstattung zur Bearbeitung der Inneren Führung im Ministerium.

Mitte der 1960er Jahre beunruhigte Baudissin, dass noch immer nicht genügend neue allgemeinverbindliche Begriffe, Symbole und Wertvorstellungen entwickelt werden konnten. Er warnte daher vor den Gefahren einer falschen Traditionsübernahme ohne Bezug zu Werten wie innere Freiheit, Rechtsstaatlichkeit und Menschenwürde und ohne die Erkenntnis, dass die Bundeswehr etwas Neues sei. Die Laufbahngestaltung sei im Grunde systemwidrig, das Berufsbild müsse von letzten ständischen Schlacken befreit und als das eines modernen Berufs verstanden werden. Der Offiziernachwuchs werde nicht konsequent auf seine Aufgaben vorbereitet, auch fehle eine berufsbezogene Bildung aller Offiziere, die das Verständnis für die Zusammenhänge zwischen Politik, Gesellschaft, Militär und Strategie erleichtere. Der Soldat dürfe sich nicht als Fremdkörper in der Industriegesellschaft empfinden. Ebenso sei nach den Grundlinien und Bedingungen des Kriegsbildes zu fragen, nach Friedenserhaltung und Sicherheitsbedürfnis beider Seiten als Grundfragen für die Verhütung der Katastrophe Krieg. Besondere Problemfelder seien Personalwesen, Organisation und Ausbildung. Damit sprach Baudissin im Grunde die Reformbedürftigkeit der Bundeswehr in Gänze an. Als Richtpunkte für die Weiterentwicklung der Inneren Führung empfahl er das Freiheitliche und Emanzipatorische. Liest man das, so erscheinen Baudissins Äußerungen wie der konkrete Gegenpol zu den damals virulenten konservativen Schriften wie z.B. der Denkschrift des Inspekteurs des Heeres,

Generalleutnant Albert Schnez, mit der Forderung nach einer Veränderung der Gesellschaft (!) an Haupt und Gliedern[65].

Ende der 1970er Jahre stellte Baudissin fest, dass feudal-patriarchalische Unterströmungen aus den Anfangsjahren sich abgeschwächt hätten. Er befürchtete nun aber eine »Armee von Technokraten« mit dem Trend zur organisierten Verantwortungslosigkeit.

Ende der 1980er Jahre machte Baudissin sich Sorgen um die immer wieder vorkommenden Verletzungen der Menschenwürde im militärischen Alltag und die übertriebenen Härteforderungen sowie die zunehmende Betonung von Kriegsbezogenheit und Kampfmotivation in den Vorschriften. Dadurch würden die Leitlinien »Soldat für den Frieden« und »Armee für den Frieden« in den Hintergrund gedrängt. Ebenso beunruhigte ihn die Entwicklung im Gebiet der Tradition: zum einen, dass der Widerstand gegen Hitler und das NS-Regime keine Verbindlichkeit erzielt habe und stattdessen sogar mit dem Widerstandsgedanken gegenüber dem Rechtsstaat »getändelt« würde, und zum anderen, dass die Chance für gemeinsames Nachdenken in der Truppe über die Bildung Bundeswehr-eigener Traditionen vertan würde. Damit warf Baudissin die ethische Frage nach den Gefahren der Verselbständigung beruflicher Routinen auf.

VI. Kultur des Widerspruchs

Nach Baudissins Selbsteinschätzung waren seine Rückblicke immer von dem Gebot sachlich begründeter Zurückhaltungen geprägt:

»Die Entwicklung der Bundeswehr von außen zu beobachten und gerecht zu beurteilen, ist nicht immer ganz leicht. Es liegt in der Natur der Sache, dass unsereiner dazu neigt, das Nicht-Erreichte klarer zu erkennen, als das Inzwischen-Verwirklichte. Auch ist es schwierig, aus der Ferne bestimmte Vorkommnisse als ›typisch‹ oder ›untypisch‹ anzusprechen. Hinzu kommt, dass der Kritik Grenzen gesetzt sind, solange man im aktiven Dienst steht. Dennoch habe ich verschiedentlich öffentlich Bedenken geäußert – den einen wohl zu häufig und all zu kritisch, den anderen zu selten und nicht scharf genug. Es ging mir dabei stets um die politische Auseinandersetzung[66].«

Dies kennzeichnet eine Kultur, die zu erfolgreicher Reflexion und Transformation unverzichtbar ist. Entgegen diesem Selbstbild sind Baudissin immer wieder persönliche Eitelkeiten oder Animositäten bei der Auseinandersetzung um die Innere Führung vorgehalten worden. So sehr er wohl die Grundkonzeption Innere Führung als »seine« Konzeption verstand, so deutlich lehnte er aber eine Personifizierung damit ab. Selbst sein gewolltes Anknüpfen mit der Inneren Führung an die Stein-Scharnhorstschen Reformen und die augenscheinlichen Parallelen in den werksbiographischen Darstellungen von Stein mit seinen autobiographischen Skizzen haben ihn immer wieder den persönlichen Vergleich mit den preußischen Reformern dennoch heftig ablehnen lassen. Er sah sich zwar auch als Reformer; es waren aber doch mehr sachbezogene Gründe, die seine Selbstzweifel – ob »Theoretiker« oder »Spinner« – ausmachten und die ihn im Ringen um die Konzeption als »Betroffener« hatten leiden lassen oder ihn genießen ließen, als die Leutnante '70 ihm ein wenig fortzulaufen schienen.

Zu diesem Bild passt auch der Arbeitsstil von Baudissins Rückblicken: Sie sind gezeichnet von einer Art generellen Lagebeurteilung mit Begründung zur Inneren Führung und nicht durch scharfe Kritik von Einzelheiten oder konkreten Fällen aus dem Führungsalltag der Streitkräfte. Dabei bot er meist eher grundsätzliche Vorschläge und immer offene Lösungsmöglichkeiten statt Rezepte an, gerichtet an die politische und oberste militärische Führungsebene mit dem Hinweis auf die Notwendigkeit zur systematischen Beobachtung und Steuerung der Entwicklung.

Außer in dem Fall seiner Kritik an sämtlichen Ministern bis zu seinem Ausscheiden aus dem aktiven Dienst und in den beiden Demissionierungs-Briefen hat Baudissin nie persönlich Vorwürfe formuliert, auch wenn er seine Kritik eindeutig adressierte. Vornehm, vorsichtig, dem Anlass angepasst und behutsam formulierte er Kritik aus der Gegenüberstellung von Positiva und Negativa. Er war optimistisch, betonte den guten Willen und das Vermögen der Handelnden vor Ort und wand sich förmlich bei der Formulierung, als ihm 1979 die Gesamtkonzeption zu versanden schien, es falle »ihm schwer an eine Kontinuität in der Entwicklung der Inneren Führung zu glauben«. Er gab sich nicht als Revoluzzer, aber als geistiger Revolutionär.

Dies alles kennzeichnet eine persönliche Kultur des Widerspruchs, die wir in Baudissins Leben an verschiedenen Etappen immer wieder finden: 1927 als Fahnenjunker beim Toast auf den »obersten Kriegsherrn, S.M. den Kaiser und König von Preußen«, 1933 gegenüber Roland Freissler bei seinem Einsatz als militärischer Leiter der Ausbildung in einem »Lager« für Rechtsreferendare in Jüterbog, 1938 während der Fritsch-Affäre, im Zusammenhang mit dem 20. Juli 1944 in der Gefangenschaft und an Professor Wenigers Grab 1961. In seiner Denkschrift »Ost oder West« aus der Zeit seiner Gefangenschaft hatte Baudissin seinen Grundgedanken des Widerstands aus dem besonders fruchtbaren Spannungsverhältnis des Individuums zu Gott formuliert: »eine Widerstandspflicht mit dem Worte besteht immer, ein Widerstandsrecht mit Gewalt nur in besonders krassen Fällen, wenn eine tyrannische Obrigkeit Handlungen verlangt, die offensichtlich im Gegensatz zu Gottes Wort stehen[67].«

Anmerkungen

1 Wolf Graf von Baudissin, 23 Zeilen-Briefe 1943-1946. Hamburg 1994, Brief vom 10.2.1946.
2 Von Himmerod bis Andernach. Dokumente zur Entstehungsgeschichte der Bundeswehr. Beiheft 4/85 zur Information für die Truppe. Hrsg. vom Bundesministerium für Verteidigung, Bonn 1985, S. 86.
3 Wolf Graf von Baudissin und Dagmar Gräfin zu Dohna, »... als wären wir nie getrennt gewesen«. Briefe 1941-1947. Hrsg. und mit einer Einf. von Elfriede Knoke, Bonn 2001, S. 267.
4 Wolf Graf Baudissin im Gespräch mit Charles Schüddekopf. In: Die zornigen alten Männer. Gedanken über Deutschland seit 1945. Hrsg. von Axel Eggebrecht, Reinbek 1979, S. 203-224, hier: S. 208 f.
5 Wolf Graf von Baudissin, Diskussionsbeitrag bei »Soldatentagung« an der Evangelischen Akademie Hermannsburg, 3.-6.12.1951. In: Baudissin, Soldat für den Frieden – Entwürfe für eine zeitgemäße Bundeswehr. Hrsg. und eingel. von Peter von Schubert, München 1969, S. 23-27, hier S. 24.
6 Ebd., S. 23.
7 Brief vom 22.12.1951. Manuskript Baudissin Dokumentation Zentrum an der Führungsakademie der Bundeswehr in Hamburg (MS BDZ).
8 Wolf Graf von Baudissin, Vom Bild des künftigen Soldaten, Vortrag 1.11.1953. In: Soldat für den Frieden (wie Anm. 5), S. 200-204, hier S. 204.
9 Wolf Graf von Baudissin, Das Bild des zukünftigen deutschen Soldaten. Auszug aus dem stenographischen Protokoll der 14. Sitzung des Ausschusses für Fragen der europäischen Sicherheit, 22.6.1954. In: Soldat für den Frieden (wie Anm. 5), S. 205-209, hier S. 208.
10 Wolf Graf von Baudissin, Beiträge zum Podiumsgespräch und zur allgemeinen Diskussion über das Thema »Wird der Kommiß über uns siegen?« auf der Tagung »Kirche und Wiederbewaffnung« der Evangelischen Akademie Bad Boll, 9.-14.1.1955.
11 Wolf Graf von Baudissin, Interview durch Klaus von Schubert und Peter von Schubert, 6.12.1968. MS BDZ, S. 46.
12 Baudissin, Schüddekopf (wie Anm. 4), S. 206.
13 Privat-Dienstliches Tagebuch N 717/1, S. 59 f. – BDZ.
14 Baudissin/Dohna, »... als wären wir nie getrennt gewesen« (wie Anm. 3), S. 269.
15 Brief an General Heusinger vom 9.6.1954 (Vermerk im Tagebuch: Abgabe am 10.6.54).
16 Wolf Graf von Baudissin, Entwurf eines ungeschriebenen Briefes an Herrn Blank, Herbst 1955 (spätere maschinenschriftliche Abschrift durch Gräfin Baudissin – BDZ 146049; Abgedruckt in: Baudissin, Als Mensch hinter den Waffen. Hrsg. und kommentiert von Angelika Dörfler-Dierken, Göttingen 2006, S. 65-71, hier: S. 68 f.)
17 Ebd., S. 69.
18 Baudissin, Interview (wie Anm. 11).
19 Wolf Graf von Baudissin, Zustandsbericht über die Innere Führung 1956 (Entwurf). MS BDZ.
20 Wolf Graf von Baudissin, Jahresbericht über die Innere Führung, IV B – 1831/56, 10.11.1956. MS BDZ.
21 Ebd. Dabei liegt auch die Vorlage von seinem Mitarbeiter Wangenheim über »umstrittene Traditionsverluste« vom 25.2.1957. Siehe dazu auch Claus Frhr. v.

Rosen, Tradition als Last. In: Tradition als Last? Legitimationsprobleme der Bundeswehr. Hrsg. von Klaus Kodalle, Köln 1981, S. 167-181.
[22] Baudissin, Zustandsbericht über die Innere Führung 1956 [Entwurf] (wie Anm. 19).
[23] Baudissin, Jahresbericht über die Innere Führung 1956 (wie Anm. 20).
[24] Wolf Graf von Baudissin, Abschiedsansprache, Bonn 30.6.1958. MS BDZ.
[25] Wolf Graf von Baudissin, Ansprache für die Feierstunde zum Jahrestag der Deutschen Erhebung in der Beethovenhalle Bonn, 20.7.1964. In: Soldat für den Frieden (wie Anm. 5), S. 102-109, hier S. 104.
[26] Ebd., S. 104 f.
[27] Wolf Graf von Baudissin, Zum Volkstrauertag. In: Information für die Truppe, 11 (1973), S. 3-8.
[28] Wolf Graf von Baudissin, Innere Führung – Versuch einer Reform. Rede anlässlich der Verleihung des Freiherr-vom-Stein-Preises 1964. In: Soldat für den Frieden (wie Anm. 5), S. 117-130, hier S. 118 f.
[29] Ebd., S. 130.
[30] Ebd., S. 129.
[31] Wolf Graf von Baudissin, Hat sich die Innere Führung bewährt? Interview mit Wolfram von Raven am Vorabend der Pensionierung, Dez. 1967. Auszüge daraus finden sich in Wolf Graf von Baudissin, Idealisten, Heroiker, Realisten. Gespräch mit Wolfram von Raven über den Wehrbeauftragten. In: Stuttgarter Zeitung, 2.12.1967.
[32] Wolf Graf von Baudissin, Dank anläßlich der Verabschiedung, Koblenz 19.12.1967. MS BDZ.
[33] Wolf Graf von Baudissin, Der Beitrag des Soldaten zum Dienst am Frieden. Vortrag in Kloster Kirchberg auf einer Tagung des Evangelischen Wehrbereichsdekans V, 29.7.1968. In: Soldat für den Frieden (wie Anm. 5), S. 27-51.
[34] Ebd., S. 28.
[35] Ebd., S. 36.
[36] Ebd., S. 45.
[37] Ebd., S. 45-51.
[38] Ebd., S. 38.
[39] Ebd., S. 32 und S. 38.
[40] Baudissin, Interview (wie Anm. 11), S. 23.
[41] Ebd.
[42] Ebd., S. 24 f.
[43] Ebd., S. 25 f.
[44] Ebd., S. 27.
[45] Wolf Graf von Baudissin, Gespräch mit Günter Gaus, gesendet im Südwestfunk/Fernsehen, »Zu Protokoll«, 18.5.1969. MS BDZ.
[46] Dazu siehe u.a. Hans-Helmut Thielen, Der Verfall der Inneren Führung. Politische Bewusstseinsbildung in der Bundeswehr, Frankfurt a.M. 1970, S. 260 ff.
[47] Baudissin-Hearing. Stellungnahme zu den Thesen der Leutnante 70, Hamburg, Heeresoffizierschule II, 18.12.1969. Teil der Tonbandabschrift im BDZ.
[48] Wolf Graf von Baudissin, Tradition und ihre Bedeutung in der Gegenwart. In: Heer, 1 (1977), S. 16 f.; Baudissin, Gedanken zur Tradition. In: IFSH-Diskussionsbeiträge, 10 (1978), S. 29-35; Baudissin, Innere Führung ohne politische Dimension. Der staatsbürgerliche Unterricht ist abgemagert. In: Welt der Arbeit, 8 (1977), S. 6; Baudissin, Bemerkungen zu Ennenbach: Probleme des Studierens an der Hochschule der Bundeswehr, Montana 5.3.1977; Baudissin, Zur »Inneren Führung«, »Friedensforschung« und »Sicherheitspolitik«. In: Druck, 4 (1977), S. 11-19; Baudissin, Gruppendynamische Probleme im Ausbildungsbereich der Bundeswehr. In: Gruppendynamik, 8 (1977), S. 223-225; Baudissin,

Die Vorfälle an der Bundeswehrhochschule München. In: IFSH-Diskussionsbeiträge, 7 (1977), S. 63-70.
49 Wolf Graf von Baudissin, Innere Führung wieder aktuell. Bemerkungen zu den Vorstellungen der Jugendorganisationen über Demokratisierung der Bundeswehr, 18.8.1977. MS BDZ. Alle folgenden Zitate stammen aus diesem Manuskript.
50 Wolf Graf von Baudissin, Innere Führung im Schwinden. In: Süddeutsche Zeitung, 1.8.1978 – der Beitrag war dem BMVg bereits am 24.7.1978 zugestellt worden.
51 Wolf Graf von Baudissin, Überlegungen zur Inneren Führung. In: IFSH-Diskussionsbeiträge, 16 (1979), S. 66-72.
52 Führungsfähigkeit und Entscheidungsverantwortung in den Streitkräften. Bericht der Kommission des Bundesministers der Verteidigung zur Stärkung der Führungsfähigkeit und Entscheidungsverantwortung in der Bundeswehr. Hrsg. vom Bundesminister der Verteidigung, Bonn 1979, S. 26 (Nr. 29).
53 Wolf Graf von Baudissin, Gespräch über de-Maizière-Bericht, Deutschlandfunk, 7.15 Uhr, 1.11.1979. MS BDZ.
54 Baudissin, Schüddekopf (wie Anm. 4).
55 Ebd., S. 216 f.
56 Ebd., S. 212 ff. Eine entsprechende Kritik ebd., S. 223 f.
57 Baudissin/Dohna, »... als wären wir nie getrennt gewesen« (wie Anm. 3), S. 271 ff., hier: S. 273.
58 Wolf Graf von Baudissin, Gedanken zur Tradition. In: Tradition als Last? (wie Anm. 21), S. 189-193, hier: S. 190 – MS BDZ.
59 Wolf Graf von Baudissin, Bemerkungen zum Aufruf der Heilbronner Bewegung vom Dezember 1983, MS BDZ vom 2.2.1984, S. 1.
60 Wolf Graf von Baudissin, Für mich gibt es keine soldatischen Tugenden. In: AZ – reportagen vom 12. November 1985, S. 3 – BDZ Nr. 182012.
61 Wolf Graf von Baudissin, Bemerkungen zu Inneren Führung, Sept. 1991 – MS BDZ.
62 Wolf Graf von Baudissin, Staatsbürger in Uniform. Ein Versuch in der Bundesrepublik Deutschland. In: 25 Jahre Bundesrepublik. Wandel und Bewährung einer Demokratie. Ein politisches Lesebuch. Hrsg. von Pitt Severin, Wien, München, Zürich 1974, S. 121-124.
63 Wolf Graf von Baudissin, Innere Führung wieder aktuell (wie Anm. 49).
64 Wolf Graf von Baudissin, Soldat für den Frieden (wie Anm. 5), S. 130.
65 BA-MA, BH 1/1686, Studie FüH betreffend »Gedanken zur Verbesserung der inneren Ordnung des Heeres«, Juni 1969, s.a. in: Thielen (wie Anm. 46).
66 Baudissin, Schüddekopf (wie Anm. 4).
67 Wolf Graf von Baudissin, Ost oder West. Gedanken zur deutsch-europäischen Schicksalsfrage. MS Tatura 1947, mit Korrekturen von 1947, S. 46.

Ausgewählte Literatur

Bald, Detlef, Restaurativer Traditionalismus in der Bonner Republik. In: Wissenschaft und Frieden, Dossier 53, Beilage 3-2006, S. 12-19
Baudissin, Wolf Graf von, Als Mensch hinter den Waffen. Hrsg. und kommentiert von Angelika Dörfler-Dierken, Göttingen 2006

Baudissin, Wolf Graf von, und Dagmar Gräfin zu Dohna, »... als wären wir nie getrennt gewesen«. Briefe 1941–1947. Hrsg. und mit einer Einf. von Elfriede Knoke, Bonn 2001

Baudissin, Wolf Graf von, 23 Zeilen-Briefe 1943–1946, Hamburg 1994

Baudissin, Wolf Graf von, Ost oder West. Gedanken zur deutsch-europäischen Schicksalsfrage. MS Tatura 1947, mit Korrekturen von 1947

Baudissin, Wolf Graf von, im Gespräch mit Charles Schüddekopf. In: Die zornigen alten Männer. Gedanken über Deutschland seit 1945. Hrsg. von Axel Eggebrecht, Reinbek 1979, S. 203–224

Heßlein, Bernd [u.a.], Die Unbewältigte Vergangenheit der Bundeswehr. Fünf Offiziere zur Krise der Inneren Führung, Reinbek 1977

Rosen, Claus Frhr. von, Frieden und Widerstand: ›Geistige und sittliche‹ Gründe in Baudissins Konzeption Innere Führung. In: Gesellschaft, Militär, Krieg und Frieden im Denken von Wolf Graf von Baudissin. Hrsg. von Martin Kutz, Baden-Baden 2004, S. 25–44

Rosen, Claus Frhr. von, Ost oder West – Gedanken zur deutsch-europäischen Schicksalsfrage. In: Innere Führung. Zum Gedenken an Wolf Graf von Baudissin. Hrsg. von Hilmar Linnenkamp und Dieter S. Lutz, Baden-Baden 1995, S. 109–119

Rosen, Claus Frhr. von, Tradition als Last. In: Tradition als Last? Legitimationsprobleme der Bundeswehr. Hrsg. von Klaus Kodalle, Köln 1981, S. 167–181

Schneiderhan, Wolfgang, Ziel der Transformation der Bundeswehr ist die Verbesserung der Einsatzfähigkeit. In: Europäische Sicherheit, 2 (2005), S. 22–32

Struck, Peter, Fit für veränderte Aufgaben – Die Transformation der Bundeswehr nimmt Gestalt an. In: Europäische Sicherheit, 1 (2005), S. 12–17

Technokraten in Uniform. Die innere Krise der Bundeswehr. Mit einem Vorwort von Wolf Graf von Baudissin. Hrsg. von Helmut W. Ganser, Reinbek 1980

Thielen, Hans-Helmut, Der Verfall der Inneren Führung. Politische Bewusstseinsbildung in der Bundeswehr, Frankfurt a.M. 1970

Wolf Stefan Traugott Graf von Baudissin

Lebenslauf

1907	8.5.	Geboren in Trier als einziges Kind von Theodor Christian Traugott Graf von Baudissin (geb. 9.7.1874, gest. 27.11.1950) und Elise (Lily), geb. von Borcke (geb. 20.8.1885, gest. 21.10.1950)
1916-1925		Besuch humanistischer Gymnasien in Neustadt (Westpreußen), Kolberg, Marienwerder; Abitur
1925-1926		Studium der Jurisprudenz, Geschichte und Nationalökonomie an der Friedrich-Wilhelms-Universität in Berlin
1926	12.4.	Eintritt als Offizieranwärter in das Reichswehr-Infanterieregiment 9 in Potsdam
1927	30.9.	Austritt aus der Reichswehr und Beginn einer landwirtschaftlichen Lehre in Deutschland und Schweden
1930		Staatlich geprüfter Landwirt und Beginn eines landwirtschaftlichen Studiums an der Technischen Hochschule in München
1930	1.10.	Wiedereintritt als Offizieranwärter in das Infanterieregiment 9 in Potsdam
1930-1932		Offizierausbildung an der Infanterieschule in Dresden
1932	1.10.	Zugführer im Infanterieregiment 9
1932	15.10.	Ernennung zum »überzähligen« Leutnant im Infanterieregiment 9
1933	1.4.	Beförderung zum Leutnant im Infanterieregiment 9
1934		Militärischer Ausbilder in einem Wehrertüchtigungslager des Reichsjustizministeriums in Jüterbog
1934	1.10.	Adjutant des I. Bataillons des Infanterieregiments 9
1934	1.12.	Beförderung zum Oberleutnant
1935	15.12.	Regimentsadjutant des Infanterieregiments 9
1938	19.5. bis	Ausbildung zum Generalstabsoffizier an der Reichskriegsakademie in Berlin
1939	August	
1939	1.1.	Beförderung zum Hauptmann
1939	26.8.	Dritter Generalstabsoffizier (I c) der 58. Infanteriedivision
1940	31.5.	Verleihung des Eisernen Kreuzes 2. Klasse für die Verbindungsaufnahme mit abgeschnittenen Truppenteilen bei Inor (Frankreich)

1940	19.6.	Verleihung des Eisernen Kreuzes 1. Klasse für die Führung der Vorausabteilung bei der Einnahme von Toul (Frankreich)
1940	25.10.	Dritter Generalstabsoffizier (I c) im Generalstab des II. Armeekorps
1941	30.1.	Unter Verbleiben in der bisherigen Verwendung im Truppengeneralstab des II. Armeekorps Versetzung in den Generalstab
1941	5.3.	Dritter Generalstabsoffizier (I c) im Generalstab des Deutschen Afrikakorps
1941	4.4.	Gefangennahme während eines taktischen Erkundungsfluges im Raum El Mechili-Tobruk durch britische Truppen
1941	3.7.	Verwundung in einem Kriegsgefangenenlager bei Latrun (Palästina) durch Bordwaffenbeschuss eines deutschen Fernaufklärers
1942	1.4.	Beförderung zum Major i.G.
1947	8.7.	Nach mehrjähriger Gefangenschaft überwiegend in Australien Entlassung aus britischer Kriegsgefangenschaft in Munster-Lager
1947	6.8.	Hochzeit mit der Bildhauerin Dagmar Burggräfin und Gräfin zu Dohna-Schlodien (geb. 6.8.1907 in Bonn, gest. 25.6.1995 in Hamburg). Tochter von Alexander Burggraf und Graf zu Dohna-Schlodien (1876–1944) und Elisabeth, geb. von Pommer Esche (1884–1969)
1947–1951		Töpfer und ehrenamtlicher Mitarbeiter an Evangelischen Akademien und in der kirchlichen Sozialarbeit
1950	6.-9.10.	Teilnahme an der militärischen Sachverständigentagung im Kloster Himmerod
1951 **1955**	7.5. bis 30.10.	Angestellter in der Dienststelle Blank bzw. im Bundesministerium für Verteidigung
1955 **1958**	1.11. bis 31.7.	Unterabteilungsleiter im Führungsstab der Bundeswehr (Fü B I Innere Führung)
1956	30.1.	Übernahme in die Bundeswehr als Oberst
1958 **1961**	1.7. bis 30.10.	Kommandeur der Kampfgruppe C bzw. Panzergrenadierbrigade 4 in Göttingen
1959	30.12.	Beförderung zum Brigadegeneral
1961 **1963**	1.11. bis 31.8.	Deputy Chief of Staff Operations and Intelligence Headquarters Allied Forces Central Europe in Fontainebleau
1962	27.11.	Beförderung zum Generalmajor (temporary rank seit 1.11.1961)
1963 **1965**	1.9. bis 14.4.	Kommandeur des NATO Defence College in Paris

1964	9.1.	Beförderung zum Generalleutnant (temporary rank seit 1.9.1963)
1965	10.2.	Für die »Entwicklung und Durchsetzung der Grundsätze der Inneren Führung« Verleihung des Freiherr-vom-Stein-Preises der Stiftung F. V. S. zusammen mit General Johann Adolf Graf von Kielmansegg und Generalleutnant Ulrich de Maizière an der Universität Hamburg
1965	15.4. bis	Deputy Chief of Staff Plans and Operation Supreme
1967	31.12.	Headquarters Allied Powers Europe in Paris bzw. Casteau
1966	September	Eintritt in die Gewerkschaft Öffentliche Dienste, Transport und Verkehr
1966	22.12.	Mitglied im Kuratorium des Internationalen Dokumentationszentrums zur Erforschung des Nationalsozialismus und seiner Folgeerscheinungen e.V.
1967	29.1.	Verleihung des Theodor-Heuss-Preises der Theodor-Heuss-Stiftung zur Förderung der politischen Bildung und Kultur in Deutschland und Europa e.V.
1967	19.12.	Verleihung des Großen Verdienstkreuzes mit Stern und Schulterband des Verdienstordens der Bundesrepublik Deutschland
1967	31.12.	Ausscheiden aus dem aktiven Dienst
1968		Eintritt in die SPD
1968	Oktober	Lehrbeauftragter für moderne Strategie an der Universität Hamburg
1971		Gründungsdirektor des auf Empfehlung des Wissenschaftsrates eingerichteten Instituts für Friedensforschung und Sicherheitspolitik an der Universität Hamburg
1973		Mitglied im P.E.N.-Zentrum der Bundesrepublik Deutschland
1977	August	Teilnehmer an der Pugwash Conference zur Internationalen Sicherheit in München
1979	30.1.	Verleihung des Titels Professor durch den Senat der Freien und Hansestadt Hamburg
1980		Dozent für Sozialwissenschaften an der Hochschule der Bundeswehr in Hamburg
1984	31.8.	Abschied vom Institut für Sicherheitspolitik und Friedensforschung der Universität Hamburg
1985	10.5.	Verleihung des Heinz-Herbert-Karry-Preises für »Persönlichkeiten, die sich um das Gedeihen und den Ausbau des freiheitlichen, demokratischen und sozialen Rechtsstaates verdient gemacht haben«
1986	Juni	Abschied von der Universität Hamburg

1986 18.6. Abschiedsvorlesung an der Universität der Bundeswehr in Hamburg
1993 5.6. Gestorben in Hamburg, begraben auf dem Friedhof Klein-Flottbek

239

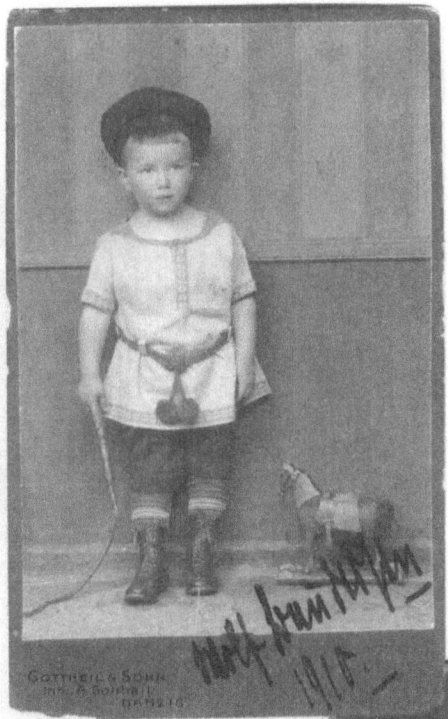

Wolf Stefan Traugott
Graf von Baudissin 1910
im Alter von 3 Jahren

Vater und Sohn
Baudissin um 1913
*(Fotos: Baudissin Dokumentation
Zentrum)*

Die Familie Baudissin um 1914. Links: Der Vater Christian Theodor Graf von Baudissin; Mitte: Wolf; Rechts: Die Mutter Elise Gräfin von Baudissin, geb. von Borcke *(Baudissin Dokumentation Zentrum)*

Wolf Graf von Baudissin als Gymnasiast in Kolberg um 1918 *(Baudissin Dokumentation Zentrum)*

Wolf Graf von Baudissin mit seiner Mutter um 1923 ...
(Baudissin Dokumentation Zentrum)

... und als Gymnasiast in Marienwerder/ Westpreußen um 1924/25
(Baudissin Dokumentation Zentrum)

Jugendgefolgschaft 1925.
Mitte: Wolf Graf von Baudissin
(Baudissin Dokumentation Zentrum)

Wolf Graf von Baudissin als
Fahnenjunker im Reichswehr-
Infanterieregiment 9 in
Potsdam 1926
(Baudissin Dokumentation Zentrum)

Rechts: Leutnant Wolf Graf von Baudissin als militärischer Ausbilder eines
Wehrertüchtigungslagers für Justiz-Referendare in Jüterbog 1934
(*Baudissin Dokumentation Zentrum*)

Mitte: Wolf Graf von Baudissin 1935 als Regimentsadjutant im Infanterieregiment 9 ...
(Baudissin Dokumentation Zentrum)

... und als Hauptmann 1939
(Baudissin Dokumentation Zentrum)

◄
Hauptmann Wolf Graf
von Baudissin als Dritter
Generalstabsoffizier (I c)
der 58. Infanteriedivision
am Westwall 1939/40
*(Baudissin Dokumentation
Zentrum)*

Der Stab der 58. Infanteriedivision während des Feldzuges gegen Frankreich 1940. Vierter von rechts: Hauptmann Wolf Graf von Baudissin
(Baudissin Dokumentation Zentrum)

Im Kriegsgefangenenlager in Australien um 1945/47. Rechts: Major i.G. Wolf Graf von Baudissin *(Baudissin Dokumentation Zentrum)*

Tagung »Kirche und Wiederbewaffnung« der Evangelischen Akademie in Bad Boll am 9.1.1955. Links: Wolf Graf von Baudissin, daneben Gustav Heinemann *(epd)*

Wolf Graf von Baudissin
im Amt Blank 1951
(*Baudissin Dokumentation Zentrum*)

Besuch im Pentagon 1955.
Von links: Major-General
John A. Klein, Adjutant
General of the Chief of
Staff United States Army;
Wolf Graf von Baudissin;
Major-General Robert
Alwin Schow, Deputy
Assistant Chief of Staff for
Intelligence, Department
of the Army
(*USIS Photo*)

Oberst Wolf Graf von Baudissin, Unterabteilungsleiter Innere Führung im Bundesministerium für Verteidigung 1956
(Baudissin Dokumentation Zentrum)

Erster Lehrgang für Offiziere des Militärmusikdienstes 1956 in Andernach.
In der Bildmitte Oberst Wolf Graf von Baudissin

An der Schule für Innere Führung in Koblenz 1958. In der Bildmitte auf der
unteren Treppenstufe Oberst Wolf Graf von Baudissin
(Fotos: Baudissin Dokumentation Zentrum)

Wolf Graf von
Baudissin beim
Evangelischen
Kirchentag 1956
in Frankfurt a.M.
*(Baudissin
Dokumentation
Zentrum)*

Oberst Wolf Graf von Baudissin als
Kommandeur der Kampfgruppe C
während eines Manövers bei
Göttingen 1958
*(Baudissin Dokumentation
Zentrum)*

Rechts: Oberst Wolf Graf von
Baudissin als Kommandeur der
Kampfgruppe C bei Göttingen
1958
(Baudissin Dokumentation
Zentrum)

Brigadegeneral Wolf Graf
von Baudissin 1959
(Foto: M.A. Gräfin zu Dohna)

Brigadegeneral Wolf Graf von Baudissin an seinem Schreibtisch im Stab der Panzergrenadierbrigade 4 in Göttingen 1960 ...
(Foto: Thea Hersfeld)

... und beim Abschreiten einer Ehrenformation 1961
(Foto: Carl Eberth)

253

Brigadegeneral Wolf
Graf von Baudissin bei
seinen Soldaten 1961 ...
(Foto: Carl Eberth)

... und 1961 vor der zum Manöverabschluss angetretenen Panzergrenadierbrigade 4
(Foto: Carl Eberth)

In vorderer Reihe links: Generalmajor Wolf Graf von Baudissin als Deputy Chief of Staff Operations and Intelligence im NATO-Hauptquartier Europa-Mitte in Fontainebleau 1962
(*Press Information Office Allied Forces Central Europe*)

Generalleutnant Wolf Graf von Baudissin (Mitte) im Gespräch mit Prinz Bernhard der Niederlande 1963. Rechts: Dagmar Gräfin von Baudissin, geb. Burggräfin zu Dohna-Schlodien
(*Baudissin Dokumentation Zentrum*)

Generalleutnant Wolf Graf von Baudissin (rechts) als Kommandeur des
NATO-Defence College in Paris im Gespräch mit Prinz Philipp Herzog von
Edinburgh (links) und dem NATO-Generalsekretär Manilo Brosio
(Mitte rechts) 1964 *(NATO)*

Generalleutnant Wolf
Graf von Baudissin
um 1964/65
*(Foto: M.A. Gräfin
zu Dohna)*

Verleihung des Freiherr vom Stein-Preises am 10. Februar 1965 in der Universität Hamburg. In der Bildmitte Generalleutnant Wolf Graf von Baudissin. Links: Generalleutnant Ulrich de Maizière; Rechts: General Johann Adolf Graf von Kielmansegg (*Baudissin Dokumentation Zentrum*)

Generalleutnant Wolf Graf von Baudissin in seiner letzten militärischen Verwendung als Deputy Chief of Staff Plans and Operation im NATO-Hauptquartier 1966 (*bpk/Foto: Hilmar Pabel*)

Bei der Verabschiedung aus dem aktiven Dienst erhält Generalleutnant Wolf Graf von Baudissin am 19. Dezember 1967 das Große Bundesverdienstkreuz mit Stern und Schulterband aus der Hand von Bundesverteidigungsminister Gerhard Schröder
(picture-alliance/dpa Foto: Peter Popp)

Wolf Graf von Baudissin im Gespräch mit dem evangelischen Militärbischof Hermann Kunst um 1970
(Baudissin Dokumentation Zentrum)

Wolf Graf von Baudissin in seinem Arbeitszimmer 1969 (*Schmidt-Luchs*)

Das Ehepaar Baudissin in seinem Haus in Hamburg um 1975
(Fotoagentur Sven Simon)

Wolf Graf von Baudissin im Institut für Friedensforschung und Sicherheitspolitik an der Universität Hamburg (Foto: Friedhelm von Estorff)

Wolf Graf von Baudissin um 1990
Photo-© JAYDIE PUTTERMAN

Personenregister

Adenauer, Konrad 17, 56, 64, 99, 101, 105-107, 111, 165, 170
Adorno, Theodor W. 38
Ahlbory, Alwin 74
Ahlefeld, Hans-Ulrich 173, 175
Altrichter, Friedrich 24

Baer, Bern Oskar von 158
Barth, Karl 56
Baudissin, Theodor Christian Traugott Graf von 18, 20, 26, 57
Baudissin, Elise von 18
Baudissin, Wolf Wilhelm Graf von 18
Beermann, Fritz 58
Bernhardi, Friedrich von 128
Beyme, Klaus von 37
Blank, Theodor 2, 10, 58, 60 f., 63, 59, 102, 104 f., 107, 120 f., 207
Blomberg, Werner von 23-25
Boas, Friedrich 20
Böhler, Wilhelm 72
Boehn, Siegfried von 23
Böll, Heinrich 168
Bonin, Bogislaw von 26, 100, 103 f., 112
Brandt, Willy 176
Brauchitsch, Walther von 27 f., 29
Braun, Otto 20
Bredow, Wilfried von 2
Brockdorff-Ahlefeldt, Walter Graf von 22, 29
Brunner, Emil 83, 90, 96
Budde, Hans-Otto 135
Bussche-Streithorst, Axel von dem 17, 100, 104, 111, 113

Calker, Fritz van 20
Clausewitz, Carl von 9, 31, 85-88, 91, 95 f., 129

Dahrendorf, Ralf 37, 44
Dethleffsen, Erich 106
Dibelius, Otto 65
Dietrich, Sepp 23
Doehring, Johannes 59, 205
Dohna-Schlodien, Dagmar Burggräfin und Gräfin zu 17, 22, 29, 31 f., 57, 91-93, 96

Ehlers, Hermann 58
Eisenhower, Dwight D. 154
Engels, Friedrich 195
Eppelmann, Rainer 199
Erler, Fritz 58,

Feige, Hans 20
Fett, Kurt 102
Fichte, Johann Gottlieb 85, 87
Finckh, Eberhard 26
Fischer, Hans 20
Foertsch, Hermann 101, 111, 123
Frantzius, Felix von 129
Freissler, Roland 229
Freytag-Loringhoven, Bernd von 26
Friedrich II. (der Große), König von Preußen 25, 31
Fritsch, Werner von 25 f.
Fuchsberger, Joachim 181

Gariboldi, Italo 30
Gaus, Günter 216
Gehlen, Arnold 43

Gernoth, Ludwig 30
Geyr von Schweppenburg, Leo Freiherr 50
Gilsa, Werner Freiherr von und zu 25
Gollwitzer, Helmut 59
Goltz, Colmar Freiherr von der 128
Grashey, Helmut 131
Groener, Wilhelm 23
Grolman, Helmuth von 144 f.
Gross, Johannes 37
Gumbel, Karl 145

Hansen, Ottomar 134
Hardenberg-Neuhardenberg, Carl-Hans Graf von 17, 32
Hartung, Hugo 19
Hassel, Kai-Uwe von 146
Hauffe, Arthur 21
Heinemann, Gustav 84, 101
Henkels, Walter 2
Hepp, Leo 26, 29
Herbell, Hajo 195
Heunert, Iwan 27
Heusinger, Adolf 1, 9, 19, 51, 102-107, 121, 123, 154, 158, 205, 207 f.
Heye, Hellmuth 146 f.
Hindenburg, Paul von 20, 22, 24
Hitler, Adolf 9, 17, 19, 21, 23 f., 25-29, 32, 39, 92 f., 100, 141, 167, 211, 221, 228
Hoffmann, Heinz 191
Holtz, Wolfgang 113
Hoogen, Matthias 147
Huber, Heinz 178 f.

Jünger, Ernst 41
Junghanß, Werner 30

Kahl, Wilhelm 18
Kant, Immanuel 9
Karst, Heinz 43, 130 f., 139
Kaulbach, Eberhard 27

Keim, August 128
Kielmansegg, Johann Adolf Graf von 17, 24, 26, 29, 100, 102 f., 106, 139, 143, 145, 211
Kießling, Günter 124, 133
Kirst, Hans Hellmut 104, 141, 167 f.
Knauss, Robert 111
Koch, Viktor 29
Koller, Martin 172, 176
Kraske, Konrad 104
Krosigk, Ernst-Anton von 26
Krüger, Horst 111
Kunst, Hermann 1 f., 9, 58 f., 69, 74, 76
Kuntzen, Adolf-Friedrich 71

Liebmann, Curt 26
Lilje, Hanns 71
List, Wilhelm 20
Livius, Titus 85
Lübke, Heinrich 145
Lüttwitz, Smilo Freiherr von 134
Luther, Martin 56-58, 65
Lykurg 87

Machiavelli, Niccolo 9, 85-91, 93-97
Maizière, Ulrich de 14, 17, 20, 22, 24, 27, 29, 31, 139, 145, 160, 211, 219
Manteuffel, Hasso von 122
Marcks, Gerhard 12
Martini, Winfried 131
Marx, Karl 195
May, Paul 180
Meier-Detring, Wilhelm 26
Meier-Welcker, Hans 23, 26, 29
Meinecke, Friedrich 40
Mertz von Quirnheim, Albrecht Ritter 26
Meyn, Kay 19
Middeldorf, Eike 132
Müller, Eberhard 59
Müller, Werner 174

Personenregister

Mussolini, Benito 25
Mutius, Albrecht von 69 f.

Napoleon I.,
    Kaiser der Franzosen 85, 87, 91
Niemöller, Martin 84, 92
Nussbaum, Arthur 18

Oster, Achim 100
Osterloh, Edo 72 f.

Pappritz, Erica 1
Paul, Ernst 141
Pfister, Josef 105-107
Pfuhlstein, Alexander von 27
Picht, Werner 43
Pleus, Hermann 72
Poleck, Fritz 26
Pompilius, Numa 96
Preuß, Hugo 18

Riefenstahl, Leni 166
Röpke, Wilhelm 90, 96
Röttiger, Hans 1, 160
Rommel, Erwin 20, 29 f.
Rühe, Volker 203
Ruge, Friedrich 158
Rundstedt, Gerd von 25

Scharnhorst, Gerhard von 101,
    123, 170
Schiller, Johannes 74 f.
Schleicher, Kurt von 21
Schmidt, Helmut 58, 145, 177
Schmückle, Gerd 170, 176
Schnez, Albert 131, 228
Schörner, Ferdinand 20
Schröder, Gerhard 2, 131
Schwedler, Viktor von 20
Schwerin, Gerhard Graf von
    50, 99-101
Seeckt, Hans von 24

Senger und Etterlin, Frido von 50
Sering, Max 19
Severing, Carl 18
Siehr, Ernst 18
Speidel, Hans 154, 159
Speier, Hans 37
Spengler, Oswald 40
Spranger, Eduard 19
Stalin, Josef 32
Stauffenberg, Claus Schenk Graf
    von 26, 39
Stein, Freiherr von 211, 228
Stoß, Anton Otto 20
Strauß, Franz Josef 1, 69, 144 f.,
    170, 179
Stresemann, Gustav 19
Sydow, Rolf von 174

Teske, Hermann 23
Thälmann, Ernst 21
Thukydides 31
Tresckow, Henning von 20, 22, 24,
    26 f., 93
Trettner, Heinz 135, 146

Ulbricht, Walter 196

Vietinghoff, gen. Scheel, Heinrich
    von 100

Waldersee, Friedrich Graf von 128
Weber, Artur 2
Weniger, Erich 118 f., 122, 229
Werthmann, Georg 1, 69, 72
Wilhelm, Theodor 119
Wirmer, Ernst 102, 104-106,
    119-122
Witzleben, Erwin von 26, 93 f.

Zahrnt, Heinz 41
Zenneck, Jonathan 19
Zorn, Rudolf 85

Die Autoren

Major Dipl.-Päd. Kai Uwe Bormann M.A., Jg. 1963, Militärgeschichtliches Forschungsamt, Potsdam
Wiss. Direktorin Prof. Dr. Angelika Dörfler-Dierken, Jg. 1955, Sozialwissenschaftliches Institut der Bundeswehr
Wiss. Direktor a.D. Dr. Jürgen Förster, Jg. 1940, Universität Freiburg
Oberstleutnant Dipl.-Staatswiss. Dr. Helmut R. Hammerich, Jg. 1965, Militärgeschichtliches Forschungsamt, Potsdam
Eckart Hoffmann M.A., Jg. 1953, PI-Quadrat GmbH
Wiss. Direktor Dr. Dieter Krüger, Jg. 1953, Militärgeschichtliches Forschungsamt, Potsdam
Dr. Klaus Naumann, Jg. 1949, Hamburger Institut für Sozialforschung
Fregattenkapitän Dr. Frank Nägler, Jg. 1953, Militärgeschichtliches Forschungsamt, Potsdam
Ltd. Militärdekan a.D. Horst Scheffler, Jg. 1945, Militärgeschichtliches Forschungsamt, Potsdam
Oberstleutnant a.D. Prof. Dr. Claus Frhr. von Rosen, Jg. 1943, Baudissin Dokumentation Zentrum
Major Dr. Rudolf J. Schlaffer, Jg. 1970, Militärgeschichtliches Forschungsamt, Potsdam
Oberstleutnant Dr. Wolfgang Schmidt, Jg. 1958, Militärgeschichtliches Forschungsamt, Potsdam
Wiss. Oberrat Dr. Rüdiger Wenzke, Jg. 1955, Militärgeschichtliches Forschungsamt, Potsdam
Kerstin Wiese, Jg. 1982, Ernst-Moritz-Arndt-Universität Greifswald

www.ingramcontent.com/pod-product-compliance
Lightning Source LLC
Chambersburg PA
CBHW050900300426
44111CB00010B/1321